전염병의 위협, 두려워만 할 일인가

지속가능성 시리즈 ❺

전염병의 위협, 두려워만 할 일인가

슈테판 카우프만 지음 | 최강석 옮김
유네스코한국위원회 · 한국지질자원연구원 공동 기획

도서출판 길

지속가능성 시리즈❺

전염병의 위협, 두려워만 할 일인가

2012년 1월 15일 제1판 제1쇄 찍음
2012년 1월 30일 제1판 제1쇄 펴냄

지은이 | 슈테판 카우프만
옮긴이 | 최강석
펴낸이 | 박우정

기획 | 유네스코한국위원회 · 한국지질자원연구원
편집 | 이남숙

펴낸곳 | 도서출판 길
주소 | 135-891 서울 강남구 신사동 564-12 우리빌딩 201호
전화 | 02)595-3153   팩스 | 02)595-3165
등록 | 1997년 6월 17일 제113호

한국어판ⓒ 유네스코한국위원회 · 한국지질자원연구원, 2012.
Printed in Seoul, Korea
ISBN 978-89-6445-045-1 04500

✻ 이 책은 유네스코한국위원회와 한국지질자원연구원의 지원을 받아 출판되었습니다.

지속가능성 시리즈 한국어 판 발간에 부쳐

온실가스의 급증으로 야기된 전 지구적 기후 변화

점차 고갈되어 가는 천연자원을 둘러싼 국제 분쟁

급증하는 세계 인구와 하루 소득 1.25달러 미만의 절대빈곤 인구

멸종 위험에 처한 전 세계 동식물종

세계경제를 위협하는 국제 유가의 급등락

......

21세기 들어 인류는 더욱더 빈번하게 기후 변화, 에너지 고갈과 경쟁, 빈곤, 인구 문제와 식량 부족, 물 부족과 오염, 생물다양성 위기, 선진국과 저발전국의 격차 확대, 세계 금융 위기 등과 같은 전 지구적 도전과 위협에 직면하고 있습니다. 이들은 직접적으로는 인류의 지속가능성에 대한 도전이면서 더 근본적으로는 인류가 한 부

분을 차지하고 있는 우리의 행성 지구와 거기에서 사는 모든 존재들의 현재와 미래에 대한 위협이라 할 수 있을 것입니다.

현재 우리가 부닥치고 있는 전 지구적 도전은 과거 우리가 대비하도록 교육받았던 문제들과는 질적으로 다른 차원에 위치해 있습니다. 한 지역 또는 한 국가 차원에서는 넘어설 수 없는, 기존의 분과 학문의 벽을 허물지 않고서는 해결하기 어려운 과제들입니다. 그 해결의 열쇠는 우리 모두가 그동안 유지해 온 기존의 삶의 방식에 대한 근본적인 성찰을 바탕으로 인종과 문화, 종교와 국적의 차이를 뛰어넘어 힘과 지혜를 모으는 데 있습니다.

이러한 문제의식 속에서 국제 사회는 1992년 리우 선언과 2000년 새천년발전목표MDGs, 2002년 지속가능발전교육 10년(2005~2014) 등을 선포함으로써 지속가능한 세계를 만들기 위한 인류 공동의 노력을 기울여왔으며, 특히 유엔의 교육과학문화 전문 기구인 유네스코는 지속가능발전교육 10년 사업의 선도 기구로서 지속가능성에 대한 인류의 이해와 인식을 높이고 실천 방안들을 제시하는 다양한 교육 프로그램들을 개발해 왔습니다. 우리 한국도 그동안 국내에서 수행해 온 정부와 민간 차원의 다양한 지속가능발전 노력과 그 성과들을 기반으로 2009년 유네스코지속가능발전교육한국위원회를 설치, 더욱 체계적이고 파급력 있는 활동을 펼치고 있습니다.

이러한 노력의 일환인 '지속가능성 시리즈'는 2007년 독일에서 처음 발간되어 지속가능성에 대해 기대 이상의 대중적 관심과 반향을 불러일으켰습니다. 이 시리즈는 에너지, 기후 변화, 식량, 물, 질병, 생물 다양성, 바다, 인구, 국제 정치 등 인류가 당면한 과제를 주제별로 조명하면서도 동시에 그들 사이의 상호연관성을 유기적 체계로서의 지구라는 전체적인 관점에서 천착하고 있다는 점에서 지속가능성 분야의 가장 체계적이면서 독보적인 저작의 하나로 꼽을 수 있을 것입니다. 특히 관련 분야 전문가는 물론 일반 독자들도 쉽게 읽고 이해할 수 있도록 서술되었을 뿐만 아니라 각 권마다 주제와 관련된 흥미롭지만 결코 간과해서는 안 될 다양한 사례들을 제시하고 있다는 점에서 국내에서는 보기 드문 지속가능성 종합 교재라 할 수 있을 것입니다.

지난 2010년에 우선 번역 발간된 『우리의 지구, 얼마나 더 버틸수 있는가』, 『에너지 위기, 어떻게 해결할 것인가』, 『기후 변화, 돌이킬 수 없는가』 등 세 권에 이어, 유네스코한국위원회는 한국지질자원연구원과 더불어 올해에도 네 권을 연이어 발간합니다. 『경제성장과 환경 보존, 둘 다 가능할 수는 없는가』, 『전염병의 위협, 두려워만할 일인가』, 『생물 다양성, 얼마나 더 희생해야 하는가』, 『바다의 미래, 어떠한 위험에 처해 있는가』를 통해 지난해와 마찬가지로 국내지속가능성 이해와 논의가 활성화되고 대중의 참여와 실천이 확대되기를 희망합니다. 특히 일반 독자는 물론 에너지 · 기후 변화 이슈의 전문가를 양성하고 미래 세대의 교육 활동에 종사하는 기관 · 단체에서도 널리 활용될 수 있기를 기대합니다. 이 책들이 한국 독자들의 지속가능성 의식을 깨우는 '탄광 속의 카나리아'가 되기를 바라며 관심 있는 여러분들의 일독을 권합니다.

끝으로, 어려운 출판 환경 속에서도 흔쾌히 출판을 맡아주신 도서출판 길 박우정 사장님과, 텍스트를 정확하고 매끄러운 우리말로 담아주신 옮긴이 여러분들께 깊은 감사를 드립니다.

2011년 12월
유네스코한국위원회 사무총장 전택수
한국지질자원연구원 원장 이효숙

엮은이 서문

지속가능성 프로젝트

이 시리즈의 독일어 판은 예상을 훌쩍 뛰어넘는 판매고를 기록했다. 언론의 반응도 호의적이었다. 이 두 가지 긍정적 지표로 보건대 이 시리즈가 일반 독자들도 쉽게 이해할 수 있는 언어로 적절한 주제를 다루고 있음을 알 수 있다. 이 책이 광범위한 주제를 포괄하면서도 과학적으로 엄밀할뿐더러 일반인도 쉽게 접근할 수 있는 언어로 씌었다는 점은 특히 주목할 만하다. 이것은 사람들이 아는 것을 실천함으로써 지속가능한 사회로 나아가는 데 정말이지 중요한 선결 요건이기 때문이다.

이 책의 일차분이 출간된 직후인 몇 달 전, 나는 유럽의 주변 국가들로부터 영어 판을 출간해 더 많은 독자가 이 책을 접할 수 있게 했으면 좋겠다는 이야기를 들었다. 그들은 이 시리즈가 국제적인 문제를 다루고 있느니만큼 될수록 많은 이들이 이 책을 읽고 지식을 바탕으로 토론하고 국제 차원에서 실천할 수 있도록 해야 한다고 역설했다. 한 국제회의에 파견된 인도·중국·파키스탄의 대표들이 비슷한 관심을 표명했을 때 나는 마음을 굳혔다. 레스터 R. 브라운 Lester R. Brown이나 조너선 포리트 Jonathan Porritt 같은 열정적인 이들은 일반 대중이 지속가능성 개념에 유의하도록 이끌어준 인물이다. 나는 이 시리즈가 새로운 개념의 지속가능성 담론을 불러일으킬 수 있으리라 확신한다.

내가 독일어 판 1쇄에 서문을 쓴 지도 어언 2년이 지났다. 그 사이 우리 지구에서는 지속불가능한 발전이 유례 없이 난무했다. 유가는 거의 세 배까지 올랐고, 산업용 금속의 가격도 걷잡을 수 없이 치솟았다. 옥수수·쌀·밀 같은 식량 가격이 연일 최고치를 경신한 것도 뜻밖이었다. 이 같은 가격 급등 탓에 중국·인도·인도네시아·베트남·말레이시아 같은 주요 발전도상국의 안정성이 크게 흔들리리라는 우려가 전 지구적 차원에서 짙어지고 있다.

지구 온난화에 따른 자연재해도 잦아지고 심각해졌다. 지구의 여러 지역이 긴 가뭄을 겪고 있으며, 그로 인한 식수 부족과 흉작에 시달리고 있다. 그런가 하면 세계의 또 다른 지역에서는 태풍과 허리케인으로 대규모 홍수가 나 지역민들이 커다란 고통에 빠져 있다.

거기에다 미국 서브프라임 모기지 위기로 촉발된 세계 금융 시장의 혼란까지 가세했다. 금융 시장 혼란은 세계 모든 나라들에 영향을 끼쳤으며, 불건전하고 더러 무책임하기까지 한 투기가 오늘의 금융 시장을 어떻게 망쳐놓았는지 생생하게 보여주었다. 투자자들이 자본 투자에 따른 단기수익성을 과도하게 노린 바람에 복잡하고 음습한 금융 조작이 시작되었다. 기꺼이 위험을 감수하려는 무모함 탓에 거기 연루된 이들이 모두 궤도를 이탈한 듯 보인다. 그렇지 않고서야 어떻게 우량 기업이 수십 억 달러의 손실을 입을 수 있었겠는가? 만약 각국의 중앙은행들이 과감하게 구제에 나서 통화를 뒷받침하지 않았더라면 세계경제는 붕괴하고 말았을 것이다. 공적 자금 사용이 정당화될 수 있는 것은 오로지 이러한 환경에서뿐이다. 따라서 대규모로 단기 자본 투기가 되풀이되는 사태를 서둘러 막아야 한다.

이 같은 발전의 난맥상으로 미루어볼 때 지속가능성에 관해 논의해야 할 상황은 충분히 무르익은 것 같다. 천연자원이나 에너지의 무분별한 사용이 심각한 결과를 초래하며, 이는 미래 세대에만 해당하는 일이 아니라는 사실을 점점 더 많은 이들이 자각하고 있다.

2년 전이라면 세계 최대의 소매점 월마트가 고객과 지속가능성에 관해 대화하고 그 결과를 실행에 옮기겠다고 약속할 수 있었겠는가? 누가 CNN이 「고잉 그린」Going Green 같은 프로그램을 방영할 수 있으리라고 생각이나 했겠는가? 세계적으로 더 많은 기업들이 속속 지속가능성이라는 주제를 주요 전략적 고려 사항으로 꼽고 있다. 우리는 이 여세를 몰아 지금 같은 바람직한 발전이 용두사미에 그치지 않고 시민 사회의 주요 담론으로 확고히 자리 잡을 수 있도록 해야 한다.

하지만 개별적인 다수의 노력만으로는 지속가능한 발전을 이룰 수 없다. 우리는 우리 자신의 생활양식과 소비 및 생산 방식에 근본적이고 중대한 질문을 던져야 하는 상황에 놓여 있다. 에너지나 기후 변화 같은 주제에만 그치지 않고, 미래 지향적이고 예방적으로 지구 전체 시스템의 복잡성을 다루어야 하는 것이다.

　모두 열두 권에 달하는 이 시리즈의 저자들은 우리가 지구 생태계를 파괴함으로써 어떤 결과에 이르렀는지를 종전과는 다른 각도에서 조망하고 있다. 그러면서도 지속가능한 미래를 일굴 수 있는 기회는 아직 많이 남아 있다고 덧붙인다. 하지만 그러려면 지속가능한 발전이라는 원칙에 입각해 올바로 실천할 수 있도록 우리의 지식을 총동원해야 한다. 지식을 행동으로 연결시키는 조치가 성과를 거두려면 모든 이들을 대상으로 어렸을 적부터 광범위한 교육을 실시해야 한다. 미래에 관한 주요 주제를 학교 교육 과정에서 다뤄야 하고, 대학생은 지속가능한 발전에 관한 교양 과정을 필수적으로 이수하게 해야 한다. 남녀노소를 불문하고 모든 이들에게 일상적으로 실천할 기회를 마련해 주어야 한다. 그래야 스스로의 생활양식에 대해 비판적으로 사고하고 지속가능성 개념에 기반해 바람직한 변화를 도모할 수 있다. 우리는 책임 있는 소비자행동을 통해 지속가능한 발전으로 나아가는 길을 기업들에게 보여주어야 하며, 여론 주도층으로서 영향력을 행사하면서 적극 나서야 한다.

　바로 그러한 이유에서 내가 몸담고 있는 책임성포럼Forum für Verantwortung과 ASKO유럽재단ASKO Europa Foundation, 유럽아카데

미 오첸하우젠European Academy Otzenhausen이 협력해, 저명한 '부퍼탈기후환경에너지연구소' Wuppertal Institute for Climate, Environment and Energy가 개발한 열두 권의 책과 함께 볼 만한 교육용자료를 제작했다. 우리는 프로그램을 확대해 세미나를 진행하고 있는데, 초창기의 성과는 매우 고무적이다. 일례로 유엔은 '지속가능발전교육' Educaton for Sustainable Developement; ESD이라는 10개년 프로젝트를 진행하기로 했다. 이 같은 '지속가능성 확산' 운동이 순조롭게 진행됨에 따라 객관적인 정보나 지식에 대한 대중의 관심과 수요는 날로 늘 것으로 보인다.

기존 내용을 보완하느라 심혈을 기울이고 애초의 독일어 판을 좀 더 세계적인 맥락에 맞도록 손봐 준 지은이들의 노고에 감사드린다.

통찰력 있고 책임감 있는 실천

"우리 인간은 제2의 세계를 창조할 수 있는 신, 즉 초월적 존재가 되어가는 중이다. 자연계를 그저 새로운 창조를 위한 재료쯤으로 써먹으면서 말이다."

이것은 정신분석학자이자 사회철학자 에리히 프롬Erich Fromm이 쓴 『소유냐 존재냐』(1976)에 나오는 경고문으로, 우리 인간이 과학 기술에 지나치게 경도된 나머지 빠지게 된 딜레마를 잘 표현하고 있다.

자연을 이용하기 위해 자연에 복종한다는 우리의 애초 태도("아는 것이 힘이다.")는 자연을 이용하기 위해 자연을 정복한다는 쪽으로 변질되었다. 수많은 진보를 이룩한 인류는 초기의 성공적 경로에서 벗어나 그릇된 길로 접어들었다. 셀 수도 없는 위험이 도사리고 있는 길로 말이다. 그 가운데 가장 심각한 위험은 정치인이나 기업인 절대다수가 경제 성장을 늦추지 말아야 한다고 철석같이 믿고 있다는 데에서 비롯된다. 그들은 끝없는 경제 성장이야말로 지속적인 기술 혁신과 더불어 인류의 현재와 미래의 문제를 모조리 해결해 줄 수 있으리라 믿고 있다.

지난 수십 년 동안 과학자들은 자연과 필연적으로 충돌할 수밖에 없는 이러한 믿음에 대해 줄곧 경고를 해왔다. 유엔은 1983년에 일찌감치 세계환경발전위원회World Commission on Environment and Development: WCED를 창립했고, 이 위원회는 1987년에 '브룬틀란 보고서' Brundtland Report를 발간했다. '우리 공동의 미래' Our Common Future라는 제목의 그 보고서는 인류가 재앙을 피하고 책임 있는 생활양식으로 돌아갈 수 있는 길을 모색하는 데 유용한 개념을 제시했다. 장기적이고 환경적으로 지속가능한 자원 사용이 그것이다. 브룬틀란 보고서에 쓰인 '지속가능성'은 "미래 세대가 그들의 욕구를 충족시킬 수 있는 능력에 위협을 주지 않으면서 현 세대의 욕구를 충족시키는 발전"을 의미하는 개념이다.

숱한 노력이 있었지만 안타깝게도 생태적으로 · 경제적으로 · 사회적으로 지속가능한 실천을 위한 이 기본 원칙은 제대로 구현되지 않고 있다. 시민 사회가 아직 충분한 지식을 갖추고 있지도 조직화되어 있지도 않은 탓이다.

이러한 상황을 배경으로, 그리고 쏟아지는 과학적 연구 결과들과 경고를 바탕으로, 나는 내가 몸담은 조직과 함께 사회적 책임을 맡기로 했다. 지속가능한 발전에 관한 논의가 활성화되는 데 힘을 보태고자 한 것이다. 나는 지속가능성이라는 주제에 관한 지식과 사실을 제공하고, 앞으로 실천하면서 선택할 수 있는 대안을 보여주고자 한다.

하지만 '지속가능한 발전'이라는 원칙만으로는 현재의 생활양식이나 경제 활동을 변화시키기에 충분치 않다. 그 원칙이 일정한 방향성을 제시해 주는 것이야 틀림없지만, 그것은 사회의 구체적 조건에 맞게 조율되어야 하고 행동 양식에 따라 활용되어야 한다. 미래에도 살아남기 위해 스스로를 재편하고자 고심하는 민주주의 사회는 토론하고 실천할 줄 아는 비판적이고 창의적인 개인들에게 의존해야 한다. 따라서 지속가능한 발전을 실현하려면 무엇보다 남녀노소를 가리지 않고 그들에게 평생교육을 실시해야 한다. 지속가능성 전략에 따른 생태적 · 경제적 · 사회적 목표를 이루려면 구조적 변화를 이끌어내는 잠재력이 어디에 있는지 알아보고 그 잠재력을 사회에 가장 이롭게 사용할 줄 아는 성찰적이고 혁신적인 일꾼들이 필요하다.

그런데 사람들이 단지 '관심을 기울이는 것'만으로는 여전히 부족하다. 우선 과학적인 배경 지식이나 상호 관계를 이해하고 나서 토론을 통해 그것을 확인하고 발전시켜야 한다. 오직 그렇게 해야만 올바로 판단할 수 있는 능력이 길러진다. 이것이 바로 책임 있는 행동에 나서기 위해 미리 갖춰야 할 조건이다.

그러려면 사실이나 이론을 제기하되, 반드시 그 안에 주제에 적합하면서도 광범위한 행동 지침을 담아내야 한다. 그래야 사람들이 그 지침에 따라 나름대로 행동에 나설 수 있다.

이 같은 목적을 실현하기 위해 나는 저명한 과학자들에게 일반인도 이해할 수 있는 방식으로 '지속가능한 발전'에 따른 주요 주제의 연구 상황과 가능한 대안을 들려달라고 요청했다. 그렇게 해서 결실을 맺은 것이 바로 이 지속가능성 시리즈 열두 권이다. (아래의 각 권 소개 참조.) 이 작업에 참여한 이들은 다들 지속가능성을 향해 사회가 단일대오를 형성하는 것 말고는 달리 뾰족한 대안이 없다는 데 뜻을 같이했다.

- 우리의 지구, 얼마나 더 버틸 수 있는가(일 예거 Jill Jäger)
- 에너지 위기, 어떻게 해결할 것인가(헤르만-요제프 바그너 Hermann-Josef Wagner)
- 기후 변화, 돌이킬 수 없는가(모집 라티프Mojib Latif)
- 경제성장과 환경 보존, 둘 다 가능할 수는 없는가(베른트 마이어 Bernd Meyer)
- 전염병의 위협, 두려워만 할 일인가(슈테판 카우프만Stefan Kaufmann)

- 생물 다양성, 얼마나 더 희생해야 하는가(요제프 H. 라이히홀프 Josef H. Reichholf)
- 바다의 미래, 어떠한 위험에 처해 있는가(슈테판 람슈토르프 · 캐서린 리처드슨Stefan Rahmstorf & Katherine Richardson)
- 수자원: 효율적이고 지속가능하며 공정한 사용(볼프람 마우저 Wolfram Mauser)
- 천연자원과 인간의 개입(프리드리히 슈미트-블레크Friedrich Schmidt-Bleek)
- 과밀한 세계? 세계 인구와 국제 이주(라이너 뮌츠 · 알베르트 F. 라이터러Rainer Münz & Albert F. Reiterer)
- 식량 생산: 지속가능한 농업을 통한 환경 보호(클라우스 할브로크 Klaus Hahlbrock)
- 새로운 세계질서 구축: 미래를 위한 지속가능한 정책(하랄트 뮐러 Harald Müller)

공적 토론

내가 이 프로젝트를 추진할 용기를 얻고, 또 시민 사회와 연대하고, 그들에게 변화를 위한 동력을 제공해 줄 수 있으리라 낙관하게 된 것은 무엇 때문이었을까?

첫째, 나는 최근 빈발하는 심각한 자연재해 탓에 누구나 인간이 이 지구를 얼마나 크게 위협하고 있는지 민감하게 깨달아가고 있음을 알게 되었다. 둘째, 지속가능한 발전이라는 개념을 시민들이 이해하기 쉬운 언어로 포괄적이면서도 집중적으로 다룬 책이 시중에 거의 나와 있지 않았다.

이 시리즈 일차분이 출간될 즈음 대중은 기후 변화나 에너지 같은 주제에는 큰 관심을 기울이고 있었다. 이는 2004년 지속가능성에 관한 공적 담론에 필요한 아이디어와 선결 조건을 정리할 무렵에는 기대하기 힘들었던 것이다. 특히 다음과 같은 사건들이 계기가 되어 이러한 변화가 가능했다.

첫째, 미국은 2005년 8월 허리케인 카트리나로 뉴올리언스가 폐허로 변하고 무정부 상태가 이어지는 모습을 속절없이 지켜보아야 했다.

둘째, 2006년 앨 고어Al Gore가 기후 변화와 에너지 낭비에 관해 알리는 운동을 시작했다. 그 운동은 결국 다큐멘터리 「불편한 진실」 An Inconvenient Truth로 결실을 맺었는데, 이 다큐멘터리는 전 세계 모든 연령층에 강렬한 인상을 남겼다.

셋째, 700쪽에 달하는 방대한 스턴 보고서Stern Report가 발표되면서 정치인이나 기업인들의 경각심을 이끌어냈다. 영국 정부가 의뢰한 이 보고서는 2007년 전직 세계은행 수석 경제학자인 니컬러스 스턴Nicholas Stern이 작성하고 발표했다. 스턴 보고서는 우리가 "과거의 기업 행태를 답습하고" 기후 변화를 막을 수 있는 그 어떤 적극적 조치도 취하지 않는다면 세계경제가 얼마나 큰 피해를 입을지 분명하게 보여주었다. 더불어 스턴 보고서는 우리가 실천에 나서기만

한다면, 그 피해에 치를 비용의 10분의 1만 가지고도 얼마든지 대책을 세울 수 있으며, 지구 온난화에 따른 평균기온 상승을 2°C 이내로 억제할 수 있다고 주장했다.

넷째, 2007년 초에 발표된 기후 변화 정부간 위원회Intergovernmental Panel for Climate Change: IPCC 보고서가 언론의 열렬한 지지를 얻고 상당한 대중적 관심을 모았다. 그 보고서는 상황이 얼마나 심각한지를 이례적으로 적나라하게 폭로하며 기후 변화를 막을 과감한 조치를 촉구했다.

마지막으로, '지구를 살리자' Save the world라는 빌 클린턴의 호소와 빌 게이츠, 워런 버핏, 조지 소로스, 리처드 브랜슨 같은 억만장자들의 이례적 관심과 열정을 꼽을 수 있다. 전 세계 사람들에게 각별한 인상을 남긴 그들의 노력을 빼놓을 수는 없다.

이 시리즈 열두 권의 지은이들은 각자 맡은 분야에서 지속가능한 발전을 지향하는 적절한 조치를 제시해 주었다. 우리 행성이 경제·생태·사회 분야에서 지속가능한 발전으로 성공리에 이행하려면 하루아침이 아니라 수십 년이 걸리리라는 사실을 우리는 늘 유념해야 한다. 지금도 여전히 장기적으로 볼 때 가장 성공적인 길이 무엇일지에 대해서는 딱 부러진 답이나 공식 같은 게 없다. 수많은 과학자들, 혁신적인 기업인과 경영자들은 이 어려운 과제를 풀기 위해 창의성과 역량을 총동원해야 할 것이다. 갖가지 난관에도 불구하고 우리는 희미하게 다가오고 있는 재앙을 극복하기 위해 과연 어떤 목적의식을 가져야 하는지 확실하게 인식할 수 있다. 정치적 틀이 갖춰져 있기만 하다면, 전 세계의 수많은 소비자들은 날마다 우리 경제가 지속가능한 발전으로 옮아가도록 돕는 구매 결정을 내릴 수 있다. 더욱이 국제적 관점에서 보자면 수많은 시민들이 의회를 통해 민주적으로 정치적 '노선'을 마련할 수도 있을 것이다.

최근 과학계 · 정치계 · 경제계는 자원 집약적인 서구의 번영 모델(오늘날 10억 명의 인구가 누리고 있는)이 나머지 50억 명(2050년이 되면 그 수는 최소 80억으로 불어날 것이다)에게까지는 확대될 수 없다는 데 의견을 같이한다. 인구가 지금 같은 추세로 증가한다면 조만간 지구의 생물물리적biophysical 수용 능력으로는 감당이 안 되는 지경에 이를 것이다. 현실이 이렇다는 데 대해서는 사실 논란의 여지가 없다. 다만 우리가 그 현실에서 어떤 결론을 이끌어내야 할 것인가가 문제일 뿐이다.

심각한 국가간 분쟁을 피하고자 한다면 선진국은 발전도상국이나 문지방국가threshold countries, 선진국 문턱에 다다른 국가보다 자원 소비량을 한층 더 줄여야 한다. 앞으로 모든 국가는 비슷한 소비 수준을 유지해야 한다. 그래야 발전도상국이나 문지방국가에게도 적절한 번영 수준을 보장해 줄 수 있는 생태적 여지가 생긴다.

이처럼 장기적 조정을 거치는 동안 서구 사회의 번영 수준이 급속도로 악화되지 않도록 하려면, 높은 자원 이용 경제에서 낮은 자원 이용 경제로, 즉 생태적 시장경제로 한시바삐 옮아가야 한다.

한편 발전도상국과 문지방국가도 머잖아 인구 증가를 억제하는 데 힘을 쏟아야 할 것이다. 1994년 카이로에서 유엔 국제인구발전

회의International Conference on Population and Development: ICPD가 채택한 20년 실천 프로그램은 선진국의 강력한 지지를 기반으로 이행되어야 한다.

만약 인류가 자원과 에너지의 효율을 대폭 개선하는 데, 그리고 인구 성장을 지속가능한 방식으로 조절해 가는 데 성공하지 못한다면, 우리는 생태 독재eco-dictatorship라는 위험을 무릅써야 할지도 모른다. 유엔의 예견대로 세계 인구는 21세기 말 110억에서 120억 명으로 불어날 것이다. 에른스트 울리히 폰 바이츠제커Ernst Ulrich von Weizsäcker가 말했다. "국가는 안타깝게도 제한된 자원을 분배하고, 경제 활동을 시시콜콜한 부분까지 통제하고, 환경에 이롭도록 시민들에게 해도 되는 일과 해서는 안 되는 일까지 일일이 제시하게 될 것이다. '삶의 질' 전문가들이 인간의 어떤 욕구는 충족될 수 있고, 또 어떤 욕구는 충족될 수 없는지를 거의 독재자처럼 하나하나 규정하게 될는지도 모른다."(『지구정치학』*Earth Politics*)

때가 무르익다

이제 근원적이고 비판적으로 재고해 보아야 할 때가 되었다. 대중은 자신이 어떤 유의 미래를 원하는지 결정해야 한다. 진보, 삶의 질은 해마다 일인당 국민 소득이 얼마 증가하느냐에 달린 게 아니며, 우리의 욕구를 충족시키는 데 그렇게나 많은 재화가 필요한 것도 아니다. 이윤 극대화나 자본 축적 같은 단기적 경제 목표야말로 지속가능한 발전의 가장 큰 걸림돌이다. 우리는 지방분권화되어 있던 과거의 경제로 되돌아가야 하고, 그리고 세계 무역이나 그와 관련한 에너지 낭비를 의식적으로 줄여가야 한다. 만약 자원이나 에너지에 '제값'을 지불해야 한다면 세계적인 합리화나 노동 배제 과정도 달라질 것이다. 비용에 따른 압박이 원자재나 에너지 분야로 옮아갈 것이기 때문이다.

지속가능성을 추구하려면 엄청난 기술 혁신이 필요하다. 하지만 모든 것을 기술적으로 혁신해야 하는 것은 아니다. 삶의 모든 영역을 경제 제도의 명령 아래 놔두려 해서도 안 된다. 모든 이들이 정의와 평등을 누리는 것은 도덕적이고 윤리적인 요청일 뿐 아니라 길게 봐서는 세계 평화를 보장하는 가장 중요한 수단이기도 하다. 그러므로 권력층뿐 아니라 모든 이들이 공감할 수 있는 새로운 토대 위에 국가와 국민의 정치 관계를 구축해야 한다. 또한 국제 차원에서 합의한 원칙 없이는 이 시리즈에서 논의하고 있는 그 어떤 분야에서도 지속가능성을 실현하기 어렵다.

마지막으로, 지금 같은 추세라면 21세기 말쯤에는 세계 인구가 110억에서 120억 명에 이를 것으로 추산되는데, 과연 우리 인류에게 그 정도로까지 번식을 해서 지구상의 공간을 모조리 차지하고 그 어느 때보다 극심하게 다른 생물종의 서식지와 생활양식을 제약하거나 파괴할 권리가 있는지 곰곰이 따져보아야 한다.

미래는 미리 정해져 있지 않다. 우리의 실천으로 스스로 만들어가야 한다. 우리는 지금껏 해오던 대로 할 수도 있지만 그렇게 한다면

50년쯤 후엔 자연의 생물물리학적인 제약에 억눌리게 될 것이다. 이것은 아마도 불길한 정치적 함의를 띠는 것이리라. 하지만 아직까지는 우리 자신과 미래 세대에게 좀 더 공평하고 생명력 있는 미래를 열어줄 기회 또한 있다. 그 기회를 잡으려면 이 행성 위에 살아가는 모든 이들의 열정과 헌신이 필요하다.

2008년 여름

클라우스 비간트Klaus Wiegandt

지은이 서문

한 해가 멀다 하고 전염병에 관한 뉴스가 기삿거리로 등장한다. 그럴 때마다 전염병이 어떻게 확산되고 있는지 지구촌의 관심이 온통 여기에 집중된다. 언제나 그렇듯 전염병 유행*이 수그러들면 전염병에 대한 사람들의 관심도 자연스레 수그러진다. 어떤 전염병이 언제 어디서 어떻게 출현할지, 사람에게 얼마나 치명적일지 어느 누구도 정확히 예측할 수 없다. 광우병BSE, 사스SARS,* 조류인플루엔자* 같은 전염병들이 신문지상에 등장할 때마다 그저 재수 없는 수백 명 정도가 전염병에 걸려 목숨을 잃었다고 치부해 버리고 만다. 그러나 이런 것들은 빙산의 일각에 불과하다. 지구촌 어디에선가 매일 약 5만 명이 전염병으로 목숨을 잃는다는 사실에 대해서는 언론에서조차도 침묵한다.

책임성포럼 시리즈 중 인류 생존을 위협하는 전염병에 관한 책을 저술해 달라는 요청을 받았다. 이 엄청난 내용의 책을 저술하려면 그동안 하고 있던 만사를 제쳐놓고 이 일에 매달려야 한다는 생각에 그 제안을 선뜻 받아들일 수 없었다. 하지만 곰곰이 생각해 보니, 인류 생존을 위협하는 전염병 확산을 저지하기 위해서 누군가가 앞장서서 전염병의 실상을 제대로 알리는 것이 무엇보다 시급하다는 것을 깨달았다. 그래서 결국 책을 쓰기로 마음을 굳혔다. 이제 책을 출간하면서 돌아보니 참으로 보람찬 과정이었으며, 저술하는 과정에서 나 자신도 많은 것을 배웠다는 생각이 든다. 여기저기 문헌들을 찾고 뒤지는 동안 저술을 하기로 마음먹었던 처음의 생각은 더욱더 확실해졌다. 전염병 확산을 저지하기 위하여 지금 당장 무엇인가 실행에 옮겨야 한다는 것을!

전염병은 우리 생활의 모든 영역에 영향을 끼치고 있다. 전염병은 의학 연구의 중심에 있다. 전염병 그 자체가 사회 문화를 형성하고, 정치 경제적으로 엄청난 파급 효과를 가져온다. 복잡하게 얽혀 있는 네트워크에서, 전염병은 사회문제의 원인일 뿐 아니라 사회문제의 산물이기도 하다. 지금까지 전염병이라는 주제에 대하여 여러 각도에서 바라보고, 전염병이 여러 요인과 상호 의존적으로 거미줄처럼 복잡하게 엉켜 있는 상황을 해결하고자 하는 노력이 부족했다. 나는 단지 과학자의 시각에서 바라보고자 이 책을 쓴 것이 아니다. 복잡한 현대 생활에서 많은 사람이 지구촌에 무섭게 번지고 있는 전염병에 대한 올바른 인식을 가지기를 바라는 마음에서 쓴 것이다.

이 책은 많은 사람의 아낌없는 도움이 있었기에 완성할 수 있었다. 마리 루이지 그로스만 박사는 책을 쓰는 동안 구하기 힘든 귀중

한 조사 자료들을 제공해 주었다. 디아네 샤트는 책에 들어갈 삽화들을 멋지게 만들어 주었다. 소우라야 시바에이는 원고를 작성하고 책에 들어갈 자료들을 조사하는 데 싫은 내색 한 번 하지 않고 기꺼이 도와주었다. 수전 샤틀리히는 탁월하게 그리고 사기를 북돋아 주었다. 피셔 출판사의 에바 쾨스터와 책임성포럼의 아네트 마스는 이 엄청난 작업에 지원을 아끼지 않았다. 동료 클라우스 할브로크 교수는 내가 이 책을 쓸 수 있도록 끈질기게 설득했다. 책임성포럼 관계자, 특히 클라우스 비간트는 이 프로젝트에 매력을 느끼도록 해주었으며 아낌없이 지원해 주었다. 마르틴 그로부슈 교수, 프랑크 키르히호프 교수, 페터 크렘스너 교수, 클라우스 마그도르프 교수, 카이 마투셰프스키 교수, 리처드 루시우스 교수 등 많은 동료 교수들이 내 원고를 읽고 조언을 아끼지 않았다. 처음에 저술 제안을 수락했을 때, 한가롭게 쉴 시간에 저술 작업에 몰두해야 하는 부담을 각오했다. 사실 한두 번이 아니지만, 나와 행복한 시간을 가져야 할 시간을 빼앗기고도 기꺼이 인내하고 이해해 준 아내 엘케와 아들 모리츠, 펠릭스에게 이 글을 빌려 감사의 마음을 전한다.

일러두기

- 본문 중 오른쪽에 ■ 기호가 붙은 용어는 본문 뒤 부록으로 실은 「용어 설명」에서 자세한 내용을 확인할 수 있습니다.
- 이 책 16~17쪽에 나오는 지속가능성 시리즈의 책 제목들은 처음 일곱 권을 제외하고는 아직 한국어 판이 나오지 않은 것들로, 추후 한국어 판이 출간될 때에 그 제목이 바뀔 수 있습니다.

1 들어가며

지식을 갖고 있는 것만으로 만족하지 말고 적용하라.

소망을 갖고 있는 것만으로 만족하지 말고 성취하라.

—요한 볼프강 폰 괴테

30억 년 전에도 지구상에 미생물▪은 서식했다. 오늘날 우리들이 살고 있는 이 지구상에는 50~100만 종의 세균▪과 약 5,000종의 바이러스▪로 가득 차 있다. 불행하게도 지구상에 존재하는 어마어마한 숫자의 세균과 바이러스 대부분은 아직도 그 정체가 제대로 밝혀지지 않았다. 이들 중 대부분은 사람에게 해를 끼치지 않는다. 현재까지 밝혀진 것으로 사람에게 전염병을 일으키는 미생물은 약 1,500종이다. 그나마 다행인 점은 이들 유해 미생물 대부분이 그 수가 매우 적어서 지구상에서 보기 드물다는 사실이다. 그렇다 하더라도 오늘날 전염병으로 사망하는 사람의 수가 전 세계 사망자의 3분의 1

내지 4분의 1을 차지하고 있다는 사실을 명심해야 한다. 유사 이래로 전염병이 반복적으로 대유행하면서 사회 공동체 집단을 파멸로 몰고 갔으며, 인류는 전염병 대유행 참사를 피해 집단 이주를 했으며, 경우에 따라서는 전쟁의 승패를 좌우하기도 했다.

제2차 세계대전 초, 전염병은 거침없이 퍼져나갔다. 당시 천연두,■ 디프테리아, 파상풍■ 등의 백신■이 개발되기는 했지만, (사람들이 이용하기에는 그 양이 터무니없이 부족해서) 대부분 위생■과 청결, 소독과 멸균 등에 의존해야 했다. 1950년대 들어서면서 감염■을 예방하고 치료하기 위한 항감염제■가 선보였다. 이때 홍역,■ 유행성이하선염,■ 풍진,■ 소아마비■ 등 당시 유행하던 주요 바이러스 질병을 예방하기 위한 백신들이 개발되었다. 전염병 예방과 치료에서 두 번째 획기적인 돌파구는 항생제■의 발견이었다. 1950년대와 1970년대에는 항생제를 사용해 세균 감염증을 치료하는 의술이 통상적이었다.

오늘날 우리는 전염병의 부활을 목격하고 있다. 이런 사태까지 오게 된 데는 우리 자신 탓도 있다. 우리는 발전도상국■에 백신과 항생제를 충분하게 제공해 줄 만한 여력이 없다. 더구나 항생제 내성균이 끊임없이 출현하고 있어서 이들 내성균을 박멸하는 것이 갈수록 어려워지고 있으며 심지어는 불가능해 보이기까지 하다. 우리의 생활 방식 자체가 새로운 병원균이 출현하고 창궐할 만한 여건을 조성하는 측면도 있다.

다음으로, 이 책을 통하여 전염병이 인류 미래에 얼마나 지대한 영향을 끼치게 될 것인가에 대하여 알려주고 싶다. 이 책에서 과학적 · 의학적 · 경제적 · 사회적 · 정치적 측면에서 전염병을 다양하게 조명하고, 전염병이 인류 생존에 결코 적지 않은 위협 요인이었다는 증거를 보여주고자 한다. 우리의 기대와 달리, 지구상에 사는 병원균들은 지구촌에서 승리자의 축배를 들기 시작하고 있다. 미생물들은 어떤 다른 생명체보다도 새로운 변화에 잘 대응하고 새로운 환경에 빨리 적응한다. 세계화, 선진국▪과 후진국 간의 빈부 격차, 수많은 재앙과 위기, 특히 식량 자원의 산업화, 얼마 남지 않은 미개척지 개발 등 이 모든 요소가 과거 유례가 없을 정도로 병원균이 창궐할 만한 기회를 제공하고 있다. 사람들 간 서로 접촉하는 횟수와 영역도 갈수록 잦아지고 늘어나 병원균이 수일 내에 지구 전체로 확산되어 유행할 수 있다. 그래서 지구 한구석에서 새로운 전염병이 출현한다 하더라도 급속하게 확산되어 지구촌 전체를 위협할 수 있다.

한편으로는 과거 어느 때보다도 병원균으로부터 우리 스스로를 보호할 수 있는 방어 수단이 많다. 병원균이 어떻게 출현해서 어떻게 질병을 유발하고 있는지 잘 알고 있다. 새로운 전염병이 발생하기가 무섭게 감시▪ 체계를 동원하여 재빨리 찾아낼 수 있다. 진단 약품, 백신, 치료제 등 활용할 수 있는 여러 가지 유용 자원을 가지고 있다. 그러나 오늘날 우리에게 취약한 면도 있다. 질병을 근절하고자 하는 단호한 실천 의지와 유용 자원(치료제, 백신 등)의 효율적 활용, 그리고 전염병 퇴치를 위한 새로운 전략 개발과 같은 부문에서는 취약하다. 이 글을 읽고 있는 단 5분 동안에도 쉰 명이 HIV에 감염되고 있고, 열일곱 명은 결핵*에 걸려 목숨을 잃는다. 백신과 치료약 등 유용 자원을 조금만 더 효과적으로 활용하기만 해도 이들의 생명을 건질 수 있을 텐데 말이다.

이 책을 통하여 지구촌에서 발생하고 있는 전염병의 인류 위협과 전염병 퇴치를 위한 우리의 대응 전략에 대하여 기술하고자 한다. 독자 여러분들이 이 책을 읽고 나서 전염병이 과거와는 비교가 되지 않을 정도로 사회 · 경제 · 정치 분야에 심각한 영향을 끼치고 있다는 부분에 대하여 동의하길 바란다. 또한 전염병이 지구촌 현안 문제들로 인하여 나타난 결과물이기도 하지만 그러한 사회문제를 초래한 원인이기도 하다는 사실을 깨닫게 되기를 바란다.

이 책에서는 우선 미생물의 생존 전략과 미생물을 퇴치하는 우리 몸의 방어 수단에 대해서 기술하고자 한다. 그다음에는 이 순간 가장 문제가 되고 있는 주요 전염병과 전염병 예방 치료법에 대하여 기술한다. 오늘날 지구촌이 각종 병원균의 온상지로 변해 가고 있는 문제에 대해 기술한다. 마지막으로 새로운 전염병의 출현을 방지하고 현재 유행하는 전염병을 퇴치하기 위한 해결책을 제시한다.

책 서두에서부터 최근 수십 년간 전염병 퇴치에 성공한 사례가 극히 드물었다는 사실부터 언급하고자 한다. 전염병 퇴치를 위하여 활용할 수 있는 대처 수단이 점차 고갈되고 있다. 치료약과 백신을 생산 · 판매하더라도 이윤이 거의 남지 않기 때문에 제약회사들에게는 신약과 백신 개발로 인한 인센티브가 별로 없다.(이들 회사들은 신약과 백신 개발에 인색하다.) 그래서 이 문제를 타개하기 위하여 새롭고 혁신적인 접근이 요구된다. 우리는 혁신적인 큰 변화를 가져다줄 지적 재산과 금융 자산을 가지고 있지만 실행으로 옮기지 못하고 있다. 지금 당장 실행해야 한다!

2 병원균

어떤 합리적이고 공정한 기준을 적용하든지
세균은 지금까지 그래 왔던 것처럼 항상 지구의 지배자이다.
　　　　　　　　　　　　　　　　　—스티븐 제이 굴드

들어가는 말

전염병에 대하여 공포감을 가지는 이유는 누구든 그 몹쓸 병에 걸
릴 수 있다는 무서운 전염력 때문이다. 사람들 사이에 전염병이 무
섭게 퍼지는 것을 어느 누구도 막을 수 없다는 현실 앞에서는 누구
든 겁에 질릴 수밖에 없다. 이 사람에서 저 사람으로 전염될 수 있는
경로는 다양하다. HIV는 주로 성관계를 통해 사람 간 전염이 이루
어진다. 그래서 콘돔▪만 올바르게 사용하더라도 HIV 감염을 예방
할 수 있다. 말라리아▪는 모기에 물려서 감염된다. 모기장을 치든

모기약을 뿌리든 단순한 처치만으로 모기에 물리지만 않는다면 말라리아에 감염되지 않는다. 세균성 이질,■ 콜레라,■ 그리고 다른 설사병은 오염된 식수나 음식물 등을 섭취하는 과정에서 이 사람에서 저 사람으로 병원균이 전염되어 감염된다. 조금 불편하기는 하겠지만, 물을 끓여서 먹고 과일을 깎아서 먹고 야채를 깨끗한 물로 씻어서 먹기만 해도 이들 설사병 감염을 상당 부분 예방할 수 있다. 결핵 환자가 호흡기로 내뿜은 비말 입자(매우 작은 물방울) 속에는 결핵균이 들어 있어 결핵의 주요 전염 수단이 된다. 이 비말 입자는 공기 중에 떠다니기 때문에 결핵균을 제거할 만한 뾰족한 방법이 별로 없다. 이 비말 입자는 결핵 환자가 기침이나 재채기할 때만 나오는 것은 아니다. 결핵 환자가 숨을 쉬고 있는 순간에도 호흡기를 통해 결핵균이 배출된다. 냉각 수조에 서식하는 미생물은 에어컨을 통해 공기 중으로 퍼져나갈 수 있다. 1976년 처음 출현했던 재향군인병Legionnaires' disease이 대표적인 사례이다. 이 병은 레지오넬라균legionella 감염으로 발병하는데, 일단 병에 걸리면 고열과 함께 심한 폐렴■ 증상이 나타난다. 재향군인병은 우리 생활 주변에서도 자주 발견된다. 대중 수영장에서 레지오넬라균이 검출되기만 해도 세상이 발칵 뒤집어진다. 수주간 수영장을 폐쇄하고 소독하느라 난리를 친다.

피부 접촉을 통하여, 수혈이나 주사기를 같이 사용하는 마약 주사의 경우 오염 혈액을 통하여, 성관계 시 체액을 통하여 감염이 이루어지는 감염증도 있다. 그 외에도 오물, 음식, 애완동물, 야생동물 등을 통해서 감염될 수 있다. 사람들이 접촉하고 있는 동물이 외관상 멀쩡해 보이는 경우라 하더라도 보균하고 있을 수 있다. 사람들 사이에서도 외관상 건강해 보이는 보균자가 있을 수 있다. 이들 보균자는 병증을 나타내지 않으면서도 병원균을 퍼트릴 수 있다. 마지막으로, 모기·파리·진드기와 같은 '매개' 곤충도 병원균을 매개할 수 있다.

우리 사회에 질병 확산을 저지하거나 예방하는 데 가장 좋은 방법은 간혹 전염되는 경로를 차단하는 것이다.

전염병을 일으키는 미생물 병원균에는 세균, 바이러스, 곰팡이, 원충,▪ 기생충▪ 등이 있다. 최근에는 심지어 단백질(프리온▪)이 질병을 전염시킨다는 사실이 밝혀졌다. 수년 전에 발견된 이 병원균(프리온)은 스펀지처럼 뇌를 녹이는 끔찍한 질병을 유발한다. 대표적인 질병으로 소해면상뇌증(광우병)Bovine Spongiform Encephalopathy ; BSE,▪ 면양 스크래피scrapie, 사람의 크로이츠펠트 야콥병Creutzfeldt-Jakob disease이 있다.

여기에서는 주요 병원균과 병원균이 유발하는 질병에 대해 기술한다. 그다음으로 가장 작은 병원균(미생물)과 미생물의 탁월한 생존 전략에 대하여 기술한다. 미생물 생존 전략은 전염병의 본질을 이해하는 데 중요하다.

세균

세균은 사람 머리카락 한 올과도 비교할 수 없을 만큼 그 크기가 매우 작다. 대표적인 장내 미생물인 대장균▪을 예로 들어보자. 대장균은 크기가 단지 몇 마이크로미터밖에 되지 않으며, 사람 머리카락한 올 지름의 100분의 1 크기에 지나지 않는다. 세균은 모양이 다양하고, 대부분 일생 동안 그 모양을 그대로 유지하고 있다.(그림 1 참조) 탄저▪균이나 결핵균은 막대 모양이고, 포도상구균▪이나 연쇄상구균▪은 공 모양이다. 콜레라균은 콤마(,) 모양이다. 진드기가 매개하는 라임병Lyme disease균이나 매독균은 나선 모양이다.

세균들은 서로 다른 다양한 대사 메커니즘을 사용하여 증식한다. 세균 대부분은 산소를 사용해서 증식하는 '호기성 세균'aerobic microbes이다. '통성 혐기성 세균'facultative anaerobes은 산소 없이도 잘 증식한다. '절대 혐기성 세균'obligatory anaerobes에게는 산소가 오히려 치명적인 독으로 작용한다. 절대 혐기성 세균은 대부분 장내 미생물이지만 파상풍tetanus을 유발하는 세균처럼 깊은 상처 부위에서 증식하는 경우도 있다.

세균은 스스로 증식할 수 있는 생물체이다. 진정한 의미에서 세포핵을 가지고 있지는 않지만 고등 생명체처럼 DNA▪ 속에 생존 전략이 내장된 유전물질을 가지고 있다. 세균은 이분열division 방식을 통한 무성생식으로 증식한다. 부계와 모계로부터 각각 유전물질을 물려받거나 서로 교환하지 않는다. 대신 세균은 이분열하기 전에 DNA를 복제해서 이분열로 생긴 두 개의 딸세균daughter cell에 각각 하나씩 할당한다. 그래서 딸세균은 부모 세균과 유전적으로 동일하다. 이렇듯 하나의 세균에서 분열 증식하여 이루어진 세균 무리를 '세균

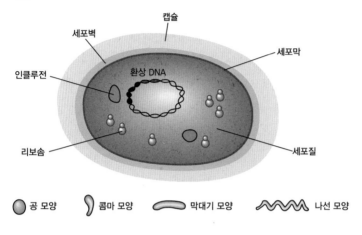

세균

세포벽

캡슐

인클루전

세포막

환상 DNA

리보솜

세포질

● 공 모양　　〉 콤마 모양　　◯ 막대기 모양　　∿∿∿ 나선 모양

그림 1 세균의 구조
세균은 견고한 세포벽이 세포질막 주변을 감싸고 있고 간혹 캡슐로 둘러싸여 있다. 세포벽과 캡
슐은 외부 환경과 숙주 면역 메커니즘으로부터 세균을 보호하는 역할을 한다. 유전물질은 반지
모양의 DNA 속에 내장되어 있다. 세포질 내 인클루전과 리보솜은 RNA를 단백질로 번역한다.
세균마다 다양한 형태를 가지고 있지만 모양은 안정되어 있다. 공 모양, 막대기 모양, 콤마 모양,
나선 모양이 가장 중요하다.

클론' bacterial clone이라고 한다.

　대부분의 세균은 증식을 아주 빨리 한다. 세균들은 일반적으로 30
분에서 1시간마다 한 번씩 이분열하여 그 수가 두 배씩 증가한다. 일
부 증식 속도가 매우 느린 세균도 있다. 결핵균의 경우 12시간 내지
24시간마다 두 배씩 증식한다. 나병 leprosy균은 심지어 결핵균보다
도 증식 속도가 느려서 이분열하는 데 무려 2주나 걸린다. 세균의 빠

른 증식 능력은 자신의 생존 전략에 유리하게 작용한다. 그러나 세균이 엄청나게 빠른 속도로 증식하는 과정에서 세균 DNA 복제 도구는 사소한 실수를 지속적으로 일으킨다. 이런 실수가 반복적으로 일어나다 보면 결국에는 원래 조상세균의 유전물질과 유전적으로 차이가 날 수밖에 없다. 이러한 돌연변이 결과가 세균이 생존하는 데 아무런 영향을 끼치지 않을 수도 있고, 반대로 유전적 변화로 인하여 생존에 유리하거나 불리하게 작용할 수도 있다. 돌연변이 세균 중에 환경에 재빨리 적응하는 일부 세균은 세균 무리에서 점점 다수를 차지하게 된다. 예를 들어, 돌연변이 세균 중 99.999퍼센트가 환경에 제대로 적응하지 못해 생존하지 못하더라도, 단지 0.001퍼센트의 극히 적은 수만 생존하더라도 재빨리 환경에 적응하여 다시 세균 무리를 형성한다. 그래서 돌연변이와 자연선택 selection은 세균 진화의 원동력으로 작용한다. 이로 인하여 수백만 년의 세월을 지나오면서 세균은 지구상에 거의 모든 서식지에서 대량 번식할 수 있었다. 같은 논리로, 세균은 항생제에 대응하거나 약제 내성과 같은 대응 전략을 구사하면서 진화한다.

무성생식으로 증식하는 데도 불구하고, 세균은 유전물질을 서로 교환하기도 한다. 세균은 서로 유전물질을 교환하기 위하여 두 가지 독특한 전략을 구사한다. 첫 번째 전략은 세균에서 증식하는 바이러스를 이용하는 방법이다. 이러한 세균 바이러스를 '박테리오파지' bacteriophage라고 한다. 다른 바이러스와 마찬가지로 박테리오파지도 주로 유전물질로 구성되어 있다. 박테리오파지가 세균에서 세균으로 전염되어 넘어갈 때 세균이 가지고 있는 DNA 조각(예, 항생제 내성 유전자)을 함께 가져가는 경우가 있다. 두 번째, 세균은 자체 핵 내 유전물질뿐 아니라 균체 내에 떠다니는 반지 모양의 독립된 DNA 구조물을 가지고 있다. 이런 DNA 구조물을 '플라스미드'plasmid라고 한다. 세균은 플라스미드를 서로 교환할 수 있다. 유전자 교환은 두 개의 세균이 서로 공존하고 있을 때만 일어나는데, 이러한 유전자 교환 형태를 '수평적 유전자 교환'horizontal gene exchange이라고 한다. 이러한 유전자 교환을 통하여 세균은 병원성▪ 형질 전체를 단번에 다른 세균으로 옮길 수 있기 때문에 이 메커니즘은 전염병의 경우에 매우 중요하다. 예를 들면, 대장균과 같은 무해한(설사 유발 유전정보가 없는) 장내 세균이 설사를 유발하는 살모넬라salmonella▪ 나 이질균shigella▪ 으로부터 설사 유발 유전정보가 들어 있는 플라스미드를 제공받으면 그 전에 무해했던 대장균도 설사를 유발하는 병원균으로 돌변한다. 반대로 항생제 내성 플라스미드를 가진 대장균이 항생제 내성이 없는 설사 유발 세균에게 그 플라스미드를 제공하면 설사 유발 세균도 항생제 내성 능력을 획득하게 되어 항생제 내성균으로 돌변한다.

세균은 사람의 대사 과정과 완전히 다른 독립적인 대사 기능이 있다. 그러므로 항생제를 사용하여 사람의 대사 과정에는 해를 끼치지 않으면서 세균의 대사 과정을 차단하여 세균만을 선택적으로 죽일 수 있다. 1950년대 세균 감염증 치료에 항생제가 처음 사용되기 시작했고, 그 이후 항생제는 수백만 명의 목숨을 구한 획기적인 치료제로 각광받았다. 그러나 세균들이 새로운 환경에 재빨리 적응하게 되고, 항생제 내성과 같은 대응 전략을 만들어내기 시작하면서 항생제라는 칼날은 (내성균 증가로) 갈수록 점점 무뎌져 가고 있다. 항생제와 항생제 내성은 나중에 다시 다루기로 한다.

바이러스

"바이러스는 단백질을 덮어쓰고 있는 골치 아픈 녀석이다." 영국의 노벨 생리 · 의학상 수상자 피터 메더워Peter Medawar가 바이러스의 본질을 한마디로 정의한 표현이다.

바이러스는 세균에 비해 크기가 약 10배 정도 작다. 예를 들면 상당수 바이러스가 0.1마이크로미터에 불과한데, 이 정도 크기는 사람 머리카락 한 올 지름의 약 1,000분의 1 수준이다. 바이러스는 독자적인 생명체가 아니라 전형적인 기생 생물체이다. 바이러스는 기본적으로 번식에 필요한 유전물질(DNA 또는 RNA■)을 단백질 껍데기가 둘러싸고 있는 형태를 띠고 있다. 바이러스는 DNA이든 RNA이든 한 종류의 핵산만을 가지고 있다. DNA와 RNA를 동시에 가지고 있는 바이러스는 지구상에 존재하지 않는다. 반대로 고등동물 유전정보는 DNA에 내장되어 있다. RNA는 유전자 지도를 읽고 내장된 암호 코드에 따라 번역해서 단백질을 만드는 메신저 역할을 한다. 바이러스는 단백질을 합성하는 도구를 가지고 있지 않기 때문에 세포의 대사 도구에 의존해서 자신을 복제한다. 바이러스가 세포에 침

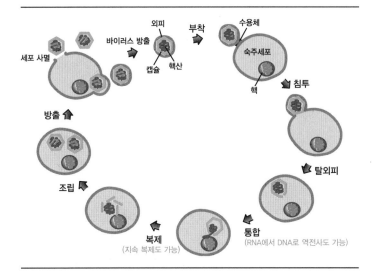

그림 2 바이러스 복제

바이러스는 자신의 수용체를 사용하여 세포 표면에 달라붙는다. 이 수용체는 숙주 영역과 감염 부위 특이성을 결정한다. 바이러스가 일단 세포 안으로 침투하면, 바이러스 캡슐이 열리고 바이러스 DNA는 숙주 게놈에 통합된다. RNA 바이러스 경우, RNA 유전정보는 역전사를 통해 DNA 형태로 바뀐 다음 바로 복제가 이루어지거나 아니면 잠복 상태로 오랫동안 유지하다가 나중에 활성화된다. 바이러스 RNA 또는 DNA의 복사가 이루어진 다음 캡슐이 조립되고 가능하다면 외피까지 조립한다. 이 바이러스는 다른 세포를 감염시킬 수 있게 된다.

투해 들어간 다음 세포 대사 도구를 강제로 징발해서 자신의 복제 도구로 사용한다.(그림 2 참조) 그다음 세포로 하여금 바이러스를 대량으로 복제하게 만들고, 만들어진 새끼 바이러스들은 세포에서 뛰쳐나와 방출된다.

　DNA 대신에 RNA를 가지고 있는 바이러스는 복제되기 전에 RNA가 DNA로 '역전사'reverse-transcription되는 중간 단계를 한 번 더 거쳐야 한다. 이 중간 단계를 밟는 과정에서 바이러스의 RNA 유전정보를 해독하는 데 실수가 자주 일어난다. 세균에서처럼, 일단 유전자가 잘못 해독된 경우 그 돌연변이가 바이러스 생존에 유리하게 작용하는 경우도 있다. HIV가 대표적인 바이러스이다. HIV 유전자 복제 과정에서 지속적으로 번역 실수가 일어나게 되면 새로운 유형의 바이러스가 출현하게 된다. 그 결과 기존 바이러스를 인식하고 있는 생체 면역체계▪는 전혀 다른 새로운 유형의 바이러스를 인식하지 못하는 상황까지 갈 수 있다.

바이러스는 크기가 매우 작기 때문에 자세히 관찰하고 연구하기 위해서는 전자현미경을 사용해야 한다. 1990년대에 와서야 비로소 효과적인 바이러스 치료약이 개발되었다. 항생제로는 바이러스를 치료할 수 없다. 예를 들면 비세균성 편도선염non-bacterial tonsillitis을 치료할 때 항생제로는 치료 효과가 없다. 이 질병은 바이러스가 유발하는 질병이기 때문이다. 앞서 언급한 대로 항생제는 세균 감염증을 치료할 때만 효과가 있다. 포도상구균에 의해서 유발된 앙기나(편도염)angina의 경우 제때 항생제 치료만 받아도 목숨을 구할 수 있다.

원충

원충은 단세포 생물체이지만 사람과 같은 고등동물과 유사한 점이 많다. 원충 대부분은 잠재적으로 질병을 일으키며, 아프리카, 아시아, 남아메리카 대륙의 열대 지역이나 아열대 지역에서 주로 발견된다. 대표적인 원충으로 말라리아원충,■ 샤가스병(수면병)을 일으키는 트리파노소마trypanosoma, 리슈마니아원충leishmania이 있다. 그 외에도 고양이가 옮기는 톡소플라스마toxoplasma, 설사를 일으키는 지아르디아원충giardia이 있다. 이들 원충의 상당수는 곤충이 매개하여 전염시킨다. 원충의 대사 과정이 사람과 유사하기 때문에, 원충에 해로운 약제는 사람에게도 또한 해롭다. 그래서 원충 치료약제를 개발하기가 어렵고 사용하는 데 제한적이다.

곰팡이와 기생충

일부 곰팡이가 질병을 일으키기는 하지만, 대부분 곰팡이들은 사실 기회 감염균■이다. 이들 기회 감염균(곰팡이)은 생활 환경 여기저기 널려 있지만 건강한 사람에게는 거의 피해를 주지 않는다. 그러나 곰팡이는 면역 부전 환자에게 심한 질환을 유발할 수 있고, 간혹 치료 또한 어렵게 한다. 특히 AIDS 환자에서 곰팡이 감염은 심각하다.

기생충 감염은 우리가 사는 북반구에서는 대부분 근절되었지만, 지구상에 살고 있는 세 명 중 한 명은 최소한 한 종류 이상의 외부 기생충을 가지고 있다. 특히 열대지방에 사는 취학 아동 사이에서는 매우 흔하다. 기생충 감염을 방어하기 위한 생체 방어 수단이 세균이나 바이러스에 대항하는 면역체계와는 근본적으로 다르게 진화해왔다는 사실은 기생충 감염증의 중요성을 반영한다.

프리온

프리온은 알려진 병원균 중에서 가장 작다. 최근에 알려진 프리온은 그동안 정의한 질병에 대한 개념 자체를 완전히 뒤집어 놓았다. 프리온은 비정상적으로 접혀진 구조의 단백질 덩어리로, 엄밀히 말하면 생물체는 아니다. 오래전부터 이미 프리온은 크로이츠펠트 야콥병을 일으키는 병원균으로 알려져 왔다. 그러나 1990년대 초반 수십만 마리의 소들이 광우병BSE으로 죽어 나가면서 광우병 파동이 연일 신문 기삿거리로 등장했다. 사실 광우병 파동은 인간의 이기적인 경제활동으로 촉발되었다. 사람들은 사료 비용을 줄이기 위해 초식동물에게 다른 동물의 뼈와 지방을 가공해서 사료로 먹였다. 그 결과로 나타난 후유증은 결국 경제적 대재앙으로 치달았다. 소비자들 마음속에 식품 안전에 대한 의심과 불안이라는 씨앗을 심어놓았다. 광우병 위기로 35억 유로에 달하는 어마어마한 비용을 치렀다. BSE 병원균은 사람에서 변형 크로이츠펠트 야콥병variant Creutzfeldt-Jakob disease: vCJD을 일으킬 수 있다. 그러나 다행스럽게도 광우병 파동 초기에 우려했던 인간 대재앙 사태(수십 년 뒤 vCJD 환자가 상당히 발생할 것이라는 우려)는 일어나지 않았다. 2008년 6월까지 vCJD 환자는 208명(영국 167명, 프랑스 스물세 명, 미국과 스페인 각 세 명 등)에 불과했다. 프리온은 인류 생존에 그다지 위협 요소로 작용하지 않기 때문에 여기에서는 크게 다루지 않는다.

3 숙주

혈액은 매우 특별한 주스이다.

—요한 볼프강 폰 괴테

들어가는 말

면역반응*은 우리 몸에서 가장 과소평가받고 있는 기능 중 하나이다. 면역반응은 수십억 개의 서로 다른 이물질 구조물을 식별하는데 전혀 문제가 없다. 비유해서 말하면 지구상에 살고 있는 65억 명의 사람을 일일이 정확하게 식별해 낼 수 있는 완벽한 능력을 갖추고 있다. '자물쇠와 열쇠'lock-and-key 원리를 적용하여 스스로 수많은 면역 구조물을 만들어낼 수 있다. 이러한 면역 구조물은 셀 수 없을 만큼 많은 이물질 각각을 모두 포착할 수 있다. 면역체계는 자신의 임무를 아주 효율적으로 잘 처리하기 때문에 우리는 이 체계가 매일 수천 개의 잠재적인 병원균과 어떻게 싸우고 있는지조차 느끼지 못한다. 우리 몸의 면역체계는 놀라울 정도로 강력한 무기여서 여기서 면역체계에 대하여 기술할 때 군사 용어로 비유하지 않을 수 없다. 굳이 군사 용어로 비유하고 싶지는 않지만 정확한 의미 전달을 위해 마땅히 다른 적절한 대안을 아직 찾지 못했다. 동시에 면역체계라는 무기는 융통성 없이 통제하고 있어서 과도하거나 잘못된 방향의 면역반응을 유발하여 자기 자신을 공격하여 손상을 입힐 수도 있다. 예를 들면, 알레르기 반응이나 자신의 신체 조직을 공격하는 자가면역질환을 들 수 있다.

고대 로마인들은 '납세의무로부터의 해방'이라는 의미로 라틴어 'immunis'라는 용어를 사용했다. 오늘날 우리는 전염병으로부터 해방이라는 의미로 'immunity'(면역)라는 용어를 사용한다. 면역은 항원* 특이성specificity과 놀라울 정도로 정확한 면역 기억memory이라는 두 가지 탁월한 특성을 가지고 있다. 실제로 왜 그런 현상(면역)이 나타나는지 알지 못하면서도, 우리는 한 번 유행성이하선염mumps을 앓았던 아이는 다시는 유행성이하선염에 걸리지 않지만 홍역measles에는 잘 걸린다는 사실을 안다. 심지어 고대 그리스 역사학자 투키디데스Thucydides도 특정 전염병에 걸려 앓은 적이 있는 사람들은 다시는 같은 질병에 걸리지 않는다는 것을 알아차렸다. 시라쿠사 왕 디오니시우스Dionysius는 아침 식사 때 소량의 독을 먹음으로써 독극물로 자신을 해치려는 음모를 스스로 예방했다고 한다. 매일 한 잔의 와인을 즐기는 사람에게는 알코올에 대한 내성이 증가한다

는 논리처럼 소량의 독에 훈련된 간의 효소들이 빨리 독을 해독시킬
수는 있지만, 소량의 독이 면역반응 자체를 유도할지는 의심스럽다.

방어 장벽

우리 몸이 병원균 침투를 어떻게 막아내는지 알아보자. 첫 번째
방어 장벽은 수많은 자연 저항 메커니즘에 의해 만들어진다. 피부조
직은 병원균의 침투를 저지하는 첫 번째 장애물이다.(그림 3 참조)
대부분의 잠재적 병원균들은 상처 부위나 점막으로 덮여 있는 신체
개구 부위(예, 눈·입·코)를 통해서 침입한다. 병원균들은 점막을
통과할 때 피부 이외의 다른 방어 메커니즘과 부닥친다. 예를 들면,
기도airway는 작은 머리카락같이 생긴 섬모cilia로 뒤덮여 있고, 이들
섬모는 침투한 이물질이나 미생물을 침입 입구까지 바깥으로 밀어
낸다. 창자에서는 '연동운동'peristalsis이라 불리는 근육수축 파동운
동을 통하여 미생물과 같은 장내 내용물을 바깥으로 배설한다. 이러
한 방법으로 사람은 매일 창자(장)운동을 통해 수백만 개의 미생물
을 몸 바깥으로 내보낸다. 비슷한 방법으로, 소변을 통하여 미생물
을 몸 바깥으로 배출한다. 그뿐 아니라 유익한 미생물들은 신체 표
면에 자연적으로 서식한다. 그래서 장이나 입과 인두에 서식하는
'정상 세균총'▪은 그곳에서 유해 미생물이 집단 증식을 못하도록 방
해한다. 이들 부위에 들어온 병원균들은 초만원 기차에 올라타는 것
으로 비유할 수 있다. 이들 침입자가 기차 안으로 들어오더라도 의

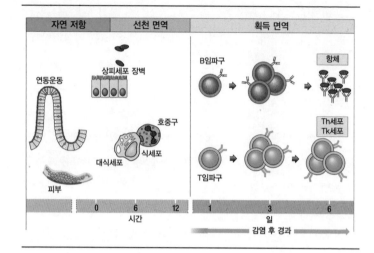

| 자연 저항 | 선천 면역 | 획득 면역 |

그림 3 감염에 대한 숙주의 첫 단계 저항

숙주에 침투하기 위하여 유해 미생물은 첫 번째 자연 저항 장벽을 극복해야 한다. 피부는 상처를 통헤 병원균이 침입하는 것을 잘 막아내도록 되어 있다. 이들 미생물은 피부에 손상이 없는 한 침투할 수 없다. 호흡기도의 상피세포는 가는 머리카락 같은 섬모로 덮여 있어 침입 미생물을 바깥으로 밀어낸다. 장(창자)에서는 연동운동을 통하여 미생물을 포함한 장내 미생물을 대변을 통하여 체내 바깥으로 내보낸다. 자연 저항 장벽을 극복한 미생물의 경우 그다음에는 다양한 세포와 선천 면역 인자들의 공격을 받는다. 이때 가장 중요한 역할은 대식세포와 호중구 세포이다. 이들 세포는 미생물을 먹어치운다. 단지 며칠 후 획득 면역이 침입 미생물을 공격한다. 먼저 특이 항체를 사용하여 이러한 공격이 이루어진다. 특이 항체는 B임파구에 의해 생성된다. 이차적으로 Th세포와 Tk세포를 사용하여 이루어진다. 이들 세포는 임파구 전구체에서 발달한다.

자는 물론 서 있을 공간조차도 없다. 그래서 기차를 타더라도 이들 병원균이 들어온 어느 부위이든 간에 편안한 자세로 제대로 서 있기 조차도 힘들다. 이런 기계적 메커니즘은 좁은 의미에서 사실 면역과 관계가 없다. 병원균이 모든 기계적 방어 장벽을 뚫고 들어오면 그때서야 면역이 작동한다.

면역체계

면역체계는 '선천 면역'innate immunity과 '획득 면역'acquired immunity▪이라는 두 개의 핵심 기둥이 받치고 있다.(그림 3) 선천 면역은 체내로 들어오는 침입 부위 근처(감염문호)에서 병원균을 인식하여 그곳으로 초기 방어력을 이동시킨다. 군사 용어로 비유하면 초기 방어력은 정교한 군사장비 없이 방어를 시작하는 보병에 해당한다. 대식세포▪와 과립형 백혈구granulocyte 부대는 병원균을 탐식해서 제거한다. 면역 세포들은 다양한 수용성 매개 물질을 분비하여 군사력을 보강한다. 예를 들면 보체complement▪는 세균을 녹여 버린다. 인터페론interferon은 바이러스의 증식을 저지한다. 이들 전략을 사용함으로써 비록 정교하지는 않지만 선천 면역체계는 효과적으로 작동한다. 머지않은 시간에 약삭빠른 병원균은 보병 방어선을 넘어설 것이다.

그러나 선천 면역체계는 후방 방어선과 매우 긴밀한 연락 체계를 취하고 있다. 후방 방어선에는 획득 면역으로 구성된 후방 전진 특수부대가 있다. 보병들은 첫 반격 기회를 활용하여 수많은 비특이적 메커니즘을 통하여 매우 효과적으로 적을 염탐하고 자신들이 대면하고 있는 적의 형태를 알아낸다. 침입자들은 급성 감염▪을 일으킬 수 있는 세균인가? 만성 감염▪을 일으키는 바이러스인가? 그렇지 않으면 아마 곰팡이, 원충? 기타 등등. 보병들은 이 정보를 획득 면역체계로 바로 전달한다. 획득 면역체계의 지휘관들은 특수방어부대(비유하면, 육군? 해군? 아니면 공군?)를 동원할지 여부를 결정한다.

획득 면역체계는 면역이라는 용어와 관련한 임무를 수행한다. 획득 면역체계는 항원특이 면역반응specific immune response이라는 목표물 반격 작업을 준비한다. 획득 면역체계는 면역 세포 속에 내장되어 있는 면역 기억과 혈액, 임파절, 염증■ 부위에 존재하는 인자를 가지고 있다. 임파구■로 알려진 백혈구는 인체에 익숙하지 않은 이물질의 모든 구조물을 인식한다. 이러한 이물질을 항원■이라고 한다. 이들 항원을 격퇴하기 위하여, 특수부대는 두 가지 접근 작전을 쓴다. 첫 번째는 각 침입자를 격퇴하기에 적합한 방어 단백질이나 특이 항체■를 맞춤형으로 만들어내는 것이고, 두 번째는 특이 면역 세포를 파견하여 침입자들을 부닥치게 한다.

항체는 Y자 형태를 띠고 있고, 자물쇠(항원)에 들어맞는 열쇠(항체)와 같다. 항체들은 침입자에 달라붙어 독소를 중화시키거나 세균이나 바이러스에 저항한다. 이들 항체는 흔히 'B세포'■라고 하는 B 임파구에서 생성된다.

서로 다른 다양한 항체 또는 면역글로불린■이 있는데, 이들 항체는 각각 단순하게 IgA, IgD, IgG, IgM 그리고 IgE라고 표시한다. 저항의 일차 방어선에 있는 항체는 IgM 부류에 속한다. IgD 항체는 B세포에 달라붙어 있는 상태로, 시쳇말로 침입자를 몸수색한다. IgG 항체는 항원특이 공격부대로 혈액에 존재하는 가장 중요한 면역 물질이다. IgE 항체는 외부 기생충 감염 방어에 배치되며 알레르기 반응에도 관여한다. 마지막으로, 창자(장), 구강, 목, 폐, 방광, 질에 있는 점막은 미생물이 침입하는 중요한 관문이며 IgA 부류의 항체를 가지고 있다.

그러나 항체들은 세포 안에 거주하는 침입자를 인식하지 못한다. 그래서 항체는 숙주세포 안에 숨어 있는 병원균에 대해서는 속수무책이다. 세포는 무방비 상태로 감염되어도 세포 안에 침입한 항원의 정보를 세포 표면에 표시하여 조난 신호를 면역체계에게 보낸다. 이러한 조난 신호를 통하여, T세포라는 또 다른 형태의 면역 세포를 끌어들인다. 여러 기능 중 하나로서, T세포들은 감염 세포를 파괴해서 바이러스의 증식을 저지한다. T세포는 대식세포를 활성화시켜서 세포 속에 숨어 있는 병원균을 파괴한다. 대식세포는 Th세포▪에 의해서 활성화된다. 한편 다른 그룹의 Th세포는 항체 생성을 통제한다. 감염 세포의 파괴는 살상 T세포(Tk세포▪)에 의해 이루어진다.

보병(자연 방어 면역)처럼, 비특이 방어자인 Th세포는 '사이토카인'▪ 또는 '인터류킨'▪이라 불리는 메신저messenger 면역 물질을 사용한다. 이들 메신저 물질을 통하여, Th세포는 목적 세포target cell와 정보를 교환한다. 사이토카인 네트워크는 복잡하게 얽혀 있고, 간혹 많은 메신저 면역 물질이 서로 협력해서 특정 기능을 동원한다.

제1형 Th세포(Th1)는 대식세포를 활성화시켜서 그 자리에서 세균과 원충들을 죽인다. 제2형 Th세포(Th2)는 항체 생성을 촉진해서 기생충 감염증을 퇴치한다. Th1세포와 Th2세포는 메신저 면역 물질을 분비하여 다양한 기능을 활성화시킨다. Th1세포가 분비하는

가장 중요한 메신저 면역 물질은 '감마 인터페론' ■과 '인터류킨2' IL-2
이다. 감마 인터페론은 대식세포를 가장 강력하게 활성화시키는 면
역 물질이다. 인터류킨2는 Tk세포를 활성화시키는 물질이다. Th2
세포가 분비하는 '인터류킨4'와 '인터류킨5'는 항체 생성과 기생충
감염 저항을 조절한다.(그림 4 참조)

대다수 질병의 경우, 특수부대는 미생물에 의해 공격당한다. 가장
잘 알려진 사례가 HIV이다. 치명적인 HIV는 T세포 표면에 존재하
는 인식 물질(수용체)을 사용하여 바이러스 입자를 T세포 표면에 부
착시킨다. HIV는 Th세포 표면에 있는 CD4 분자에 특이적으로 달
라붙은 다음 면역 세포 안으로 침투해 들어간다. 다른 면역 세포들
은 수용체를 가지고 있다. 예를 들면, Tk세포는 세포 표면에 CD8
분자를 가지고 있다. 과학자들은 실험실에서 CD8 분자를 진단 목적
으로 사용한다. 예를 들면, T세포 표면에 있는 CD4와 CD8의 비율
을 분석하여 AIDS 경과를 예측한다.

대부분의 경우, 획득 면역체계는 너무 전문화되어 있어서 그 자체
만으로 병원균과 싸울 수 없다. 대신 획득 면역은 전략을 강구하고
특수 영장을 발부한다. 하지만 가끔 선천 면역(보병에 비유)을 다시
한 번 불러들여 병원균을 공격하도록 한다. 동시에 획득 면역은 침
투한 병원균에 대한 '면역 기억'을 가지게 된다. 면역체계 지휘관들
은 모든 침입자(병원균)의 중요한 세부 정보를 기록(기억)하고 있다
가 같은 침입자가 다시 침입할 때 신속하고 훨씬 더 정교하게 면역
작용에 개입한다.

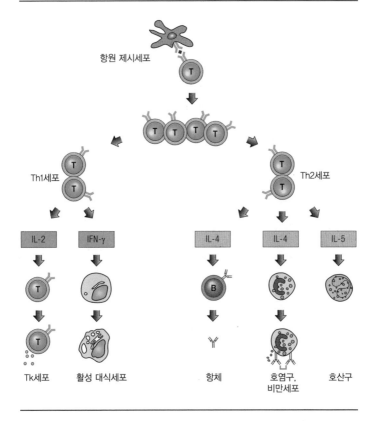

항원 제시세포

Th1세포

Th2세포

| IL-2 | IFN-γ | IL-4 | IL-4 | IL-5 |

Tk세포   활성 대식세포   항체   호염구,   호산구
                                  비만세포

그림 4 Th세포 체계

T임파구가 특이 항원을 인식하면서 T임파구는 증식하고 서로 다른 많은 기능으로 발달하기 시작한다. Th세포는 수용성 매개 물질을 통하여 다른 세포를 자극한다. Th세포에는 Th1세포와 Th2세포가 있다. Th1세포는 다른 무엇보다도 수용성 매개 물질 인터류킨 2(IL-2)와 감마 인터페론(IFN-γ)을 분비한다. 이 방식으로 Tk세포와 탐식세포를 활성화시킨다. Th2세포는 무엇보다도 인터류킨4(IL-4), 인터류킨5(IL-5)를 분비한다. 이들 물질은 B임파구를 자극해서 항체를 생산하게 하고 기생충 방어를 위하여 호염구, 비만세포, 호산구를 활성화한다. 그러나 호염구, 비만세포, 호산구는 또한 알레르기 반응을 유발한다.

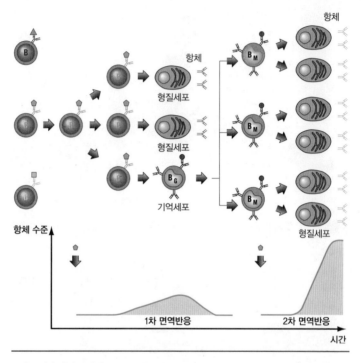

그림 5 면역 기억 메커니즘

B임파구가 임파구 수용체, 즉 B임파구 표면에 표현된 항체를 통하여 특이 항원과 반응할 때, B
임파구는 증식하여 두 가지 방법으로 발달한다. 병원균을 직접 공격하는 항체를 생산하는 형질
세포와 동일한 항원이 두 번째 공격할 때에만 활동을 개시하는 기억세포가 있다. 이것이 일어나
면, 기억세포는 즉시 특이항체를 만들 준비를 한다. 그러므로 2차 반응은 1차 면역반응보다 훨씬
효과적으로 이루어진다. 유사한 과정이 T세포에서도 일어난다. 기억세포의 형성은 백신유도 면
역을 위한 중요한 전제 조건이다.

침입자(병원균)와 부닥치고 난 후 면역체계가 완전하게 면역반응
을 발휘하기까지는 일반적으로 5일에서 15일 정도 걸린다. 그렇기

때문에 급성 전염병의 경우 감염 후 1주 내지 2주가 경과해야 병증에서 회복된다. 유사하게도 백신 접종으로 온전한 예방 효과가 나타나는 데는 몇 주가 소요된다. 병원균과 두 번째 접촉에서 면역반응은 그 전보다 훨씬 빨리 나타나고, 간혹 며칠 이내에 바로 나타나기도 한다. 이러한 면역 현상(면역 기억) 때문에 어릴 때 소아 질병을 앓게 되면 두 번 다시 같은 질병에 걸리지 않는다.

마지막 중요한 임무는 침투한 병원균을 면역체계가 제압한 후에 남아 있다. 병원균 격퇴를 위해 배치된 방어군이 거꾸로 자신에게 공격 무기를 겨누는 상황이 벌어지기 전에 재빨리 철수해야 한다. 그래서 이 상황에서는 면역반응 억제기전이 작용한다. 만약 면역반응 억제기전이 제대로 작동하지 않는다면 자가면역질환을 초래할 수 있다.

방어 지원: 백신

1885년 여름, 루이 파스퇴르Louis Pasteur(1822~1895)는 프랑스 알자스 지방에 살고 있는, 공수병(광견병)에 걸린 아홉 살의 조제프 마이스터 Joseph Meister에게 공수병 토끼 추출물을 접종했다. 이 접종물은 공수병 바이러스(병원균의 독력＊을 없앤 바이러스—옮긴이)를 감염시킨 토끼에게서 추출한 것이다. 당시 파스퇴르는 면역학에 대한 지식이 별로 없었지만, 이런 시도로 공수병에 대한 면역이 생기도록 함으로써 그 아이의 목숨을 살렸다. 어쨌든 이 반응이 어떻게 가능한지조차 제대로 알지 못한 채, 파스퇴르는 아이의 면역체계를 효과적으로 자극했다. 이와 같은 면역기전은 백신과 같다. 현재 사용하는 백신의 종류는 아주 다양하지만 공통점이 있다. 백신을 접종함으로써 우리 몸의 면역체계에 향후 침입할 수 있는 공격자(병원균) 정보를 미리 알려주어 사전에 면역체계를 잘 구축한 점이 그것이다. 이들 백신은 병원균과 동일한 형태이거나 병원균에 존재하는 질병 유발 물질로 만들어진 것이다. 단지 병원균과 백신 사이에 차이가 있다면 백신은 인체에 무해하다는 점이다. 우리 몸의 면역체계는 병원균과 백신을 식별할 수 없다. 그러므로 백신 예방접종▪은 병원균에 대항하도록 효과적으로 면역을 유도한다. 백신 접종으로 만들어진 면역 정보는 우리 몸에 그대로 남아 있다가 향후 (백신과 동일한 종류의) 병원균이 우리 몸에 침입할 때 백신 접종 때보다는 훨씬 빨리 면역반응을 호출할 수 있게 된다.

전통적으로 백신은 다음과 같은 부류로 구분할 수 있다.

첫 번째 백신 부류가 생백신▪이다. 파스퇴르가 조제프 마이스터에게 시도한 순화▪시킨 공수병(광견병) 백신처럼, 바이러스의 독력을 제거하여 인체에 해가 없게 만든 생백신은 오늘날에도 여전히 사용되고 있다. 소아 예방주사용으로 사용하는 홍역, 유행성이하선염(볼거리), 풍진 예방 백신이 생백신이다. 천연두 백신도 생백신 형태로 만들어진다. 반면 결핵 백신 BCG(bacille Calmette-Guérin: 백신 개발자인 A. L. 칼메트Calmette와 C. 게랭Guérin의 첫 글자를 따서 붙여졌다.)는 소의 결핵균에서 독력을 제거하여 백신으로 개발한 것이다.

BCG 생백신은 예방 효과가 매우 좋지만 살아 있는 미생물이기 때문에 '역돌연변이'back mutation가 일어나 독력을 다시 회복할 수 있는 잠재적 위험성을 완전히 배제할 수 없다. 물론 접종 과정에서 엄격하게 통제하기 때문에 그런 극단적인 위험은 거의 없다고 보아도 된다. 덧붙여, 생백신 성분 중에는 백신 접종 후 부작용을 일으킬 수 있는 성분들이 들어 있다.

두 번째 부류가 사독 백신inactivated vaccine이다. 사독 백신의 경우에도 병원균 입자 전체가 백신으로 사용된다. 다만 사독 백신에 사용된 병원균은 감염력을 완전히 없애버린, 즉 죽은 병원균이다. 대표적인 사독 백신이 인플루엔자(독감)▪ 백신이다. 죽은 바이러스를 사용하는 사독 백신이기 때문에 전염병을 일으키지 않는다. 인플루엔자 백신은 다음번 독감 유행기 때 유행할 것으로 예상되는 인플루엔자 바이러스▪를 서로 섞어 만든 혼합 백신(칵테일 백신)이다.

사독 백신에는 면역에 기여하지도 않으면서 부작용을 일으킬 수 있는 성분들이 들어 있다. 그러므로 연구자들 사이에서는 '서브유니트'subunit 백신 형태로 개발하려는 움직임이 일고 있다. 서브유니트 백신은 병원균 구성 성분 중 면역반응을 효과적으로 유도하는 성분으로만 백신 항원으로 사용한 것이다. 서브유니트 항원을 제조하기 위하여, 미생물 균체를 분해해서 특정 항원만 분리해 낸다. 불행하게도 정제 항원 그 자체만으로는 일반적으로 강한 면역반응을 일으킬 수 없다. 그러므로 면역반응을 높이기 위하여 서브유니트 백신에 면역 보강제adjuvant를 추가해야 한다. 면역 보강제가 들어 있는 서브유니트 백신의 대표적인 사례가 B형 간염▪ 백신이다. B형 간염 백신은 인공적으로 생산한 B형 간염 바이러스 표면 단백질 성분과 면역 보강제(대부분 알루미늄겔)로 구성되어 있다.

서브유니트 백신의 아류로 미생물 독소toxin로 만든 '톡소이드 백신' toxoid vaccine이 있다. 톡소이드 백신은 원래의 독소에서 독성 유발 물질을 제거한 비활성 독소를 사용한다. 면역체계는 비활성 독소 성분을 면역학적으로 기억한다. 가장 잘 알려진 톡소이드 백신이 디프테리아와 파상풍 백신이다. 서브유니트 백신의 또 다른 아류는 중합체 백신conjugate vaccine이다. 중합체 백신은 세균 균체 표면에 있는 폴리사카라이드polysaccharide(sugar) 성분을 면역체계가 인식함으로써 병원균에 작용하는 백신이다. 예를 들면, 어린이에게 수막염▪을 흔하게 일으키는 b형 헤모필루스 인플루엔자 백신Haemophilus influenza type b: Hib이다. 면역체계는 폴리사카라이드 성분을 인식하여 항체를 생성하지만 폴리사카라이드 성분에 대한 어떠한 면역 기억은 없다. 즉 과거에 병원균 접촉에 대한 면역 기억이 없다. 그러나 폴리사카라이드에 단백질 절편을 인공적으로 부착시킨 중합체를 사용하면 그 단백질 절편은 면역체계가 면역 기억을 할 수 있도록 도와준다. 헤모필루스 인플루엔자 폴리사카라이드를 파상풍이나 디프테리아 톡소이드에 중합시켜 백신으로 제조하면 파상풍과 디프테리아 예방뿐 아니라 헤모필루스 인플루엔자 감염도 예방할 수 있다. 귀, 코, 목구멍 부위에 서식하는 대표적인 병원균인 폐렴구균pneumococci과 수막염균meningococci을 예방하기 위하여 사용하는 백신도 이러한 중합체 백신 형태이다.

병원균마다 서로 다른 순도와 효능을 가진 백신 형태를 필요로 한다. 생백신과 사독 백신은 잠재적 위해 성분을 함유하고 있지만, 서브유니트 백신과 단일 항원만으로 된 백신의 경우 순도가 훨씬 좋을 뿐 아니라 부작용도 거의 없다. 다른 한편으로 순도가 높아질수록 간혹 백신의 효능이 감소하는 경우도 있다. 순수 성분으로 이루어진 백신은 일정 기간 체내에서 살아 있는 생백신보다 면역반응이 약하다. 이 문제를 해결하기 위하여 순수 항원의 경우 고활성 면역 보강제를 첨가해야 한다. 그러나 현재는 고활성 면역 보강제가 거의 없다. 면역 보강제의 개발은 미래 백신 연구에 중요한 위치를 차지한다.

어떠한 백신도 초기 감염을 예방할 수는 없다. 대신 백신은 감염 후 병증으로 진행되는 과정을 예방(병증 완화)할 수 있다. 일반적으로 백신 접종에 대한 면역반응의 결과로 활성 B세포가 생산한 항체가 병증 유발을 예방한다. 다시 말해 현재까지 효능이 입증된 모든 백신은 주로 체액성 면역(항체에 의한 면역) 효과에 기인한다. 향후 새로운 백신 개발의 주된 목표는 T세포가 면역의 주된 역할을 할 수 있는 형태의 백신이 될 것이다. 이러한 형태의 백신은 면역학적으로 단지 T세포만 자극한다는 것은 아니다. 오히려 그런 백신은 면역체계의 양 축, 즉 항체 생산과 T세포를 활성화하도록 한다. 불행하게도 아직까지 T세포를 어떻게 하면 가장 효과적으로 활성화시킬 수 있는지에 대한 연구는 이루어지지 못했다.

백신을 개발하는 데 직면하게 되는 두 번째 문제는 백신으로 예방할 수 있는 병원균의 감당 범위이다. 한편으로는 임상학자들과 과학자들은 특정 병원균에 대해 가장 적절하게 예방할 수 있는 면역을 당연히 바랄 것이다. 다른 한편으로는 특정 병원균만을 예방하는 것만이 항상 백신 개발의 최고 접근 방법이 되는 것은 아니다. 예를 들어, 모든 폐렴구균 공통 항원을 사용해서 단 하나의 폐렴구균 백신을 만든다면 (모든 폐렴구균 감염을 예방할 수 있기 때문에) 무엇보다 좋다. 같은 논리가 인플루엔자 백신에도 해당된다. 현재 매년 각각 새로운 독감 균주를 배합해 만든 독감 백신에 의존한다. 모든 인플루엔자 바이러스에 공통적으로 존재하는 항원을 사용해서 단 하나의 인플루엔자 백신을 개발할 수 있다면 얼마나 좋겠는가!

공통 항원으로 단일 백신을 개발하는 것은 아주 그럴듯해 보인다. 여기서도 T 임파구가 백신 개발의 중심에 서 있다. 모든 인플루엔자 바이러스가 공통적으로 가지고 있는 항원으로 감염 세포를 인식하는 것이 바로 T세포이다. HIV와 같은 병원균의 경우 숙주 몸 안에서 계속해서 변하고 있기 때문에 변하지 않은 항원으로 만든 백신으로 싸우는 것이 훨씬 나을지도 모른다.

감염 후 병증의 진행을 막아주는 백신보다 감염 자체를 막아주는 백신이 훨씬 더 바람직할 것이다. 급성 전염병의 경우 감염 후 병증을 나타내기 전까지의 시기, 즉 잠복기█가 매우 짧기 때문에 이 부분은 그리 중요하지 않다. 하지만 잠복기가 긴 만성질환의 경우에는 그렇지 않다. HIV의 경우 감염 자체를 막아주지 않는다면 면역체계는 결국에는 붕괴되고 말 것이다. 백신 예방 효과가 얼마나 장기간 동안 유지될 수 있을지를 알아보는 것은 쉽지 않다. 차라리 병원균이 몸 안으로 침입해서 감염되기 시작한 직후 병원균을 완전히 제거하거나 차단하는 백신이 효과적이다. 단지 HIV 증식을 억누르는 면역은 AIDS가 발병했을 때는 효과가 없다. 이런 종류의 면역을 유도하는 백신은 단지 발병 시기를 늦추기만 할 뿐 완전히 예방하지는 못한다.

이러한 상황이 결핵에도 지금 존재하기 때문에 우려스럽다. 일부 감염 환자에게서 장기간 세균 증식을 억누르고 있어서 결핵 발병 시기를 지연시킨 사례가 있었다 하더라도, 결핵 발병을 예방할 수 있는 백신은 환영할 만한 일이다. 그러나 나중 어느 시기에 면역체계가 붕괴된다면, 예를 들어 HIV가 동시에 감염되는 상황이라면 무슨일이 일어나겠는가? 그런 경우 아무리 좋은 백신이라도 무용지물이다. 그러므로 애초에 감염 자체를 예방할 수 있는 백신이 훨씬 중요하다.

전 세계적으로 백신 개발의 가장 큰 도전에 직면한 질병이 AIDS와 결핵이다. 말라리아도 마찬가지이다. H5N1 조류인플루엔자가 사람 간 전염이 가능하여 판데믹˙을 일으킬 상황을 우려하고 있다. 효과적인 독감 백신 개발은 이러한 우려를 해소하는 데 큰 도움이 될 것이다.

심지어 지금 에밀 베링Emil Behring(1854~1917)이 처음 도입한 수동면역passive immunity으로 되돌아가려는 경향도 있다. 병원에서 감염되는 다제내성 세균이 우려스러울 정도로 증가하고 있는 시점에서, 많은 바이오 기술회사들은 치료약제로 항체를 개발하기로 결정했다. 에밀 베링 시절에 파상풍이나 디프테리아를 치료하기 위해서 실험동물에서 생산한 항혈청 대신에, 지금 과학자들은 사람의 면역체계가 이물질로 인식하지 않도록 전문적으로 만든 인간 단클론 항체humanized monoclonal antibody를 개발하고 있다.

잘못된 면역반응: 알레르기와 자가면역질환

면역체계의 탁월한 활약에도 불구하고, 면역체계가 잘못된 방향으로 흐를 수 있다. 모든 면역반응은 우리 몸에 위해로 작용할 가능성을 내포하고 있다. 자가면역질환과 알레르기는 생체 방어 메커니즘 자체가 스스로 병을 유발하는 경우이다. 통계로 보면, 이와 같은 잘못된 면역반응은 아주 흔하다. 그래서 미국인의 20퍼센트와 영국인의 15퍼센트가 알레르기 증상을 앓고 있다. 호주 전체 인구의 약 45퍼센트가 알레르기를 앓고 있고, 독일의 경우 성인의 20퍼센트, 어린아이의 10퍼센트가 알레르기 질환으로 고통받고 있다.

미국의 경우 200만 명의 류머티즘 관절염 환자와 750만 명의 건선psoriasis 환자, 그리고 40만 명의 다발경화증multiple sclerosis 환자 등 약 1000만 명이 이들 세 가지 자가면역질환을 앓고 있다. 영국에서는 50만여 명이 류머티즘 관절염을, 120만 명이 건선을, 약 9만 명이 다발경화증을 앓고 있다. 호주에서는 60만여 명이 이들 세 가지 자가면역질환을 앓고 있다.(류머티즘 관절염 18만 3000명, 건선 40만 명, 다발경화증 2만 8000명) 독일 자가면역질환협회에 따르면, 독일·스위스·오스트리아에서 500만여 명이 자가면역질환을 앓고 있다.

기생충 감염에 대한 잘못된 면역반응으로 인해 알레르기와 천식 asthma이 유발된다. 자가면역질환은 가끔 세균이나 바이러스 감염에 대한 잘못된 면역반응과 Th1세포에 의해서도 일어난다. 이 과정에서, Th세포(Th1과 Th2세포)의 각 축은 다른 축의 통제로 작용하여 영향을 끼친다. 세균과 바이러스에 대한 Th1세포반응은 기생충에 대한 면역반응을 억제한다. 반면 기생충에 대한 면역반응은 세균과 바이러스에 대한 면역반응을 억제한다. 그 결과로 미약한 Th1 세균 면역반응은 Th2가 매개하는 알레르기 반응이 잘 일어나도록 만든다.(그림 3 참조) '위생 가설'hygiene hypothesis의 지지자들은 이러한 관련성을 지적한다. 이 가설에 따르면, 선진국에서는 항생제를 일상적으로 사용하고, 이 여건에서 우리 몸의 면역체계가 실제적으로 미생물의 위협에 부닥치는 일이 거의 없기 때문에 (즉 미생물에 노출되지 않아서) 알레르기 환자가 증가한다. 즉 세균에 대한 실제적인 면역반응(Th1면역반응)이 약해질수록, 반대로 Th2 매개 면역반응(알레르기)이 더 강해진다.

알레르기: 망치로 호두 까기

알레르기 반응의 경우 면역반응은 비정상적으로 강해진다. 면역체계는 실제로는 해가 없는 이물질에 대해서조차도 공격에 열을 올린다. 그렇게 되면 오히려 신체에 해가 되는 결과를 초래한다. 원칙적으로, 꽃가루와 고무 라텍스 성분에서부터 금속 물질과 동물 부산물까지 모든 이물질이 알레르기 반응을 촉발할 수 있다. 알레르기 형태에 따라 달라질 수 있지만, 인체는 이물질과 처음 접촉할 때부터 항체를 만든다. 동일한 이물질을 다시 접촉하게 되면 첫 대면에서 형성된 항체는 알레르기 물질을 인식하고 제거하려고 덤벼든다. 이때 관여하는 항체 종류에 따라서 면역반응은 즉시 나타날 수도, 몇 시간 뒤에 나타날 수도 있다. 발진과 가려움에서부터 점막 부위가 심하게 부어올라 호흡곤란shortness of breath과 순환허탈circulatory collapse을 일으키는 지경에까지 이를 수도 있다. 한편으로는 접촉성 알레르기에서, 예정된 침입자에 대한 공격을 시작하는 것은 바로 T 세포이다. 예를 들어, 면역체계는 손에 낀 반지에서도 반지에 들어 있는 니켈 성분에 과민하게 면역반응을 일으켜 습진eczema을 일으키기도 한다.

지난 수십 년간 역학*을 연구해 온 과학자들은 선진국에서 알레르기 환자가 급증하는 현상을 주시해 왔다. 오래된 문헌을 찾기가 어렵지만, 대충 영국과 미국에서는 다섯 명 중 한 명이, 독일에서는 성인 다섯 명 내지 열 명 중 한 명이 알레르기로 인해 고통을 받고 있다. 독일인의 13~24퍼센트가 한두 번 정도 꽃가루 알레르기를 경험하고 약 3퍼센트는 천식을 앓는다. 이러한 경향은 어린아이에서 매우 확연하게 나타난다. 지금 독일에서 태어나는 어린아이 열명 중 한 명은 일생 동안 언젠가 한 번은 천식을 앓는다. 대부분의 선진국에서 어린아이의 10퍼센트에서 30퍼센트가 천식을 앓는다.

천식을 앓고 있는 어린아이 비율이 최대 40퍼센트에 이르는 나라도 있다. 알레르기의 주요한 세 가지 형태는 꽃가루 알레르기(고초열)와 신경성 피부염neurodermatitis, 그리고 천식이다. 알레르기를 연구하는 과학자의 시각으로 보면, 독일에서 동독과 서독 지역 알레르기 환자 비율의 격차, 그리고 알레르기 환자 비율이 동독 지역에서 점점 증가하여 서독 지역의 환자 비율을 따라가는 현상이 눈에 띈다. 이러한 경향은 통계학적으로도 명백하게 드러난다. 문제는 과학자들이 그런 현상을 제대로 설명하지 못하고 있다는 점이다. 많은 가설이 난무하고 있지만, 동독이든 서독이든 모두가 유전적으로 차이가 없는 같은 독일인이라는 측면을 감안하면 가설의 대부분은 유전적인 것보다는 생활환경의 변화에서 기인한 것으로 보인다.

알레르기에 민감하게 반응하는 주요 인차 중에는 아마도 출생 당시와 출생 후 몇 년간의 환경적 영향도 있다. 만약 산모가 동물 비료와 세균에 자주 접촉했다면, 태아가 알레르기에 민감하게 반응할 위험은 분명히 낮아진다. 또한 장내 세균총의 일부 미생물도 알레르기에 대한 민감성을 줄여준다고 알려져 있다. 다른 한편으로는 알레르기에 민감성을 높이거나 유도하는 환경인자를 찾아내야 한다. 흡연, 공기오염, 꽃가루 등과 같은 알레르기 물질과의 접촉은 천식과 다른 알레르기 반응을 촉발하거나 악화시킬 수 있다. 그러나 이들 요소는 우리가 보통 말하는 알레르기 민감성에는 영향을 주지 않는다. 그래서 알레르기는 환경적 요소, 전염병, 유전적 기질, 면역체계 등 복잡한 시스템의 일부분으로 보인다.

자가면역질환: 면역 자살

면역체계가 어떻게 그 많은 이물질을 인식하고, 식별하고, 반응할 수 있는지 그리고 여전히 내인성 물질(자기로 인식하는 물질)로 인식하고 있는지 그저 놀랍기만 하다. 면역체계가 그것을 인식할 수 없어서가 아니라 (해가 없다고 판단하여) 그냥 모른 척하고 넘어가는 '면역 관용'tolerance 현상 때문이다. 이 면역 관용은 백혈구 성숙 과정의 특정 시기에 나타난다. 이 기간 동안 임파구는 자기 항원이라는 내인성 구조물에 대해서는 면역 관용을 나타낸다. 그동안 잠재적인 자기 파괴 세포들이 남아 있는 경우에는 제거된다.

그러나 이러한 통제를 받지 않는 임파구가 일부 남아 있게 되면 자가면역질환을 향한 첫 번째 단계가 실행된다. 그런데도 단순히 자기 항원을 공격하는 특수 임파구기 존재히는 것 자체만으로 반드시 자가면역질환으로 진행되는 것은 아니다. 다시 말해 그러한 일부 임파구 세포들은 항상 혈액 중에 존재한다. 심지어 성숙한 임파구(자기 항원을 공격하는 임파구)가 일부 남아 있다 하더라도 제거되거나 활성을 잃어버린다. 다른 말로 하면, 일종의 선천적 자가면역이 존재한다.

그런데도 면역체계는 위험해질 수 있다. 자가면역을 일으키는 질환은 상당히 많다. 다발경화증과 제1형 당뇨병type I diabetes과 같은 조직특이질환[특정 조직에서만 유발되는 질환—옮긴이]에서부터 전신성 홍반성 난창Sytemic Lupus Erythematosus ; SLE(일명 전신성 루푸스병) 및 류머티즘 관절염과 같은 전신성 자가면역질환까지 다양하다.

선진국 국민의 5퍼센트 정도가 자가면역질환을 앓고 있다. 다발경화증은 유럽과 미국의 젊은 성인들 사이에서 가장 흔하게 발생하는 신경성 질환이다. 독일에서만 약 10만 명, 호주에서 약 3만 명, 영국에서 최대 9만 명, 미국에서 약 40만 명(약 700명당 1명)이 다발경화증을 앓고 있다. 다발경화증은 뇌와 척수의 신경 주위를 감싸고 있는 신경수초protective sheath가 T세포의 공격으로 염증이 생기는 불치성 질환이다. 이 질환이 진행되면 발작 증상이 나타나고 간혹 시각장애, 근육마비, 감각장애 등을 동반하기도 한다. 일반적으로 증상은 열다섯 살에서 마흔 살 사이에 처음 나타난다.

제1형 당뇨병의 경우, 면역반응은 췌장에 존재하는 자기 항원, 즉 베타 세포beta cell(인슐린을 분비하는 세포)에 반응하여 파괴시키는 질병이다. 전 세계 2억 명 이상이 당뇨병으로 고통받고 있으며, 이중 대부분은 제2형 당뇨병 환자이다. 제2형 당뇨병은 운동 부족과 나쁜 식이습관 때문에 생긴다. 그러나 지난 수년간 자가면역질환인 제1형 당뇨병 환자 수가, 특히 청소년에서 급격하게 증가하고 있다. 현재 독일 당뇨병 환자 750만 명 중 60만 명이 제1형 당뇨병 환자에 속한다. 어느 형이든(제1형이든 제2형이든) 당뇨병을 앓고 있는 환자 수는 호주 300만 명, 영국 360만 명, 미국 2100만 명이다. 제1형 당뇨병 환자 수는 호주 2만 5000명, 영국 7만 5000여 명, 미국 36만 명이다. 전신성 루푸스병SLE의 경우 무엇보다도 세포핵 성분에 면역반응이 일어나서 생긴 질병이다. 흔하게 존재하는 항원(세포핵 성분)에 대하여 항체가 생기고, 이들 항원-항체 결합물이 신장(콩팥)과 피부 혈관벽에 축적되면서 이들 조직을 손상시킨다. 독일의 경우, 4만 명이 전신성 루푸스병을 앓고 있고, 그중 대부분은 젊은 여자들이다. 미국에서는 150만 명, 영국에서는 5만 명이 전신성 루푸스병을 앓고 있다. 류머티즘 관절염은 관절에 염증이 생기고 조직이 파괴되어 연골이 부서지는 질병이다. 독일 인구의 1퍼센트가 이 병을 앓고 있다. 미국 전체 인구의 0.1~1.0퍼센트(210만 명), 영국 전체 인구의 0.8퍼센트가 류머티즘 관절염 환자이다.

자가면역질환 상당수는 감염증과도 연관되어 있다. 자가면역질환은 다양한 방법으로 '면역 자살'을 하도록 부추기거나 악화시킨다. 가장 단순한 자가면역질환은 교차반응으로 일어난다. 자가면역질환은 생체와 유사한 구조를 가진 병원균에 감염되었을 때 걸린다. 이런 병원균이 인체에 침입하면 면역체계는 병원균과 유사한 생체 구조물을 병원균으로 착각하게 되고 그래서 유사 생체 구조물을 침입자(병원균)로 잘못 알고 공격한다. 대표적인 예가 류머티즘열 rheumatic fever이다. 류머티즘열 유발 세균인 그룹A 연쇄상구균group A streptococcus은 비인두nasopharynx 부위에 화농성 감염증을 일으킬 수 있다. 이 연쇄상구균은 심장근육 세포와 매우 유사한 구조를 가지고 있다. 그래서 류머티즘열의 경우 면역 세포가 심장 세포를 연쇄상구균으로 오인하여 공격하게 되고 그 결과 자기 항원인 심장근육에 염증을 유발할 수 있다. 류머티즘열은 페니실린과 여러 항생제로 치료가 가능하기 때문에, 고위도 지방(선진국)에는 드물다. 그러나 인도와 같은 나라는 간혹 그룹A 연쇄상구균 감염증(류머티즘열)

을 치료하지 않은 채 방치하기도 한다. 류머티즘열은 인도 어린이 사이에 가장 흔한 심장 질환 중 하나이다. 100만여 명이 류머티즘열을 앓았던 병력이 있으며 매년 5만 명이 새로 류머티즘열에 걸린다.

그러나 교차반응으로 인한 것보다 더 흔하게 감염증이 공동 인자 cofactor로 작용하여 자가면역질환을 유발한다. 우리 몸 안에 자가면역 임파구를 가지고 있지만 정상 상태에서는 통제 아래 놓여 있다. 감염증, 특히 만성질환일 경우 면역반응은 계속해서 자극을 받는다. 이렇게 되면 병원균에 특이성이 거의 없으나 자기 항원(내인성 구조물)에는 매우 특이성이 있는 임파구(자가면역 임파구)를 자극한다. 그러한 자가면역 임파구는 면역체계의 통제에서 벗어나 재생산되고, 그래서 그 임파구는 자기 항원을 공격한다.

만성 감염증에서 면역체계 동원 과정은 면역 작용 억제 과정과 동시에 병행해야 하기 때문에, 특히 만성질환자에게 감염증은 면역체계를 통제하는 데 심각한 도전을 받는다.

4 인류와 미생물의 공존

가장 강하거나 가장 지능적인 종이 살아남는 것이 아니라
변화에 가장 잘 적응하는 종이 살아남는다.

— 찰스 로버트 다윈

인류

인류는 수백만 년 전 아프리카에서 진화했다. 침팬지와 인류의 마지막 공통 조상들은 수백만 년 전 아프리카에서 살았다. 현대 인류가 속하는 호모Homo종은 세월이 훨씬 지나고 나서야 출현했다. 어느 고고학적 발견을 인류로 분류할 것인지에 대한 문제는 여전히 전문가들 사이에 논쟁거리로 남아 있다. 그러나 누구나 동의하는 부분은 인류의 등장은 뇌의 비약적인 발전과 함께 이루어졌다는 것이다. 아프리카에 출현한 최초의 호모종의 뇌 크기는 현대 인류로 치면 두

살배기 영아의 뇌 크기에 지나지 않지만 말이다. 뇌 용량은 진화하는 방향으로 이끌고 가는 엔진이었던 것으로 보인다. 그래서 다른 영장류나 포식자에 비해 별 볼 일 없는 신체 구조를 가지고 있음에도 호모종 인류는 단지 뇌 발달만으로도 생존하고 번식해 나갈 수 있었다. 인류학자들은 호모종의 식이습관이 생존하는 데 장점으로 작용했다고 믿는다. 석기 도구를 잘 활용함으로써 호모종은 육식동물의 식이습관에 적응했다. 그러나 이 호모종은 우리가 상상하는 것만큼 용맹한 사냥꾼은 아니었다. 더구나 호모종은 처음에는 그다지 용맹하지 않아서 썩은 고기를 먹으면서 육식을 시작했다. 다른 한편으로 고기의 고단백 성분은 우리 인류 조상들이 진화, 특히 뇌가 비정상적으로 발달하는 데 필수적인 전제 조건이었던 것으로 보인다.

그와 동시에 인류의 초기 육식 습관으로서 썩은 형태의 고기를 선호하는 데에는 위험성도 따를 수밖에 없었다. 이들 유인원은 자주 미생물에 감염되었을 것으로 추정된다. 썩은 고기를 먹으면서 원충과 기생충에 감염되고 세균과 바이러스 감염증에도 걸렸다.

그러나 오랜 기간 동안 유목 생활을 하던 당시에는 질병 에피데믹■(지역적 소유행)은 일어나지 않았던 것으로 보인다. 정착 생활에 적응하고 가축을 사육하면서 변화가 일어났다. 약 1만 년 전 중동 지방에서 유목 생활을 접고 정착하면서 곡식을 재배하고 가축을 기르는 방향으로 발전했다. 수천 년이 지나면서 이러한 농경 생활 방식은 중부 유럽까지 퍼져나갔다. 사실 이러한 변화는 인류가 스스로 자연에 종속되지 않고 자신들의 이익을 위하여 자연을 정복하기 시작했다는 점에서 급진적 변화였다.

사람들은 서로 가까이 어울려 살았다. 인류가 정착한 곳은 점차 도시로 발전했다. 결정적으로 인류 집단 사이에 질병이 유행할 수 있는 시점에 도달했다. 기원 시기에는 아마도 지구상에 겨우 몇억 명이 살았을 것이다. 그다음 AD 1800년경 세계 인구는 약 10억 명으로 늘어났다. 다시 세계 인구는 1950년대 25억 명, 1975년 40억 명으로 늘어났다. 1999년 10월 유엔은 그해 60억 번째 아기가 사라예보에서 태어난 것을 축하하기에 이르렀다. 그 후 세계 인구는 65억 명으로 다시 늘어났다. 2005년과 2010년 사이 어느 시점에 인류 두 명 중 한 명꼴로 도시에 살고 있는 또 다른 획기적인 변화가 있었다. 인구 밀집 현상과 함께 세계화가 진행되면서, 질병 유행 가능성은 그 이전 어느 시기보다도 훨씬 높아졌다.

대다수 과학자들은 지금 인류 역사에서 세 번의 질병 유행이 있었다고 말한다. 동물의 가축화와 곡식 재배는 첫 번째 전염병 에피데믹의 기초가 되었다. 이 시기는 1만 년에서 2만 년 전으로 추정된다. 이때 사람과 가축 간 긴밀한 접촉이 이루어지게 되었고, 그로 인해 (가축에서 유래된) 인수공통전염병■이 급격하게 증가했다. 사람 간 접촉이 긴밀하게 이루어지면서 호흡기 감염, 직접 피부 접촉, 배설물 경구 접촉fecal-oral contact, 오염 식수 등을 통하여 사람들 사이의 질병 전염도 이루어졌다. 동시에 경작과 가축 사육은 모기·파리·진드기가 서식할 수 있는 유리한 환경을 만들어주었고, 결과적으로 이들 곤충이 옮기는 말라리아, 황열, 뎅기열■과 같은 질병이 쉽게 발생할 수 있는 환경이 만들어졌다. 이들 전염병은 선진국에서는 점차적으로 발생이 줄어들고 있으나 발전도상국에서는 여전히 만연하고 있다.

현재 두 번째 질병 대유행 파동의 중간에 서 있다. 두 번째 질병 유행의 대부분은 병원균과 관계없는 비전염성 질병이라는 특징이 있다. 가장 대표적인 질병으로는 암, 심혈관계 질환, 당뇨병, 비만, 만성질환 등이 있다. 산업화 이후 이들 질병은 점점 더 흔한 질환이 되었다. 질병의 새로운 유행은 우선 과거의 전염성 질병▪과의 전쟁에서 승리하여 새로이 생겨났고, 두 번째로 선진국에서 생활습관의 변화와 기대수명의 연장 때문에 나타났다.

그리고 지금 질병의 세 번째 대유행 파동은 곧 일어날 것으로 보인다. 첫 번째 유행 파동처럼, 세 번째 유행 파동은 병원균과 직접적으로 연관되어 있다. 기업화된 가축 산업과 식품가공 산업, 도시와 원시림 간 접근성 증가, 세계화, 그리고 이민 증가는 새로운 전염병 유행의 토대를 구축하고 있다. 이런 조짐은 제1차 세계대전이 끝나갈 무렵 출현한 스페인 독감의 판데믹(세계적 대유행)에서 나타났다. 지금 전염병 판데믹은 HIV/AIDS에 의해 진행되고 있다. 그다음번 전염병 판데믹의 위협은 우리 문턱까지 와 있다. 아마도 사람에게 병원균을 얻고 있는 H5N1 인체 감염의 형태가 그런 후보가 아닌가 싶다.

미생물: 만사형통

인간에게는 멀리뛰기이지만 미생물에게는 단지 한 발자국! 인간과 미생물이 공존한 2만 년이라는 시간은 미생물의 시간 척도로 보면 단지 한순간에 지나지 않는다. 미생물의 세계는 30억 년 전 이미 시작되었다. 인류가 지구상에 처음 출현했을 때, 미생물은 이미 우리 인류 조상(몸)을 포함해서 세계의 모든 서식처를 차지하고 있었다. 심지어 세균은 산꼭대기, 바다 심해, 처녀 원시림, 도시, 가장 추운 빙하 호수, 가장 뜨거운 온천에서도 성공적으로 서식하고 있다. 심지어 지구 내부로부터 섭씨 250도나 되는 뜨거운 물이 솟구치는 심해저에서도 미생물이 발견되고 있다.

지구상에 있는 모든 미생물의 총 중량을 정확하게 측정할 수는 없다. 그러나 톰 골드Tom Gold가 계산한 것처럼, 최소한 지구상 세균의 바이오매스biomass는 적어도 동식물을 모두 합한 것만큼이나 많다. 미생물들은 거의 모든 곳에서 서식하기 시작했다. 그중 단지 일부 미생물만이 사람이나 동물, 식물을 서식지로 선택했을 뿐이다.

미생물은 무슨 비결을 가지고 있는가? 원칙적으로, 그 비결은 미생물의 번식 속도와 진화 속도에 있다. 대다수의 세균은 30분이면 완전하게 한 번 증식한다. 진화 속도를 비교하면, 한 세대 간격이 수십 년인 사람이 진화하는 데 수천 년의 시간이 걸리는 것을 세균은 단 며칠 내에 이룰 수 있다. 이러한 진화 대부분이 새로 증식한 미생물에게 치명적인 해가 된다 하더라도, 일단 생존에 이로운 돌연변이가 조금이라도 생기기만 한다면 곧 우위를 점하게 되고 새로운 생물학적 서식처를 확보하게 된다. 이것은 '다윈 걸작품'이기도 하다.

인류의 발달은 전문화와 복잡화라는 도구를 사용한 노동의 분화를 통하여 미생물과 다른 길을 택했다. 우리는 우리 자신을 모든 생명체 중에서 가장 고등한 동물이고, 생명체 중 최고 걸작품으로 간주하고 싶어 한다. 다양한 인간 장기는 우리 몸 속에서 서로 다른 일을 수행한다. 위·장·간은 음식을 소화하는 임무를, 폐는 호흡에 대한 임무를, 심장은 혈액순환에 대한 임무를, 뇌는 인식과 사고에 대한 임무를 부여받았다. 병원균과 싸우는 책임은 면역체계에게 부여되었다. 인류에게는 지능이 있어 항생제와 백신이라는 구호품을 개발할 수 있었다. (미생물의) 속도와 진화 능력이냐, (인류의) 전문성이냐! 어느 전략이 장기적으로 성공하게 될지 지켜볼 일이다.

협력, 공존, 충돌

인간의 장(창자)은 상상할 수 없을 만큼 미생물이 가장 밀집하게 서식하고 있는 부위 중 하나이다. 어림잡아 말하면, 누구나 할 것 없이 한 사람의 장 소화관에는 지구상에 사는 인구수보다 1,000배 이상 많은 수의 세균이 서식하고 있다. 우리 창자에 사는 세균 총량은 약 90그램 정도이며, 세균 수는 1조(10^{12})에서 100조(10^{14})에 이른다. 그 수치가 세균 입장에서 볼 때 과밀 수준이라는 어떠한 증거도 없다. 반대로 우리가 음식을 적절하게 소화할 수 있는 것은 바로 장내 정상 세균총 덕분이다. 이러한 인간과 미생물의 공존은 모든 가능성을 만들어냈다. 그러나 우리의 관심은 대부분 질병에 맞춰져 있지만 그것은 동전의 한 면일 뿐이다.

지금까지 어떠한 병원균도 인류를 파멸시키는 데 성공하지 못했다. 그런데도 일부 끔찍한 전염병 유행이 있었다. 예를 들면 중세의 흑사병plague이 그것이다. 유럽 인구의 1/3 내지 1/4이 흑사병으로 사망했다. 제1차 세계대전 직후 스페인 독감은 단 2년 동안 5000만 명의 목숨을 앗아갔다. 그래서 독감은 특정 기간 내 가장 많은 사망자가 속출한 질병의 대명사로 여겨진다. 그러나 전반적으로 기간과 관계없이 엄청난 사망자가 발생한 질병은 아마도 결핵일 것이다. AIDS도 지금 놀라운 속도로 결핵으로 사망한 수치를 따라붙고 있다.

반면, 인간이 병원균을 지구상에서 근절하려는 시도도 있었다. 그러나 현재까지 그다지 성공을 거두지 못하고 있다. 병원균의 완전한 제거(박멸)의 유일한 증거 사례는 천연두 바이러스smallpox virus이다. 1980년 지구상에서 천연두가 완전히 박멸되었다는 공식 선언이 있었다. 그런데도 미국 애틀랜타와 러시아 노보시비르스크 등 최소한 두 연구소만은 천연두 바이러스를 계속 보유하고 있다.

무관심에서 종속까지

인류와 미생물 사이의 상호작용 범위는 끔찍할 정도로 광범위하다. 대부분의 미생물은 인류에게는 절대 관심이 없다. 단지 극소수의 미생물만이 인간과 접촉하고, 그중 일부 미생물이 사람 몸 안에

서식한다.

　우선 유쾌한 부분부터 시작해 보자. 공생균symbiont ■으로 알려진, 즉 서로 이로운 미생물은 수백 년 이상 오랜 기간 동안 사람 몸에 서식해 왔다. 따라서 사람은 이들 미생물에 너무 익숙해져 있어 그들 없이 살아가는 것을 상상할 수 없다. 우리 몸에서 화학물질 형태로 에너지를 생산하는 세포 발전소인 미토콘드리아가 대표적인 예이다. 진화 단계에서 세균이 세포 안으로 들어와 영양분을 얻고 반대로 세포에 에너지 공급을 효력으로 하는 협정을 맺었다. 그다음 세균은 차츰 퇴화 과정을 밟게 되었고 결국에는 에너지를 생산하는 한 가지 임무에만 충실하게 되었다. 오늘날 우리 몸의 전체 대사는 미토콘드리아라는 존재에 의존한다. 비록 그 미생물은 자신의 유전물질을 가지고 있기는 하지만 더 이상 혼자 살 수는 없다. 우스갯소리로 미토콘드리아 DNA의 존재는 부모 중 누가 자식에게 자신의 유전자를 더 많이 상속하는가에 대한 끊임없는 분쟁에 대한 답을 제공한다고 한다. 답은 어머니이다. 미토콘드리아 DNA는 난자를 통해서만 자식에게 넘어가기 때문이다. 반대로 정자는 전력power supply을 꼬리로 옮겨서 정자가 운동할 수 있도록 했다. 그래서 정자는 몸을 던져서 난자와 서로 합친다. 그러나 미토콘드리아 DNA는 독특한 유전 특성을 다음 세대로 옮겨주지 않는다는 것을 알아야 한다.

　식물도 엽록체chloroplast라는 유사한 공생 ■ 형태로 진화되어 왔다. 엽록체는 광합성이라는 과정을 통해서 태양에너지를 포착해서 산소를 발생시키는데, 이것도 유사하게 세균에게 물려받은 것이다.

사람 몸에 미생물이 왜 공존하고 있는지 여전히 미스터리로 남아 있다. 다시 말하면 그 미생물이 우리 몸에 유익한 것인지 아니면 아무런 영향도 주지 않는 것인지조차 알 수 없다. 그런 미생물을 '공생 유기균'commensals이라고 한다. 어쨌든 공생균과 공생 유기균은 우리 장내 정상 세균총을 형성한다. 이들 미생물 중 일부는 소화 과정을 도와주고 있지만 그 외 대부분의 미생물은 우리에게 알려져 있는 바가 거의 없어 유익한 미생물이라고 말할 수는 없다.

유익한 점령

약 90그램의 미생물이 있을 만큼 사람 창자는 미생물이 가장 붐비게 서식하고 있는 신체 부위 중 하나이다. 창자에 서식하는 세균 종은 지금까지 확인된 것만 하더라도 400여 종이 넘는데, 약 500종은 될 것이라고 추정하고 있다. 신생아는 태어나는 순간 산모의 생식기 부위에서 미생물을 넘겨받는다. 이때 산모의 장내 세균 일부가 신생아의 장 속으로 이주한다. 이 과정은 출생 후 수일 내에 이루어진다. 신생아에서 새로 서식하는 첫 번째 미생물은 인간처럼 산소로 호흡하며 살아가는 호기성 세균이다. '호기성 세균'이 산소를 다 소비했을 때, 즉 혐기성 상태가 조성되었을 때, 산소 없이도 살아갈 수 있는 '혐기성 세균'이 두 번째로 서식하기 시작한다. 심지어 초기 단계에서 항생제 내성 세균이 장에 서식하기 시작한다.

장내 정상 세균총은 다양한 방법으로 우리 몸을 유익하게 해준다. 창자벽에 있는 세포에 촘촘히 달라붙어 있음으로써 다른 침입자(미생물)가 집단으로 서식하는 것을 막아준다. 동시에 세균은 경쟁 세균의 증식을 억제하고, 영양분을 소비함으로써 안정적으로 장내 환경을 유지한다.

그뿐 아니라 정상 세균총은 면역체계를 훈련해서 항상 병원균이 공격할 때를 대비하도록 한다. 이런 이유 때문에 미생물이 없는 환경에서 사육한 쥐들은 심하게 면역체계가 손상을 받는다.

우리는 이와 같은 예방 효과에서 이익을 얻을 뿐 아니라 적어도 부분적이나마 장내 미생물 때문에 음식을 소화하는 데도 도움을 받는다. 즉 소화 장기에서 분비되는 효소는 많은 복합당complex sugar 과 일부 단백질을 분해할 수 있어 쉽게 영양분을 흡수한다. 하지만 일부 다른 단백질은 분해할 수 없어 소화 장기에 쉽게 흡수되지 않는다. 그러한 영양분을 분해하고 흡수하기 위해서는 정상 세균총의 도움을 받아야 한다. 이러한 영양분은 장내세균의 주요 영역인 대장에서 흡수된다. 장내 세균총은 필요하지만 스스로 생산할 수 없는 미량 물질인 비타민도 생산한다. 이들 미량 물질에는 비타민 K, 엽산, 비타민 B_{12}, 비타민 D, 비오틴, 니코틴산, 티아민 등이 있다.

덧붙여 정상적인 장내 세균총은 사람에게 해가 없도록 독소를 만들어준다. 대다수의 독소는 고기를 기름에 튀길 때 또는 고온에서 구울 때 아미노산으로부터 생성된다. 이들 독소는 암 유발인자로 의심받고 있다. 좋은 장내 정상 세균총은 이들 독소물질을 분해한다.

장내 세균총은 프로바이오틱스probiotics와 프리바이오틱스 prebiotics에 의해서 좋은 방향으로 영향을 받을 수 있다. 프로바이오틱스는 유산균lactobacilli과 비피더스균bifidobacteria처럼 살아 있는 생균이다. 이들 생균은 장내 세균총의 환경을 유리하게 조성해 준다. 프리바이오틱스는 장내 세균총의 구성에 간접적으로 영향을 주는 영양분으로 이눌린inulin과 올리고프럭토스oligofructose와 같은 비소화성 당indigestable sugar을 말한다. 프리바이오틱스는 위장관 상부에서 분해되지 않고 대장에서 서식하는 일부 장내세균에 의해서만 소화된다. 예를 들면 이눌린은 비피더스균에 의해서 소화되기 때문에 비피더스균의 장내 점유율을 높여준다. 프로바이오틱스와 프리바이오틱스를 함께 섭취했을 때 훨씬 효과적이다. 이것을 '공생 식이요법'symbiotic diet이라 한다. 프로바이오틱스와 프리바이오틱스 분야에서는 매우 열정적인 만찬모임(특히 기능식품 제조업자들 모임)이 있다. 건강 증진을 위해 첨가제를 함유한 식품이 현재 유행하고 있고 엄청난 경제적 파급 효과를 몰고 오고 있다. 그럼에도 불구하고 이들 식품의 효능에 대한 과학적 증거 자료가 제시된 적이 거의 없다. 예를 들면 요구르트 섭취는 장내 세균총에 좋은 효과가 있겠지만 지금까지 건강에 이로운지에 대해서는 효과가 입증된 바가 없다.

가벼운 저항과 난폭한 공격

공생의 반대쪽 끝에는 숙주(예, 사람)에게 질병이나 질환을 일으키는 미생물이 있다. 이들 미생물의 범위도 광범위하다. 일부 병원균은 모든 숙주에 대해서 일단 감염되면 질병을 일으킨다. 이런 병원균에는 폭스바이러스poxvirus와 HIV가 있다. HIV 보균자는 감염 후 한동안 무증상을 나타내지만 말이다. 매우 드문 경우에만 질환을 일으키고 비정상적인 숙주 영역*에서 서식하거나 숙주 면역체계가 제대로 기능하지 못할 때에만 질병을 일으키는 미생물도 있다. 이런 형태의 미생물을 '기회 감염균'이라고 한다. 구강과 인두에 서식하는 세균, 여성 질 내에 서식하는 일부 세균, 대부분의 장내세균이 이 부류에 속한다.

결핵처럼 생명을 위협하는 병원균조차 항상 질환을 유발하는 것은 아니다. 결핵균에 감염된 사람의 90퍼센트는 결핵 증상을 나타내지 않는다. 그러나 이러한 감염자들은 자신이 보균 상태인지도 모른 채 결핵균을 가지고 다닌다. 그러므로 원칙적으로 본다면 결핵 보균자와 같이, 많은 사람을 죽게 만드는 치명적인 미생물조차도 기회 감염균으로 간주할 수 있다. 이런 보균 상태는 면역체계에 의해 결핵균 증식이 억제되면서 일어난다. 그러나 어떤 이유에서든 면역체계가 약화된다면 비활동성 상태에서 활동성 상태로 발전하여 결핵이 발병한다.

사람과 미생물이 동시에 진화하는 과정에서, 미생물은 인간에게 해롭지 않은 방향으로 간다고 간혹 주장하는 사람들이 있다. 자신의 숙주를 바로 죽이지 않고 가능한 장기간 동안 숙주 내 존재하고 있다가 다른 숙주로 옮아간다면 미생물이 전염되기가 훨씬 수월할 것이라는 점을 감안한다면, 이러한 주장은 진화론적으로 일리가 있다. 질병을 일으키는 미생물을 '병원균'pathogen이라고 한다. 이들 병원균은 숙주에 손상을 가하면서 서식하는데, 그 과정에서 자연히 해를 가하게 되어 이른바 병을 앓게 된다. 그러므로 병원균은 일종의 기생충parasite이다. 미생물이 병을 일으키는 능력을 미생물의 '병원성'pathogenicity이라고 한다. 유사하게, 질병이 일어나는 메커니즘을 그 질병의 '병리 발생'pathogenesis ▪이라고 한다. 흔히 사용하는 다른 용어로 '독력'이 있다. 독력은 미생물이 숙주를 공격하는 강도와 그로 인해 일어나는 병증의 심각한 정도를 말한다. 독력이 매우 강한 병원균은 생명에 매우 치명적이며, 반면 독력이 없는 병원균은 숙주에서 병원성을 거의 나타내지 않는다. '순화'attenuation 기술은 병원균의 독력을 인공적으로 상실하게 만드는 데 사용한다. 독력 순화 과정은 원래 독성이 강하여 위험한 병원균을 이용하여 생백신을 개발하는 단계에서 매우 중요하다.

병원균이 숙주에 침투하는 것은 감염의 시작, 즉 미생물과 숙주 간의 충돌을 나타낸다.(그림 6 참조) 가시적으로 병증을 나타내지 않고도 상당 시간이 흐른다. 이 상태를 '불현성 감염'latent infection이라고 한다. 불현성 기간이 아주 길게 나타나는 병원균도 있다. 병증이 아예 나타나지 않는 경우도 있다. 면역체계가 숙주 내로 침투한 병원균을 죽이지 못한다면 병원균은 체내에 계속 남게 되고 숙주는 외관상 건강해 보이는 보균자silent carrier가 된다. 결핵균에 감염된 많은 사람들은 발병하기 전까지는 보균자가 된다.

감염 직후 증상이 바로 나타나는 경우도 있다. 설사병 유발 병원균 대부분은 감염 후 수시간 내에 설사를 일으킨다. 대부분의 병원균의 경우 수일 내지 수주 이내에 병증이 나타난다. 감염 시작과 발

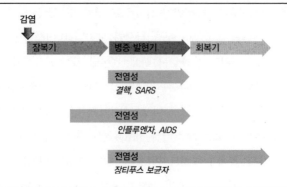

그림 6 질병 유형별 진행 단계

병원균이 체내로 침투해 들어가 숙주와 충돌하는 것이 감염이다. 감염은 병원균이 무증상 상태로 증식하는 잠복기로 시작한다. 일부 감염은 이 단계에서 전염력을 가진다. 잠복기가 지난 후 병증이 나타난다. 그 기간 동안 환자는 특이 증상으로 고통받는다. 일반적으로 병증을 나타내는 환자는 전염력을 가진다. 병증의 심한 정도는 병원균과 숙주에 따라 좌우된다. 병증 뒤에는 회복기로 접어든다. 일부 경우, 예를 들면 장티푸스 병원균은 병증을 보이지 않고 체내 구석에 지리를 잡고 지속적으로 숨어 있다. 그럼에도 불구하고 이들 병원균이 배출되기 때문에, 만성 보균자로 알려져 있는 전염력은 그대로 남아 있다.

병 시작 사이의 구간을 '잠복기'incubation period라고 한다.(그림 7) 이 기간 동안 일부 병원균은 면역체계의 검문검색에 걸려 숙주 바깥으로 빠져나가지 못해 더는 다른 숙주로 다시 전염될 수 없다. 이 경우에 해당하는 질병이 결핵이다. 반대로 HIV는 AIDS 증상이 나타나기 전에도 바이러스를 전염시킬 수 있다. 비슷하게 인플루엔자 바이러스의 경우에도 병증이 나타나기 전에도 다른 개체로 전염될 수 있다. 거꾸로 호흡기 질병인 SARS가 제한적으로만 유행하고 끝난 이유 중 하나가 잠복기를 지나 증상을 나타낸 직후에만 전염력을 가

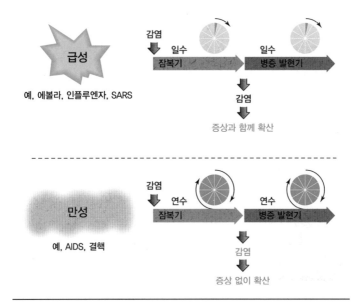

그림 7 급성 감염과 만성 감염의 원리

급성 감염은 수일에서 수주간 지속된다. 수시간에서 수일의 짧은 잠복기 뒤에 병증이 따른다. 병증은 수일에서 수주간 지속된다. 에볼라, 스페인 독감, SARS처럼 치명적인 급성 감염은 매우 빨리 확산되나 일반적으로 초기 단계에서 검출된다. 만성 감염은 은밀하게 진행된다. 감염 후 병원균은 숙주 안에서 활동을 하지 않는 휴면 상태로 있다. 그러한 병원균이 감염력을 가지면, HIV처럼 증상 없이 확산된다. 대부분의 경우 긴 잠복기가 있고 그 뒤에 장기간 병증을 나타내고 그 기간에 환자가 전염력을 가진 상태로 남아 있다. HIV/AIDS는 장기간의 잠복기 동안 증상 없이 확산되었기 때문에 전 세계로 퍼졌다.

지고 있기 때문이다.(그래서 질병 확산 방지를 위한 검역▪ 통제가 쉽다.) 그러므로 잠복기 동안 병원균이 행동하는 방식은 전염병의 확산 정도에 지대한 영향을 끼친다.

질병 회복 양상도 다른 형태를 취한다. 질병 회복의 예후가 좋은 대부분의 경우 면역체계는 병원균을 완전히 제거한다. 일부 경우 현재 회복되어 외관상 건강한 상태인 데도 체내에 미생물 일부가 여전히 생존해서 남아 있다.

의사는 보건당국에 만성 보균자▪를 보고할 의무가 있다. 그래서 이들 보균자를 질병 감시surveillance하면서 병원균이 완전히 없어질 때까지 치료해야 한다. 보균자가 다른 사람들에게 전염시킬 위험이 있기 때문에, 이를 예방하기 위해서는 병원균이 완전히 제거되었다는 진단을 받기 전까지 다른 사람과 같은 공간에 있어서는 안 된다.

대다수의 병원균은 매우 좁은 숙주 범위를 가지고 있다. 매독균은 단지 사람만 걸린다. 일부 병원균은 사람과 동물에 똑같이 질병을 유발할 수 있어서 동물과 사람 사이를 넘나들 수 있다. 이런 질병을 '인수공통전염병'이라고 한다. 예를 들어 인플루엔자 바이러스는 사람뿐 아니라 돼지와 많은 조류 종도 숙주 영역에 있다. 에볼라▪ 바이러스Ebola virus는 침팬지, 고릴라, 사람에게 치명적이다. 최근 새로 출현하는 신종 전염병의 75퍼센트가 인수공통전염병이다.

의사이자 작가인 프랭크 라이언Frank Ryan은 사람과 미생물의 공존에 대하여 다음과 같은 '공격적 공생'aggressive symbiosis 가설을 내세웠다. 보루네오 정글에서 어떤 개미는 특별한 방법으로 특정 식물과 공생한다. 개미들은 그 식물의 즙을 먹고사는 특권을 부여받는 대신에 그 식물을 먹는 동물들을 공격해서 식물을 보호한다. 일부 전염병에도 유사한 메커니즘을 적용할 수 있다. 특정 숙주 내 번식하던 미생물은 자신의 숙주에게 해를 끼치지 않는다. 육식동물이 그 숙주를 포식하게 되면, 숙주 내 서식하고 있던 미생물이 육식동물에 질병을 일으켜 죽여 버린다. 어찌 보면 미생물이 자신의 숙주를 죽인 데 대한 복수 또는 처단이라고 볼 수 있다. 미생물이 개입함으로써 자신의 숙주를 보호해서 자신들이 살아가는 생물학적 환경을 안정적으로 보존하는 것이다. 공격적 공생 가설에 따르면, 에볼라 바이러스는 일차 숙주(아직도 밝혀지지 않았다.)를 해가 없게 만든다. 그러나 그 일차 숙주를 공격하는 영장류 동물에는 매우 치명적으로 돌변한다. HIV 경우에도 유사한 상황이 적용된다. HIV는 일차 숙주인 영장류(사람 제외)에게는 근본적으로 해를 끼치지 않지만 사람은 죽여 버린다. 그러나 이 같은 처벌로 새로운 숙주가 일격을 받은 후 다윈설처럼 선택 압력에 의한 진화가 나타날지는 추정해야 할 문제로 남아 있다.

수천 년간 이어온 불안한 균형
숙주와 미생물 간 복잡한 구도 속에서, 미생물이 각기 다른 생존 전략을 구사한다는 것은 그리 놀랄 일이 아니다. 숙주 측면에서도 마찬가지이다. 다윈이 설명했듯이, 병원균 공격을 잘 막아내는 개체일수록 선택받을 가능성이 더 높을 것이다. 이러한 메커니즘은 인류 진화에서도 중요한 역할을 해왔다.

말라리아는 교훈적 사례이다. 말라리아균은 적혈구에 서식한다. 거기서 혈구 색소인 헤모글로빈을 영양분으로 사용한다. '선천적 겸

상적혈구빈혈증'hereditary sickle-cell anemia을 앓고 있는 사람들은 비
정상적인 변형 헤모글로빈 적혈구를 가지고 있다. 말라리아 병원균
은 통상적인 방법으로는 비정상 적혈구를 영양분으로 사용할 수 없
다. 그래서 겸상적혈구빈혈증 환자는 말라리아에 걸리지 않는다. 즉
겸상적혈구빈혈증 환자들은 그렇지 않은 사람들보다 말라리아로 죽
을 확률이 현저하게 낮을 것이다. 이 같은 선택적 방법에 의하여(이
런 환자들이 말라리아로 희생되지 않아서) 말라리아는 서부 아프리카
에서 적어도 겸상적혈구빈혈증 환자의 확산에 기여해 왔다. 전 세계
인구의 약 5퍼센트가 겸상적혈구빈혈증 환자이지만, 서부 아프리카
가나와 나이지리아에서는 각각 15퍼센트, 30퍼센트를 차지한다. 우
간다의 한 부족의 경우 심지어 50퍼센트가 겸상적혈구빈혈증 환자
이다.

발병 전까지는 면역체계가 병원균 증식을 억누르고 있는 결핵 같
은 전염병의 경우, 병원균과 사람 모두 비슷하게 강한 선택적 압력
을 받는다. 19세기 초 결핵은 유럽에서 사망의 주요 원인이었다. 동
시에 저항성 있는 사람들은 유럽에서 선택받아 살아남았다. 반대로
에스키모인들은 20세기 중반까지 결핵균과 접촉한 적이 없기 때문
에 지금까지도 결핵에 매우 취약하다.

미생물의 생존 전략
함께 단란하게 살다보면 서로 종속되기 마련이다. 수백만 년 동안
미생물은 자신들의 생존을 보장받기 위한 다양한 방법을 개발해 왔

다. 면역체계의 공격 전략을 군사 용어로 비유해 설명하는 것이 이해하는 데 도움이 될 것이다. 인간은 화학전 및 생물전에서 참호 전투를 포함해서 대규모 전쟁 개념으로만 그런 전략을 사용해 왔다.

사람에게 직접적으로 위해를 가하지 않는 병원균도 있다. 앞서 언급한 바와 같이 일부 병원균은 독소를 생성해서 일종의 화학전 및 생물학전을 치른다. 이런 부류의 병원균으로는 디프테리아, 탄저, 파상풍을 일으키는 미생물이다. 엄격하게 말하면 이들 병원균은 숙주가 발병하는 것을 결코 원하지 않는다. 이들 세균은 단지 독소 생성만 원할 뿐이다. 독소를 예방하기 위한 백신은 오랫동안 이용되어 왔다. 이런 독소 백신은 병원균 자체를 공격하는 것이 아니고 항체를 이용하여 독소만 제거할 뿐이다.

병원균들은 기습 공격을 통한 숙주 접근 방식도 채택한다. 숙주를 재빠르게 그리고 정면으로 바로 공격하는 바이러스와 세균이 있다. 에볼라 바이러스, 인플루엔자 바이러스, 일반 감기* 바이러스, 그 외에 호흡기 질환을 일으키는 병원균이 여기에 속한다. 설사병을 일으키는 병원균도 여기에 속한다. 이 습격 전략은 병원균이 취하는 전략 중 단연 가장 넓은 범주에 속한다. 이러한 습격 전략을 구사하는 질병을 한 그룹으로 간주한다면, 이들 그룹 질병으로 사망하는 숫자가 매년 800만 명으로 AIDS, 결핵, 말라리아 사망자 숫자의 합(매년 600만 명)보다 많다.

물론 병원균 관점에서 보면, 숙주가 증상을 보이는 경우 질병을 확산시키는 데 유리할 수 있다. 줄줄 흐르는 콧물과 설사는 질병을 확산시키는 데 절대적으로 유리하다. 재채기는 놀라운 속도로 바이러스를 숙주 몸 바깥으로 뿜어낸다. 병원균 입장에서 보면 기침, 침 뱉음, 코 풀기는 병원균을 전염시키는 데 이상적 방법이다. 설사를 통하여 엄청난 양의 미생물이 방출되면 그 분변이 묻은 음식이나 오염된 물을 통해 병원균이 새로운 숙주로 재빨리 옮겨갈 수 있다. 에볼라 바이러스나 그 유사 질병(출혈열을 일으키는 질병) 등은 숙주의 혈관벽을 손상해서 다량의 감염 혈액이 외부 환경으로 쏟아져 나오게 한다.

미생물의 이 모든 전략은 탁월하게 효과를 발휘한다. 기습 공격을 통해 숙주 면역체계를 불시에 덮친다. 그러나 연이은 감염에 대해서 면역체계는 이를 쉽게 알아차리고 거꾸로 병원균을 공격한다. 그러므로 백신은 병원균의 기습 공격을 막아내는 데 매우 유용하다. 그러나 병원균 또한 백신 접종으로 형성된 면역으로부터 자신을 방어하기 위한 대응 전략을 구사한다. 예를 들면, 인플루엔자 바이러스는 번개처럼 빨리 변신하여 꾸준히 새로운 모습으로 위장한다. 그렇게 변신한 바이러스는 면역체계를 감쪽같이 속일 수 있다. 그러므로 인플루엔자(독감)를 제대로 예방하기 위해서는 매년 유행하는(유행할 것으로 예상되는) 바이러스로 새로운 백신을 만들어 사용할 수밖에 없다.

항체를 쓸모없게 만드는 참호전 성격의 전쟁을 치르는 병원균도 있다. 병원균이 숙주세포 안에 숨게 되면 숙주 면역체계의 공격을 피할 수 있게 되고 그 숙주와 평화롭게 공존하면서 살아갈 수 있다.

대다수의 경우 먼저 숙주세포에 위해를 가하지 않는다. 헤르페스 바이러스herpes virus와 같은 일부 병원균은 스트레스 등으로 발병할 때까지 면역체계가 눈치채지 못하게 수년간 숙주세포 안에 숨어 지낸다. 이 전략을 구사하는 것으로 잘 알려진 불쾌한 사례가 헤르페스 바이러스에 의해서 발병하는 입술 포진이다. 이와 유사하게 대부분 간염 바이러스도 오랜 기간 동안 지속적으로 감염 상태로 남아 있다. 이 중 일부는 간 기능에 손상을 전혀 입히지 않지만 일부 바이러스는 오랜 기간이 경과한 후 간경변, 심지어는 간암까지 유발할 수 있다.

또한 결핵균은 참호전으로 싸운다. 이 혈기왕성한 미생물은 면역 세포 속에 숨어서 생존한다. 면역 세포는 결핵균을 억제할 수 있지만 죽일 수는 없다. 결핵균은 숙주세포 안에 숨어 있어서 항체 공격을 피할 수 있다. 하지만 T임파구는 결핵 감염 세포의 위치를 찾아낼 수 있다. Tk세포는 포획한 감염 세포를 직접 죽이지만 Th세포는 감염 세포 내부에서 방어 메커니즘을 동원한다.

병원균의 또 다른 그룹은 의도적으로 면역체계에 침투하는 게릴라전을 전개함으로써 한 단계 더 나은 전략을 구사한다. 예를 들면 HIV는 면역체계의 본부를 해체한다. HIV는 Th세포 표면에 있는 CD4 분자를 통하여 침투해 들어간다. 그다음 HIV는 면역 세포(Th세포)를 완전히 제거하고 숙주의 면역체계를 붕괴시킨다. 그러므로 일반적으로 AIDS 환자는 HIV 감염 그 자체로 사망하지 않는다. 결핵이나 곰팡이 질환과 같은 2차 감염으로 사망한다. 그뿐 아니라

HIV는 지속적으로 모습을 변화시키면서 면역체계가 인식할 수 있는 메커니즘을 피해 다닌다. 이와 같이 HIV의 끊임없는 변신은 HIV 예방 백신을 개발하는 데 가장 큰 장애물로 작용한다.

이와 유사한 전략으로 병원균은 시민을 선동하는 것과 같은 전략을 구사한다. 이러한 전략으로 행동하는 병원균은 면역체계를 어리석게 만들어 오히려 자신의 면역체계를 공격하도록 선동한다. 샤가스병을 일으키는 기생충인 트리파노소마 크루지Trypanosoma cruzi가 이 부류에 속한다. 이 만성질환은 여러 가지 증상 가운데 진행성 심부전progressive heart failure을 유발한다. 국경 없는 의사회*에 의하면, 샤가스병으로 고통받고 있는 환자는 전 세계 약 1800만 명으로, 대부분이 남미 지역에 편중되어 있다.

그 외 다소 위험한 미생물은 아마도 게릴라전을 선동하는 그룹이다. 상당수 자가면역질환이 미생물 감염에 의해 촉발되거나 악화된다고 알려져 있다. 선진국에서 과거에는 흔했지만 지금은 희귀병이 된 류머티즘열이 대표적인 사례이다. 류머티즘열의 경우 연쇄상구균 감염증의 여파로 발생한다. 이 질병에 걸린 환자는 연쇄상구균과 심장근육 세포가 서로 유사한 항원 구조를 보이고 있는데, 항체가 연쇄상구균만 공격하는 것이 아니라 심장근육 세포도 동시에 공격하여 심장근육에 염증이 나타나는 것이다.

판데믹, 에피데믹, 기타 전문 의학 용어

"최근 한 연구에 의하면, 독일 병원은 독감 에피데믹epidemic에 대처할 응급 침대를 충분히 구비하지 못한 상황이다. 사람인플루엔자 바이러스나 사람에게 위험한 조류인플루엔자 바이러스는 그러한 에피데믹을 일으킬 위험성이 있다고 전문가들은 말한다. 함부르크 지방 주간지 『디 차이트』Die Zeit에 의하면, 응급 침대 부족은 특히 도시에서 두드러진다. 알리안츠 보험사와 라인베스트팔렌 경제연구소가 수행한 조사 연구에 의하면, 이환율▪이 30퍼센트 되는 중등도 에피데믹 상황을 가정해 볼 때, 독일에서 중환자 응급 침대가 충분히 확보된 지역은 작센안할트 주밖에 없다고 한다. 판데믹pandemic 심각성에 따라 독일의 국내총생산GDP은 1.0퍼센트에서 3.6퍼센트 정도 줄어들 것이다."

이 내용은 선진국에서 언제든지 신문에 실릴 만한 기삿거리이다. 이 특정 기사는 2006년 7월에 실렸다. 에피데믹, 판데믹, 이환율 등 어휘 선택이 눈에 띈다. 이들 용어는 병원과 전문가 집단에서나 나올 법한 전문 의학 용어이다. 그러나 일반 대중이 이런 의학 용어를 제대로 이해하고 있는지는 또 다른 문제이다. 우리는 항상 에피데믹(지역적 소유행)과 판데믹(세계적 대유행)에 대해서 이야기한다. 그러나 우리는 이들 용어의 의미를 제대로 알고 있는가? 여기서 전염병에 관한 용어를 자세히 살펴보자. 앞에서 인용한 언론 기사는 전염병을 포함한 질병 확산을 취급하는 과학과 역학 분야의 전문 용어를 다루고 있다. 많은 사례에서 보는 바와 같이 질병 확산 정도는 병원 균과 숙주, 그리고 환경 요소 등 세 가지 요소에 의해 좌우된다.

병원균 요소pathogen factor 그 자체에 대해서는 이미 설명했기 때문에 여기서는 가장 중요한 병원균 요소만 열거하겠다. 병원균의 '숙주 범위'host range는 미생물을 위험에 빠뜨리는 생명체의 영역을 말한다. 고양이에게는 걸리나 사람에게는 걸리지 않는 고양이면역 결핍바이러스feline immunodeficiency virus처럼 숙주 영역이 좁은가? 그렇지 않으면, 가금류 · 사람 · 개에서 동시에 감염될 수 있는 살모 넬라처럼 숙주 영역이 넓은가? 다른 병원균 요소는 병원성 발휘 능력(즉 독력)과 다른 숙주에 감염시키는 잠재적 능력(즉 감염력)이다. 사람과 동물(매개 동물 포함)에서 병원균이 생존하는 데 영향을 주는 요소(숙주 요소)와 환경에서 병원균이 생존하는 데 영향을 주는 요소(환경 요소)도 언급할 만하다. 환경 요소에는 비누 · 세정제 · 소독 제 등에 대한 저항성, 면역체계 공격에 대한 저항성, 항생제에 대한 저항성 등이 있다.

숙주 요소는 병원균을 보균하는 숙주와 관련되어 있다. 여기에는 유전적 저항성, 자연적 저항성, 면역 메커니즘 등이 있다. 문화 사회 적 환경과 함께 빈곤, 영양 상태, 여행, 이주, 성행위, 위생 습관, 다 른 사람과 접촉 등과 같은 행동 양식도 이러한 관점에서 점점 중요 해진다.

환경 요소는 환경에서 병원균이 생존하는 데 영향을 주는 요소이 다. 여기에는 사육 농장에서의 항생제나 살충제뿐 아니라 온도와 강수량과 같은 기후 조건도 포함된다. 환경 요소는 매개 동물에게도 매우 중요하다. 현재 기후 변화의 영향에 대한 토의가 상당히 이루어지고 있다. 예를 들면, 모기와 진드기의 경우 특정 종에 따라 지리적으로 그 활동 영역이 확대될 수 있다. 2006년 독일에서 사상 처음으로 블루텅병bluetongue이 발생했다. 이 질병은 등애모기midge에 의해 전염되는 아프리카 가축 질병이다. 2002년 사람에게 위험한 웨스트 나일열병West Nile fever이 미국에서 발생했는데, 자연 숙주인 야생 조류의 피를 빨아 먹은 모기에 의해서 전염되는 질병이다. 미국에서 발생한 웨스트 나일열병은 아프리카와 중동 지역에서 유래되었다. 또한 기후 변화는 말라리아 매개 모기의 활동을 지리적으로 확대시킬 수 있다. 1950년대와 1960년대에 살충제 DDT▪는 말라리아 매개 모기를 퇴치하기 위해 사용되었다. 환경에 영향을 주는 심각한 문제 때문에 지난 20년 동안 DDT 사용이 금지되었다. 2006년 세계보건기구WHO▪는 DDT 사용에 대한 정책을 180도 바꾸었다. 세계보건기구는 말라리아를 퇴치하기 위한 목적으로 실내에서 DDT의 사용을 다시 권고했다.(제5장의 「DDT와 말라리아 퇴치: 좋은 것도 나쁜 것도 아닌」 참조) 고인 물(습지), 올바른 쓰레기 처리, 도시 환경 오염 퇴치 등의 조치도 DDT를 사용하는 것만큼 중요하다. 명백한 사실은 환경 인자는 가장 넓은 의미로 사람 인자라는 것이다. 환경 인자는 좋든 싫든 사람에 의해서 유발되기 때문이다. 대표적인 사례가 흡연이다. 흡연은 사람의 허파를 손상하기 때문에 호흡기 질환(호흡기병)을 일으키는 위험 인자이다. 직접 흡연을 하는 사람은 숙주 인자이지만 간접 흡연을 하는 사람은 환경 인자이다.

전염병은 단순히 전염병이 아니다. 전염병의 심각성을 정확하게 기술하기 위해서 역학 연구자들은 세 가지 용어를 사용한다. 이 중 최소한 두 가지 용어는 질병에 관한 신문 기사에 반복해서 등장한다.

에피데믹 epidemic은 'upon'을 뜻하는 그리스어 'epi'와 'people'을 의미하는 그리스어 'demos'가 결합하여 탄생한 용어이다. 에피데믹은 공간적으로 제한된 지역에서 시간적으로 제한된 시기에 질병이 발생(지역적 소유행)함을 의미한다. 중세의 흑사병이 대표적인 사례이다.

엔데믹 endemic ▪은 'within'을 뜻하는 그리스어 'en'과 'people'을 뜻하는 'demos'가 결합하여 탄생한 용어이다. 엔데믹은 공간적으로는 제한된 지역에서 질병이 발생하지만 시간적으로는 장기간에 걸쳐 지속되는 질병 발생(풍토성 유행)을 말한다. 1970년대까지 일부 지역에서 계속 유행하고 있던 천연두가 대표적인 사례이다.

판데믹 pandemic은 'all'을 뜻하는 그리스어 'pan'과 'people'을 뜻하는 'demos'가 결합하여 탄생한 용어이다. 판데믹은 시간적으로는 제한적인 기간 동안 발생하지만 지역적으로는 전 세계적으로 발생(세계적 대유행)한다. 가장 대표적인 예가 최근에 문제가 되고 있는 AIDS이다. 그러나 판데믹이라는 용어는 H5N1 조류인플루엔자의 인체 감염과 사람 간 감염 우려와 관련하여 자주 사용되고 있다. 스페인 독감도 역시 판데믹의 대표적인 사례이다. 이 부분은 나중에 더 자세히 설명하도록 하겠다.

전염병은 아무리 단순하고 국지적으로 발생하더라도 다양한 형태로 나타나기 마련이다.

– 전염병 사슬은 특정 시기에 최초 한 사람(원발 사례)으로부터 시작되는 경우가 대부분이다. 전염병의 잠복기가 짧을수록 감염자가 증상을 빨리 나타내기 때문에 그만큼 전염병 발생 순서를 빨리 찾아낼 수 있다. 대표적인 사례가 SARS(중증 급성 호흡기 증후군) 발생이다. 홍콩 메트로폴 호텔에 투숙한 첫 번째 감염 환자까지 역추적하여 찾아냈다.(제5장의 「SARS : 단 12시간 만에 지구 반 바퀴를 돌다」 참조)

– 단 하나의 감염원으로부터 장기간에 걸쳐 지속적으로 감염자가 생기는 감염 사슬도 있다. 대표적인 사례가 주거 시설 내 오염된 음식에 의한 설사(식중독)이다. 이런 경우 살모넬라균에 오염된 계란이나 상처로 염증이 생긴 손으로 샐러드를 버무리는 요리사 등이 감염원이다. 이집트의 한 호텔에서 관광객 사이에 발생한 A형 간염 사례의 경우 오렌지 주스를 만들던 종업원 환자에서 시작되었다. 유사하게 문신을 새기는 기계가 오염되어 B형 간염이 발생하는 사례도 많다.

– 상당수의 경우, 마치 산사태가 난 것처럼 많은 사슬을 통해 수많은 사람들에게서 한꺼번에 폭발적으로 질병이 발생한다. 학교에서 어린이들이 자주 서로 감염이 되는 식이다. 그러한 전염은 경우의 수가 너무 많아 피할 수 없기 때문이다. 2006년 가을, 통계학자들은 노르트라인베스팔렌 지역에서 그러한 사례를 2,200건 이상이나 확

인했다.

  이해도를 높이기 위해서, 몇 개의 용어 의미를 추가적으로 설명한다.

  '이환율'은 한 집단에서의 환자 비율을 말한다. 대개 10만 명당 환자 수로 표현한다. 질병에 걸린 환자 중 사망한 사람의 비율을 '사망률'mortality이라고 한다. 이것도 10만 명당 사망자 수로 표현한다. 질병의 '발생 빈도'incidence▪는 그 질병의 새로운 발생 건수를 말한다. 대개 특정 기간(대개 1년) 내 발생 건수로 집계하며 10만 명당 발생 건수로 표현한다. 마지막으로, 질병의 '유행'prevalence은 특정 기간 동안에 병에 걸린 사람의 수이다. 이것도 대개 10만 명당 환자 수로 표시한다.

  세계보건기구는 질병과 질병으로 인한 사회 경제적 부담을 대개 세 가지 지표에 근거하여 데이터를 산출한다. 여기서 말하는 세 가지 지표는 사망자 수death, 손실수명년수Years of Life Lost : YLL, 장애보정수명년수Disability-Adjusted Life Years : DALY▪이다. 순수 사망자 수보다 더 유용한 정보를 제시하는 지표는 손실수명년수이다. 손실수명년수는 조기 사망으로 인하여 손실된 건강수명년수를 나타낸다. 이 지표에서는 어린 연령에서의 조기 사망은 노년 사망보다 훨씬 많은 가중치를 둔다. 그러나 질병으로 인한 사회 경제적 부담을 산출하는 데 가장 유용한 정보는 장애보정수명년수이다. 장애보정수명년수에 대한 부분은 이 책에서 자주 거론할 것이다. 이 지표는 장애나 질병으로 손실된 건강수명년수를 나타낸다. 그래서 장애보정수명년수는 무엇보다도 중요한 건강 척도이기는 하지만 질병으로 한 사회집단의 노동력 상실에 얼마나 영향을 받고 있는지를 직접적으로 판단할 수 있게 한다. 손실수명년수처럼 장애보정수명년수 또한 연령을 고려한다. 생애의 첫 몇 년과 노년층에서 산출되는 장애보정수명년수는 생산 활동이 활발한 경제활동 연령층보다 낮은 가중치를 둔다. 마지막으로, 장애보정수명년수는 사망 규모 정도를 감안하여 병증의 심각성도 고려한다. 그러므로 장애보정수명년수는 이환율과 사망률 같은 지표보다 질병이 사회 경제적으로 끼치는 파급 효과를 훨씬 잘 나타내는 척도이다.

달갑지 않은 동맹: 암 발병에서 병원균의 역할

암

전 세계에서 매년 1100만 명이 암 진단을 받는다. 세계보건기구에 따르면, 2007년에만 전 세계 암 사망자 3분의 2에 해당하는 약 800만 명이 발전도상국에서 암과 그 합병증으로 사망했다. 그러므로 모든 사망자의 13퍼센트가 암으로 사망하고 있는 셈이다.

그러나 암 환자 다섯 명 중 한 명꼴로 암의 발병이 미생물 감염에 의한다는 사실은 별로 알려져 있지 않다. 실제로는 이 수치보다 더 많을 수 있다. 전체 암 발병률의 단 10퍼센트만이 미생물 감염과 무관하다고 밝혀져 있을 뿐이다. 전체 암의 70퍼센트는 (아직 밝혀진 바가 없기 때문에) 미생물 그 자체가 암을 유발하거나 암을 유발하는 보조 인자로 작용하고 있을지도 모른다.

암을 유발하는 가장 잘 알려진 대표적인 미생물은 헬리코박터 파일로니Helicobacter pylori,■ 사람유두종바이러스Human Papilloma Virus; HPV■ B형과 C형 간염바이러스hepatitis B and C virus이다. 헬리코박터 파일로니균은 소화성 궤양peptic ulcer과 위암stomach cancer을 일으킨다. 사람유두종바이러스는 여성에서 자궁경부암■을 일으킨다. B형과 C형 간염바이러스는 간암을 일으킨다. 그러나 암을 일으키는 미생물은 이보다 훨씬 많다.

세균, 바이러스, 기생충에 의해서 정상 세포가 변성degeneration을 일으키는 메커니즘은 매우 다양하고 제대로 밝혀져 있지 않다. 예를 들면, 바이러스는 바이러스 복제 도구로 세포를 사용한다. 이를 위해서 바이러스는 세포 대사 도구를 징발해서 세포 대사 도구로 하여금 바이러스를 대량 생산하도록 한다. 대부분의 경우 감염 세포는 결국 죽고 바이러스는 세포 바깥으로 대량 방출된다. 그러나 감염 세포가 죽지 않는 경우도 더러 있다. 동시에 다른 세포 조절 메커니즘이 작동하여 세포가 변성을 일으킬 수도 있다. 세포 변성은 암으로 발전하는 첫 단계이다. 원칙적으로 단 하나의 변성 세포가 자라서 종양 세포가 될 수 있기 때문이다. 동시에 변성 세포는 해로운 외부 영향에 감수성이 훨씬 높아지는 악순환으로 이어진다. 일반적으로 면역체계는 문제아(변성 세포)를 발견하고 이 세포가 암으로 발전하기 전에 제거해 버린다. 그러나 병약한 환자에서는 변성 세포를 제거하는 능력이 없어진다. AIDS 환자의 면역체계는 단지 형체만 남은 허울 좋은 껍데기에 불과하기 때문에, 즉 변성 세포를 제거할 능력이 없기 때문에 AIDS 환자는 다른 사람에 비해 암에 훨씬 취약하다.

헬리코박터 파일로니, 위궤양, 위암

헬리코박터 파일로니는 암을 유발하는 발암 세균으로 잘 알려져 있다. 헬리코박터 파일로니는 세계보건기구가 발암 세균으로 인정한 최초의 세균이다. 1980년대 헬리코박터균의 발견은 의학 분야에서 위궤양을 전염병으로 재분류하게 했다는 점에서 기념비적인 사건이었다. 그 이전까지 위궤양은 스트레스, 신경성, 억압된 분노, 부적절한 식이요법 등이 원인이라고 여겼었다. 그래서 그 전까지 위궤양은 대증요법으로 치료했다. 헬리코박터균의 발견 이후 위궤양 치료는 과도하게 분비된 위산을 중화하고, 항생제를 처방하는 데 초점을 맞추었다. 그러나 이러한 치료만으로는 충분하지 않았다. 일부 환자들에서는 헬리코박터균을 치료했지만 여전히 위산이 과다 분비되고 있었다. 알코올과 아스피린 또한 위염을 유발할 수 있다.

전 세계 인구의 절반에 해당하는 약 30억 명이 헬리코박터균에 감염되어 있는 것으로 추정하고 있다. 세계보건기구에 따르면, 발전도상국 인구의 최대 70퍼센트, 선진국의 세 명 내지 다섯 명 중 한 명이 헬리코박터균을 보유하고 있다. 영국에서는 100만여 명, 호주에서는 약 40만 명이 위궤양으로 고통받고 있다. 미국에서는 약 2500만 명, 독일에서는 400만 내지 600만 명이 일생 동안 언젠가는 위궤양을 앓는다. 이들 보균자 중 1퍼센트 정도가 위암으로 발전한다. 헬리코박터균 보균자는 그렇지 않은 사람보다 위암으로 발전할 가능성이 여섯 배나 높다. 미국에서 약 1만 2000명, 독일에서는 약 8,000명이 매년 위암으로 사망한다. 20세기 초 위암은 선진국에서 가장 흔한 암 중 하나였다. 그 후 선진국에서 위암 비율은 개선된 위생 환경과 항생제 사용 덕분에 상당히 떨어졌다.

그러면 위암 발생률의 감소가 성공한 스토리인가? 처음에는 그런 줄 알았지만 현실은 좀 복잡하게 돌아가는 것 같다. 선진국에서의 엄청난 항생제 사용과 향상된 위생 환경으로 말미암아 악이 또 다른 악으로 교체되었다는 증거들이 속속 드러나고 있다.

위암 환자 수는 줄어들었지만 반대로 식도암 환자 수가 가파르게 늘어나고 있다. 식도암은 잘 알려지지 않은 악성 암이다. 미국에서는 식도암의 발생 빈도가 매년 10퍼센트씩 증가하고 있다. 식도암은 암 중에서도 가장 끔찍한 암이기 때문에 환자 대부분이 발병한 지 수년 이내에 사망한다.

식도암 환자의 증가를 어떻게 설명할 것인가? 역학 조사 결과에 의하면 헬리코박터균의 성공적인 박멸 후에 식도암으로 발전하는 위험이 높아지는 것으로 나타나고 있다. 헬리코박터균은 위궤양을 유발할 뿐 아니라 위산 분비량을 줄여 준다. 위산이 식도로 역류할 경우 일차적으로 식도 세포의 변성을 일으킨다고 알려져 있다. 정확하게 말하면 세포 변성으로 생긴 암을 가장 흔하게 유발하는 원인이 바로 이들 세균이다. 이들 세균은 균체 표면에 있는 특수 주입 기구를 이용해서 위 점막 세포에 달라붙는다. 동시에 (위산 분비량을 줄여 줌으로써) 식도 점막을 간접적으로 보호한다. 그래서 수백 년간 진화되어 온 병원균과 숙주 간 복잡한 상호작용에 의사가 개입(헬리코박터균 치료)하여 식도암 발생에 영향을 끼치는 것인지 모른다.

우선 헬리코박터균은 위 점막에서 염증 반응을 일으킨다. 위염은 위암으로 발전할 수 있다. 그래서 헬리코박터균을 (항생제로) 신속하게 없애면 위염을 예방할 수 있고 그래서 위암으로 발전하는 것을 막을 수 있다. 한편 헬리코박터균이 위 점막에 달라붙어 위산 분비를 줄여 주는 작용을 하는데, 이 균을 제거하면 위산 분비가 증가한다. 그래서 헬리코박터균을 제거하면 과다 생산된 위산이 식도로 역류하여 식도에 위해를 가한다. 위산에 의해 식도 세포의 변성이 일어나면서 식도암으로 발전하는 것이다. 그러나 약물을 사용하여 위산이 식도로 역류하는 것을 차단할 수 있으므로, 헬리코박터균 제거와 식도암 간의 잠재적인 악순환 고리는 끊을 수 있다.

발암 바이러스

헬리코박터균 이외 다른 발암 미생물로 사람유두종바이러스HPV가 있다. 2006년 많은 나라에서 사람유두종바이러스로 제조한 자궁경부암 백신이 판매 허가를 받았다는 뉴스가 언론 머리기사를 장식했다. 이 바이러스가 자궁경부암을 일으키기 때문이다. 자궁경부암 백신 매뉴얼에 따라 세 차례에 걸쳐 예방접종을 받는다면 자궁경부암 발병과 암으로 인한 사망을 예방할 수 있을 것이다. 미국에서는 약 4,000명이 매년 자궁경부암으로 사망한다. 독일에서는 매년 6,000명 내지 6,500명의 여성이 자궁경부암에 걸리고, 이 중 매년 1,800명이 자궁경부암으로 사망한다. 매년 호주에서는 150만 명, 영국에서는 450만 명, 미국에서는 550만 명의 여성이 사람유두종바이러스에 감염된다. 그러나 이 바이러스는 발전도상국에서 훨씬 큰 문제를 일으킨다. 전 세계적으로 약 50만 명의 여성이 자궁경부암에 걸리고 이 중 절반이 이 암으로 인해 사망한다.

사람유두종바이러스는 드물지 않게 성적 접촉을 통하여 전염된다. 전 세계 여성의 2/3 이상이 일생 동안 최소한 한 번은 이 바이러스에 감염된다. 2000만 명의 미국 남성과 여성이 이 바이러스를 보균하고 있다. 대부분의 경우 이 바이러스는 자신도 모르게 가볍게 감염되고 면역체계에 의해 파괴된다. 그러나 일부 여성에서는 이 바이러스가 체내에 숨어 있고, 이들 감염자 일부는 생식기에 혹wart이 생긴다. 남성도 걸릴 수 있다. 이 중 소수가 암으로 발전한다. 감염 후 암으로 발전하는 데는 수년 때로는 수십 년이 걸린다. 자궁경부암을 일으키는 가장 흔한 원인이 사람유두종바이러스이다. 자궁경부암은 여성에게 발생하는 암 가운데 두 번째로 흔한 암이다.

새로운 백신으로 자궁경부암으로 인한 사망률의 70퍼센트를 예방할 수 있다. 백신 접종으로 형성된 항체가 자궁경부 점막에서 바이러스가 증식하는 것을 막아주기 때문이다. 그러나 일단 바이러스가 세포 안으로 들어가면, 이 백신은 효과가 없다. 여기에서 말하고자 하는 메시지는 명확하다. 성관계를 통하여 HPV 감염이 이루어지므로 처음 성관계를 하기 전(HPV에 노출되기 전) 어린 연령의 여성들에게 백신 예방접종을 실시하여 면역력을 높여 놓아야 한다.

이미 HPV에 감염된 여성이라면 완치를 위해서는 T세포(정확하게 말하면 Tk세포) 작용이 필요하다. Tk세포만이 HPV 감염 세포를 죽일 수 있기 때문이다. 감염 환자에게서 HPV 감염 세포를 파괴할 수 있는 차세대 백신이 현재 개발 중에 있다. 이런 백신은 HPV 바이러스를 박멸함으로써 감염 환자를 치료한다.

모든 간염바이러스는 간 질환을 일으킨다는 한 가지 공통점이 있다. 원칙적으로 간염바이러스는 모두 간에서 급성 염증을 일으킨다. 간에서의 급성 염증으로 황달, 짙은 소변, 구역질, 구토, 그리고 복통 증상이 나타난다. 간염을 일으키는 공통점은 있지만 바이러스 병원균 자체는 서로 완전히 다르다.

전 세계적으로 매년 150만 명이 만성 간 질환으로 사망한다. 이 중 약 66만 명은 원발성 간암〔다른 장기에서 전이된 것이 아닌 간 자체에서 생긴 암—옮긴이〕환자이다. 그리고 약 80만 명이 간경화로 고통받고 있다.

A형 간염바이러스는 그리 중요한 간염바이러스가 아니기 때문에 단지 간염바이러스에 대한 이해도를 높이는 차원에서 간략하게 언급하겠다. 이 바이러스는 암을 일으키지 않고 단지 급성 간염만 일

으키다가 자연적으로 치유된다. 감염 환자의 분변을 통해서 바이러스가 배설되고, 이렇게 배설된 바이러스가 오염된 음식이나 식수 등을 통해(분변-경구 전염) 전염된다. A형 간염은 여행 중에 쉽게 걸린다. 제대로 씻지 않은 야채나 과일을 먹거나, 끓이지 않은 물이나 해산물을 먹음으로써 걸린다. 이 바이러스는 주방 오염에 의해서도 드물지 않게 전염된다. A형 간염바이러스에 의한 급성 간염 환자 수는 매년 약 140만 명 정도로 추산된다. 2006년 미국에서 A형 간염 신규 발생 건수는 3만 건 이상이었고, 같은 해 독일에서는 약 1,200건이 발생했다. 이 질병에 대한 예방 백신이 개발되어 있으므로 발전도상국을 여행할 때 예방접종을 받을 것을 권장한다.

지구촌 관점에서 보면, B형 간염은 사람에서 간염을 일으키는 가장 중요한 병원균 중 하나이다. B형 간염 보균자가 주요 감염원이다. 일반적으로 혈액(수혈)이나 성적 접촉을 통하여 전염되므로, B형 간염은 마약중독자와 동성애자 사이에서 특히 자주 발생한다. 세계 인구의 1/3에 해당하는 약 20억 명이 이 바이러스에 한 번 이상 감염된다. 약 3억 5000만 명이 만성적으로 감염되어 있으며 이들 대부분은 증상을 보이지 않는다. 그러나 만성 B형 간염 환자 열 명 중 한 명꼴로 간경화가 나타나고 상당수 환자들이 간암으로 발전한다. 매년 100만 명이 B형 간염으로 목숨을 잃는다.

중국과 아프리카 사하라 사막 이남 지역에서 B형 간염은 흔한 풍토병이다. 반면 중부 유럽과 미국에서는 발생 빈도가 상대적으로 낮다. 미국에서는 100만~140만 명이 만성 B형 간염에 걸리는 것으로 추산된다. 독일에서는 2006년 1,200건의 B형 간염이 공식 보고되었다. A형 간염과 함께 B형 간염 백신도 개발되어 있다. 가격이 싼 편은 아니지만 감염 위험이 있는 사람들은 예방접종을 받기를 권장한다.

고위험 상재 지역에서 예방접종을 통하여 성공한 나라가 대만이다. 대만은 B형 간염이 흔한 아시아 국가 중 하나이다. 1984년 7월 대만 당국은 모든 어린이에게 의무적으로 B형 간염 예방접종을 실시했다. 그 후 몇 년 되지 않아 6~14세의 어린이에서 간암 환자 발생이 급격히 줄어들었다. 1981년에서 1986년 사이에는 100만 명당 약 일곱 명의 어린이가 간암에 걸렸으나 그 후 10년 동안 거의 절반으로 줄어들었다.

세계보건기구는 C형 간염바이러스를 바이러스 시한폭탄이라고 지칭한다. 전 세계 인구의 약 3퍼센트에 해당하는 약 200만 명이 이 바이러스를 보균하고 있다. 이들 보균자의 높은 비율이 간경화나 간암으로 발전할 수 있는 위험을 안고 있다. 만성 간 질환자 다섯 명 중 한 명(매년 약 30만 명)이 C형 간염으로 사망하는 셈이다. 그러나 현재까지 만족할 만한 치료제도 예방 백신도 없는 실정이다. 안타깝게도 조만간 백신이 개발될 기미도 없다. C형 간염이 과거처럼 계속 확산된다면 곧 인류에게 AIDS/HIV보다도 더 큰 위협이 될지도 모른다.

C형 간염바이러스는 혈액을 통해 전염된다. 그러므로 마약 복용자 사이에서 걸릴 확률이 크게 증가하고 있다. 성적 접촉을 통한 전염은 그리 흔하지 않다. 2006년 독일에서 C형 간염 신규 발생 건수는 약 7,500건이었다.

이외에도 G형 간염, H형 간염, I형 간염 등이 있다. 그러나 중요도가 떨어지므로 여기에서는 자세히 설명하지 않는다. 그렇지만 이들 병원균이 직접적이든 간접적이든 발암 바이러스로 작용할 수도 있고, 이들 병원균에 대한 백신 접종이 암을 예방할 수 있다는 점을 간과해서는 안 된다. 현재까지 개발된 백신은 병원균이 세포에 감염되거나 확산되는 것을 예방한다. 그러나 장기적으로 보면 (지금의 백신처럼 세포에 감염되는 것을 막는 것보다) 이미 감염된 세포를 파괴하여 세포 안에 바이러스가 기주하지 못하도록 하는 백신이 개발되어야 한다. 그런 백신은 암 발병의 위험에 놓여 있거나 심지어 암에 걸린 환자들을 치료하는 데 효과가 있을 것이다.

기타 질병

미생물 감염과 무관하다고 알려진 많은 만성질환에서도 미생물이 직접적으로 또는 보조 인자로 질병 발생에 관여하는지에 대하여 추측이 난무하고 있다. 심지어 일부 과학자들은 지금까지 미생물이 관여하는 것으로 확인된 전염병은 단지 빙산의 일각에 불과하다고 여긴다. 이 관점에 따르면 대부분의 질병에서 미생물은 아직까지 밝혀지지 않은 어떤 역할을 하고 있다. 그 역할이 무엇인지 밝히는 것이 우리의 임무이다. 어떤 자가면역질환의 경우 이러한 관점은 확실히 맞다. 정상 세균총이 비만에 관여한다는 사실이 최근에 밝혀졌다. 비만은 발전도상국과 신생 산업국에서 점점 더 그 중요성이 높아지고 있다.

이로써 대다수 질병이 병원균이 질병을 직접 유발한다는 의미에서의 일차원적인 것으로 더는 간주될 수 없다는 사실을 알게 된다. 질병은 병원균뿐 아니라 환경 인자와 숙주(사람) 요인 등 복잡한 요인이 상호작용한 다차원적 요인으로 생겨난다. 그래서 전염병의 생물학 연구가 매우 흥미로운 분야로 부각되고 있다. 그러나 이 분야는 아직까지는 매우 추론적이다. 현재로서는 클라미디아균Chlamydia pneumoniae과 심혈관계 질환 및 알츠하이머병(치매) 간에 어떤 연결고리가 있는지, 정신분열증에서 톡소플라스마 원충이 어떤 역할을 할 가능성이 있는지 검토하는 것 자체도 요원하다는 것만 봐도 알 수 있다.

5 전사자보다 많은 사망자: 주요 전염병

감염된 남자는 병독을 다른 사람에게 전염시켰고
전염 물질은 그 감염자가 단지 바라보기만 해도 여기저기로 퍼져나갔다.
저지할 방법이 아무것도 없었다.
그래서 주변의 거의 모든 사람이
마치 화살에 맞아 온몸에 독이 퍼지는 것처럼
흑사병에 걸린 후 갑작스레 죽어나갔다.
―가브리엘레 드 뮈시스(1280~1356경)
『전염병의 역사』 *Historia de Morbo* 중에서
이탈리아 피아첸차에서 유럽 흑사병을 목격한 변호사

TV 드라마 「6피트 땅속 아래 죽은 자를 매장하며」Six Feet Under에
등장하는 사람들은 항상 죽어나간다. 실제로 그렇다. 유엔 자료에
의하면 2005년 지구촌에서 약 5800만 명이 사망했다. 그러나 지금

살고 있는 인구와 출생한 신생아 수와 비교하면 이 사망자 수치는 '새 발의 피' 수준이다. 현재 지구촌에 살고 있는 인구는 약 65억 명 이상(6,514,751,000명)이며, 매년 새로 태어나는 신생아가 약 1억 3600만 명이다. 그러나 통계 자료를 좀 더 보완하지 않는다면 이 수치는 단지 통계학자의 단순 작업에 불과하다. 한 해 사망한 5800만 명 중 약 1100만 명이 다섯 살 미만의 어린아이이다. 이들 어린아이 대부분은 몇 안 되는 질병으로 사망한다. 이들 질병 대부분은 전염병이다. 제5장의 주제는 주요 전염병에 관한 내용이다. 여기에서 사망자와 환자 수를 반복해서 언급하는 것은 단순히 환자 수 자체를 언급하는 것이 아니라 질병 문제가 얼마나 심각한지 그 규모를 설명하기 위한 의도이다. 궁극적으로 이들 수치를 보여주는 것은 전 세계 보건* 체계가 전염병 문제 해결 조치를 긴급하게 실행에 옮겨야 한다는 것을 말하고자 하는 의도도 있다.

감기에서 폐렴까지: 호흡기 질병은 만병 중 으뜸

매년 기침과 감기, 그리고 인두염의 유행 파동이 북반구를 휩쓸고 지나간다. 며칠 동안 기운이 없고, 사지가 욱신욱신 쑤시고 머리가 띵하고 콧물이 줄줄 흐른다. 대부분의 경우 며칠이 지나면 회복된다. 이것은 우리가 흔히 바이러스와 세균 감염으로 호흡기 질환을 앓는 수준이다. 매년 평균적으로 두 명 중 한 명꼴로 이런 종류의 호흡기 질환에 걸린다. 거꾸로 말해서 '그러면 그게 큰 문제가 되는

가? 매년 400만 명이 급성 호흡기 질환으로 사망한다. 이 수치에 독감 사망자 수는 포함되어 있지만 결핵 사망자 수는 빠져 있다. 세계보건기구는 결핵을 만성 기도 감염chronic airway infection으로 별도로 분류하고 있다. 호흡기 질환의 종류를 나열하자면 끝이 없다. 앞에서 언급한 것처럼, 호흡기 질환은 상부 호흡기 질환(감기와 인두염)에서 중이middle ear 감염과 부비동(콧구멍) 감염paranasal sinus까지 폭넓다. 폐렴과 같은 하부 호흡기 질환도 있다. 호흡기 질환을 유발하는 병원균은 무수히 많다. 감기와 콧물감기는 대부분 바이러스, 특히 리노바이러스rhinovirus, 인플루엔자 바이러스influenza virus, 파라인플루엔자 바이러스parainfluenza virus, 코로나바이러스coronavirus 감염에 의해서 유발된다. 백일해whooping cough, 디프테리아diphtheria, 세균 폐렴bacterial pneumonia을 일으키는 병원균은 호흡기 질환 중 상위 10위권 안에 들어간다. 디프테리아나 백일해와 같은 일부 질병의 경우 백신도 개발되어 있다. 19세기까지만 해도 디프테리아는 대부분의 유럽 국가에서 유아 사망의 중요 원인이었으나 백신 예방접종으로 대부분 근절되었다. 최근 백신 접종에 대하여 너무 안이하게 대처한 결과 전 세계 상당수 지역에서 간헐적으로 발생하고 있다. 이와 함께 여전히 매년 1700만 명이 백일해에 걸리고 있고, 이 중 매년 30만 명이 목숨을 잃는다. 이들 사망자의 90퍼센트가 발전도상국에서 발생한다.

결핵과 독감 원인균의 경우 이 책에서 별도로 다루고 있다. 이외에도 폐렴구균도 특별히 고려할 필요가 있다. 대부분 두 살 이하의 영아와 예순다섯 살 이상의 노인은 폐렴을 일으키는 연쇄상구균에 취약하다. 선진국에서 폐렴구균성 폐렴은 대부분 노인층에서 발생한다. 미국의 경우 백신 접종으로 예방 가능한 전염병 중 폐렴구균 감염으로 가장 많이 사망한다. 독일에서는 최대 2만 2000명이 폐렴구균으로 사망한다. 그러나 폐렴구균과 인플루엔자 바이러스로 얼마나 많은 사람이 사망하는지는 알기 힘들다. 대부분의 경우 질병 진단이 제대로 이루어지지 않기 때문이다. 더구나 폐렴구균은 독감으로 이미 면역력이 약해진 노인층에서 일반적으로 2차 감염을 유발한다. 폐렴구균 감염은 AIDS 환자 사이에서 공통적으로 증가하고 있다.

발전도상국에서의 상황은 다르다. 이들 폐렴구균은 전체 사망자의 20퍼센트까지 육박하고 있어 유아 사망의 가장 큰 원인으로 꼽힌다. 전 세계적으로 매년 폐렴구균으로 사망하는 160만 명 중 100만 명은 다섯 살 이하의 어린아이들이다. 폐렴구균에 효과적인 백신이 개발되어 있음에도 불구하고 말이다.

백신을 개발하는 데는 오랜 시간이 걸렸다. 균체가 공기 중에서 건조되어 쪼그라드는 것을 막고, 면역 세포에게 잡혀 먹는 것을 막아주는 세균의 폴리사카라이드 성분 때문이었다. 더구나 면역 세포는 세균의 폴리사카라이드 성분에 대하여 지속적인 면역을 만들 수 없고, 이 성분으로 백신을 접종해도 면역이 형성되지 않는다. 백신은 폴리사카라이드 성분에 단백질을 결합해 중합체 형태로 만들어야 가능하다. 전 세계적으로 90여 종의 서로 다른 폐렴구균이 있는 데, 이들 세균 종은 세균 캡슐에 존재하는 폴리사카라이드 성분이 서로 다르다. 현재 개발된 폐렴구균 백신은 7~13종의 폴리사카라이드 성분을 함유하고 있고, 이들 백신은 어린이에게 폐렴을 유발하는 폐렴균 중 50퍼센트 내지 80퍼센트 정도만 예방할 수 있다.

뇌수막염균meningococci은 입과 목구멍에 집단 서식하는 또 다른 병원균이지만 다른 신체 부위로도 옮아간다. 이 균이 일으키는 가장 중요한 질환은 뇌 쪽으로 퍼져서 높은 사망률을 보이는 화농성 뇌수막염purulent meningitis이다. 그러나 이 세균은 일반적으로 사람에서 질환을 유발하지 않으면서 구강과 인두에 집단 서식하기 때문에, 이 세균은 여기에서 토론할 만하다. 폐렴구균처럼 뇌수막염균은 방어 캡슐protective capsule을 가지고 있다. 폐렴구균처럼, 뇌수막염균도 중합체 형태의 백신이 개발되어 있다. 뇌수막염균은 폴리사카라이드 성분을 기준으로 13개 타입으로 구분 가능하다. 이들 중 5개 타입은 광범위한 질병을 일으킨다. 중합체 백신은 4~5개 타입의 뇌수막염균을 혼합하여 제조한 것이다. 그러나 유럽과 미국에서 가장 흔하게 발견되는 B타입 뇌수막염균에 효과적인 백신은 아직까지 개발되어 있지 않다. B타입 뇌수막염균의 폴리사카라이드 성분이 사람의 조직 성분과 교차반응을 나타내 자가면역반응autoimmune reaction을 촉발할 수 있기 때문이다. 그러나 최근 B타입 뇌수막염균의 단백질 구성 성분을 사용한 백신이 개발되었다.

서부 유럽의 학교에서 세균성 뇌수막염이 발생하여 가끔씩 언론에 보도되어 경보 발령을 내리고 있지만, 뇌수막염의 실제 발생 지역은 중앙아프리카 지역이다. 이 지역에서는 1996~97년(20만 명 발병)의 경우처럼 빈번하게 에피데믹(지역적 소유행)이 일어났다. 부르키나파소에서만 2007년 초 이후 2만 2000건의 세균성 뇌수막염이 보고되었다. 그때 이후 뇌수막염으로 약 1,500명이 목숨을 잃었다. 과거에는 메카로 가는 순례자 사이에 뇌수막염 발생이 잦았다. 이 때문에 사우디아라비아 정부는 순례자들이 자국으로 입국할 때 예방접종 증빙 서류를 요구한다. 주요 대기업 제약회사들이 아프리카 지역 신생아 예방을 위하여 저렴하게 공급할 수 있는 다가 백신(여러 종류의 항원을 섞어 만든 백신)을 개발하겠다는 의사를 밝혔다는 소식은 매우 환영할 만한 일이다. 이 다가 백신은 디프테리아, 파상풍, 백일해 그리고 B형 간염뿐 아니라 중앙아프리카 지역에 폭넓게 유행하고 있는 뇌수막염도 예방한다.

설사병과 식중독

설사병

낯선 지역으로 휴가를 갈 때 가끔 잊지 못할 멋진 경험을 하곤 한다. 그러나 여행 중 설사는 그리 유쾌한 일은 아니다. 여전히 설사는 발전도상국을 여행하면서 선진국에서 온 관광객과 사업가의 절반 정도가 겪는 일이다. 이들 설사의 절반 정도는 대장균 감염으로 일어난다. 설사병을 앓는 여행객 다섯 명 중 한 명이 바이러스(특히 노로바이러스) 감염인데, 감염자의 10퍼센트는 지아르디아 원충 감염으로 설사를 한다. 나머지 설사 원인으로 세균 병원균(특히 이질균과 살모넬라균)이 있다. 미국에서는 매년 2억 5000만 명의 성인이 설사병을 앓고 이 중 60만여 명이 병원에 입원하며, 3,000명이 사망한다. 질병을 일으키는 병원균이 밝혀진 것은 이 중 10퍼센트도 되지 않는다.

대부분의 경우, 감염은 음식이나 물을 통해 이루어진다. 가장 흔한 원인은 해산물, 햄, 계란 샐러드, 씻지 않은 과일과 채소, 끓이지 않은 물, 끓이지 않은 물로 만든 얼음와 같은 오염된 음식을 통해서이다. 발전도상국의 거리 음식은 절대 권장하고 싶지 않다. 그러나 위생 기준이 높은 독일에서조차도 매년 20만여 명이 세균 병원균 감염으로 인하여 설사병을 앓는다. 그런 병원균에 감염된 어린이 모두 또 다른 감염원으로 작용한다. 심한 설사 환자는 매일 수억 개, 심지어는 수십억 개의 병원균을 설사를 통해 쏟아낸다.

선진국에서 설사 환자의 대부분은 설사로 인한 불쾌함은 있겠지만 설사 자체가 큰 문제는 되지 않는다. 그러나 발전도상국에서는 설사로 인한 탈수로 목숨까지 잃는다. 이들 발전도상국에서는 수백만 명이 아직도 깨끗한 물이나 적절한 위생 시설을 이용할 수 없는 처지에 있다. 전 세계적으로 매년 200만 명이 설사와 합병증으로 목숨을 잃는다. 이 수치는 결핵 사망자 수와 맞먹는 엄청난 수치이다.

손을 비누로 깨끗하게 씻기만 해도 세균 감염을 절반으로 줄일 수 있다. 손 씻기가 설사병으로 인한 사망에 얼마나 영향을 끼치는가에 대한 믿을 만한 연구 데이터는 없지만, 일부 자료에 의하면 매년 설사병으로 인한 사망자 200만 명 중 50만 내지 100만 명은 그저 깨끗한 물로 손을 씻기만 해도 목숨을 건질 수 있다.

대장균은 실제 사람에게 해가 없는 장내세균이다. 인체에 무해하기 때문에 과학자들이 실험을 위해서 가장 흔하게 사용하는 세균종이다. 그 때문에 대장균은 지구상에 존재하는 그 어떤 세균보다도 잘 알려져 있다. 최근 유전정보를 지속적으로 수집·공개하고 있기 때문에 많은 대장균 스트레인strain이 알려져 있다. 우리는 대부분의 세균 단백질에 채널channel, 포어pore, 트랜스포터transporter, 도킹부위docking site 등의 이름을 부여하여, 어떤 조건하에서 단백질이 작용하는지를 알아보려 한다. 과학자들은 대장균의 균체 단백질이 어떤 구조를 가지고 있는지, 단백질을 만드는 유전정보가 게놈의 어느 유전자에 내장되어 있는지 등에 대한 엄청난 정보를 가지고 있다. 또한 대장균의 단백질 유전정보를 바탕으로 컴퓨터 프로그램을 이용해 균체 단백질의 3차원적 입체구조를 제작하여, 단백질의 어떤 원자구조를 바꾸었을 때 균체 단백질 전체 구조가 어떻게 변하는지 다양한 각도에서 분석하기도 한다. 그러나 대장균을 제외한 다른 미생물의 경우 이러한 균체 유전정보가 턱없이 부족하다. 이 모든 정보를 기초로 해서, 많은 대장균 타입을 식별해 낼 수 있다. 그러나 장내 세균총을 형성하는 대장균 모두가 무해한 것은 아니다. 오히려 대장균은 많은 질병을 유발한다. 인체에 무해한 대장균이더라도 병원성 미생물로부터 독력 유전자를 받아들인다면 위험한 병원균으로 바뀔 수 있다. 대표적인 사례가 장독소enterotoxin를 생성하는 대장균

ETEC enterotoxigenic E.coli이다. 이들 장독소는 구토를 동반한 심한 설사뿐 아니라 위장관 경련을 일으키기도 한다. '몬테수마의 복수' Montezuma's revenge라 불리는 화려한 이름의 설사병은 대장균 ETEC 감염으로 유발된다. 설사를 일으키는 대부분의 병원균과 마찬가지로, 사람 간 전염은 오염된 음식물을 통해 이루어진다. 작은 양의 세균만으로도 한바탕 심한 설사병을 유발하는 데 충분하다. 그 이외에도 많은 장내세균은 대부분 나라에서 흔하게 유행하고 있다.

대부분의 사람들은 초기부터 알려져 있는 이질 dysentery과 같은 질환에 익숙하다. 이질은 일반적으로 시겔라균 shigella으로 유발되는 설사를 말하는 것으로 알려져 있다. 매년 미국에서 약 1만 4000건의 이질이 보고되고 있다. 그러나 실제 발생 건수는 25만 건에 이른다. 독일에서는 매년 약 1,000명이 이질에 걸리고 대부분은 해외 여행을 갔다가 이질에 걸린 채 귀국한 경우이다. 이질은 위생이 중요한 문제이고 전 세계적으로 매년 1억 6000만 명이 걸린다. 이들 환자 중 약 100만 명(대부분 발전도상국의 어린아이들)은 설사와 탈수, 그리고 탈진으로 사망한다.

콜레라 cholera는 대부분의 사람들이 심한 설사병으로 알고 있는 또 다른 질병이다. 이 질병을 유발하는 병원균은 비브리오 콜레라 Vibrio cholerae이다. 이 세균은 장 섬모 intestinal villi(소장을 따라서 점막에 바늘처럼 생긴 돌출물)의 기능을 파괴시켜 장 세포의 대사를 방해한다. 정상 상태에서는 이들 장 세포가 물, 전해질, 영양분을 장에서 장벽, 그리고 혈액 속으로 뿜어들이지만 콜레라에 걸리면 장 섬모가 파괴되어 반대로 물과 전해질을 장으로 뿜어내어 설사가 일어난다. 이렇게 하여 환자에게서 하루 5리터 이상의 체액이 설사를 통하여 몸 밖으로 빠져나간다. 이 때문에 다른 설사보다도 탈수로 인한 사망률이 높다. 19세기 중반 유럽은 잦은 콜레라의 유행으로 황폐화되었으나 이후에는 이 지역에서 드물게 발생하고 있다. 발전도상국에서 상황은 이와는 상당히 다르다. 1961년 인도네시아에서 새로운 콜레라의 유행이 시작되어 동아시아, 소련, 이란, 이라크로 확산되었다. 1970년 콜레라는 서부 아프리카로 번졌다. 이 지역은 지난 100년 동안 콜레라가 발생한 적이 없었다. 콜레라는 아프리카 전체로 번졌고 지금도 여전히 주기적으로 발생하고 있다. 1990년 콜레라는 100년 이상 발생한 적이 없던 라틴아메리카에도 출현하여 크게 유행했다. 의료적 치료가 가능한 지역에서는 콜레라 환자의 약 1퍼센트가 사망했다. 그러나 제때 체액과 전해질 주사를 맞지 않는다면 환자의 약 절반이 목숨을 잃을 것이다. 다른 설사병처럼 깨끗한 물과 기본적인 위생 조치가 콜레라를 예방하는 핵심적인 조치이다.

설사병을 일으키는 유전인자는 비브리오 콜레라 균체 내에 있는 플라스미드에 내장되어 있다. 세균은 유전자 교환을 통해 다른 세균에게 전체 플라스미드를 통째로 제공할 수 있다. 플라스미드를 제공받은 세균은 그것을 마치 자신의 것인 양 취급해서 유전물질을 해독하여 단백질 대사 공장으로 넘겨 독력 인자virulence factor로 만들어낸다.

원충(구체적으로 아메바)은 설사를 일으키는 일반 병원균이다. 독일에서는 아메바원충 감염으로 매년 최대 5,000명의 설사 환자가 발생한다.

그러나 EU 국가에서 설사병의 상위 랭킹을 차지하는 원인은 바이러스 감염(주로 노로바이러스와 로타바이러스■)이다. 특히 노로바이러스는 최근 자주 언론 머리기사로 등장한다. 가끔 양로원 등에서 사망자가 발생하곤 하는데, 이러한 소식이 우리 사회를 불안하게 만든다. 대부분의 노로바이러스는 성인에게 감염되지만 많은 부모들은 자신들의 자녀들이 걸릴까 봐 걱정을 한다. 이들 바이러스는 심각한 불쾌감을 일으키고 심한 구토를 동반하여 수시간 내 설사를 일으킨다. 대부분의 경우 이러한 설사 악몽은 3일 이내에 끝난다. 독일에서만 6만 명 이상이 매년 노로바이러스에 감염된다. 로타바이러스는 신생아와 어린이에게 중요하다. 전 세계적으로 매년 50만 내지 100만 명의 어린이가 로타바이러스 감염에 의한 설사로 사망한다. 미국에서는 약 5만 5000명의 어린이가 매년 로타바이러스 감염으로 입원을 한다. 거의 모든 어린이는 최소한 세 살 이전에 로타바이러스 감염으로 한 번쯤은 고생을 한다. 여기서 예방 조치는 단순하고 시시하다. 청결한 물과 가장 기초적인 위생 조치는 감염으로 인한 사망을 대부분 예방할 수 있다. 지금은 로타바이러스 백신도 개발되어 있다.

식품 유래 질병

불량한 위생으로 인한 설사병이 발전도상국에서 흔하듯, 식품 유래 질병과 식중독은 선진국에서 흔하다. 식품 유래 질병으로 인한 경제적 비용 손실은 엄청나다. 최근 유럽을 강타한 해동육 판매와 부패한 고기의 유효 기간 조작을 둘러싼 스캔들을 고려하지 않더라도 선진국에서 매년 500억 유로 이상의 경제적 비용 손실이 발생한다. 우리가 구입하는 일부 식품은 믿을 수 없을 만큼 저렴하다. 그런 가격으로 식육과 우유를 얻는 것은 과밀 가축 사육과 기업화된 식품 공정 때문에 가능하다. 그러나 이와 동시에 수백 마리의 소나 돼지가 사육되는 아주 협소한 축사에서, 시간당 1만 마리의 닭이 도축되는 도축장에서, 하루에 1만 마리 이상의 돼지가 도축되는 도축장에서 병원균은 들불처럼 번질 것이다. 그 결과, 동물 전염병은 한 축사에서 다른 축사로 놀라운 속도로 퍼질 것이다. 그 축군畜群은 집단으로 살처분될 것이다. 최근의 일례는 2005년 3월 노르트라인베스트팔렌 주에서 발생한 '돼지열병'swine fever이다. 돼지열병이 발생하자 단 몇 주 동안 순전히 사전 예방 차원에서 10만 마리 이상의 돼지가 아무런 통보 없이 살처분당했다. 돼지열병은 사람에게 전혀 감염을 일으키지 않는다. 그러나 많은 다른 동물 전염병은 실제 사람에게 전염될 위험성이 있다. 다른 무엇보다도 광우병 위기(균형적 시각이 없던 발생 초기에는 너무 자주 과민 반응을 보였던 것으로 지금은 간주하고 있지만)로 동물을 사육하는 방법이 어떻게 새로운 전염병을 유발하는지를 지켜보았다. 축산물 가공 공장에서 단 한 마리의 감염 가축이 공장 축산물 전체로 미생물을 퍼뜨릴 수 있다. 예를 들면, 리스테리아균은 햄버거용 고기를 생산하는 단계에서 문제가 될 수 있다.

계란 가공품에서 살모넬라균도 마찬가지이다.

매년 미국에서 약 8000만 명이 식중독에 걸린다고 추산하고 있다. 이들 중 35만 명은 병원 입원 치료를 받고 최대 7,000명이 사망한다. 이런 질환은 부엌에서 부적절하거나 최소한 주의 깊지 않게 고기를 취급함으로써 발생한다. 2006년 가을, 다소 치명적인 살모넬라 감염증이 발생한 이후, 독일 연방정부 위험평가연구소는 부엌에서 닭고기를 부주의하게 취급하지 말라고 경고했다. 이 경고에 따르면, 닭고기는 포장을 벗겨낸 후 (실온이나 더운물이 아닌) 냉장고 안에서 해동해야 하고, 심지어 조리가 되어 있더라도 항상 익혀서 먹어야 한다. 나무 도마는 세척하기가 힘들기 때문에 닭고기를 다듬을 때 적절하지 않다. 덧붙여, 고기는 깨끗한 물로 씻은 다음 조리해야 하며, 생고기를 손질한 부엌 장비는 즉시 식기세척기로 세척하여야 하며, 각 재료 준비 단계마다 손은 따뜻한 물과 비누로 닦아야 한다. 우리는 슈퍼마켓에서 구입하는 제품들이 무균 상태로 우리의 식탁에 오른다는 착각에 빠지곤 한다. 그러나 사실은 계란 프라이의 난황이 익지 않은 상태로 남아 있는 한 미생물은 생존할 수도 있다.

식품 오염은 엄청난 경제적 파급 효과를 초래한다. 1989년 미국에서 엄청난 양의 식육이 리스테리아균에 오염되었다. 그 결과 그 고기가 들어간 햄버거의 리콜 조치 자체만으로도 7600만 달러의 손실을 입었다. 판매 손실로 인한 추가 손실은 2억 달러에 이르렀다.

어느 미생물이 범인인가? 우리는 2,500여 종의 살모넬라균 유형을 식별할 수 있다. 살모넬라 타이피Salmonella typhi와 살모넬라 파라

타이피Salmonella paratyphi는 장티푸스▪와 파라티푸스열의 원인균이다. 병원균은 신체 내부 장기를 파괴하여 심각한 질환을 야기한다. 그외 살모넬라균의 유형 대부분은 설사, 소화불량, 현기증, 구토를 일으킨다. 이들 균은 오염된 식품과 청결하지 않은 물을 통해 전염된다. 식품 공장에서 오염된 식재료를 사용함으로써 구내식당이나 양로원과 같은 집단 급식 시설에서 주기적으로 살모넬라 식중독이 발생한다. 주된 이유는 집단 가축 사육, 특히 가금 사육 과정에서 살모넬라균에 오염되었기 때문이다. 현재 독일 연방정부 위험평가연구소에 따르면, 독일에서 육계 계군 6개당 1계군꼴로, 산란계 계군 6개당 1계군꼴로 살모넬라균에 오염되어 있다. 다른 유럽 국가들과 비교하면, 독일은 점수가 좋지 않다. 반면 스칸디나비아 국가들은 이 수치가 꽤 낮다. 돼지고기 또한 인수공통전염병 병원균에 간혹 오염된다. 사람에게서 질병 발생(특히 여름)이 드문 게 아니다. 평균적으로, 독일에서 매년 5만 명이 살모넬라균으로 인해 식중독에 걸린다. 반면 호주에서는 10만여 명, 영국에서는 30만여 명, 미국에서는 200만 내지 400만 명이 살모넬라 식중독에 걸린다. 항생제 내성균이 증가하면서 상황은 더욱더 악화되었다. 독일의 경우, 항생제 내성 살모넬라균의 비율이 1990년 약 1퍼센트에 불과했지만 1996년에는 17퍼센트로 급증했다.(제6장의 「병원에서 병에 걸려: 병원성 감염과 항생제 내성」 참조)

선진국에서 가장 흔한 설사병의 원인은 캠필로박터균Campylobacter jejuni이다. 선진국의 경우, 설사병 건수의 5~15퍼센트는 캠필로박터균 감염으로 일어난다. 독일에서 매년 최소 6만 건이 발생하고 미국에서는 매년 200만 건이 발생한다. 일부 감염증은 생명을 위협할 정도로 치명적이다. 드물게 캄필로박터균 감염은 '길랭바레 증후군' Guillain-Barré syndrome을 촉발할 수 있다. 이 경우 환자는 심한 마비 증상을 호소하지만 일반적으로 수주 이내에 회복한다. 그러나 노인 환자에서 근육 쇠약은 몇 달간 지속될 수 있고 자주 치명적이다. 살모넬라균처럼 캄필로박터균은 동물 왕국에 폭넓게 퍼져 있으며, 그 때문에 대개 오염된 식품(비위생적인 요리나 날고기)을 통해 감염된다.

포도상구균 또한 식중독의 흔한 원인균으로 알려져 있다. 이 세균은 화농을 일으키는 세균으로 알려져 있지만, 많은 경우 구토와 설사를 일으키는 다양한 독소를 생성한다. 문제는 세균이 분비한 독소가 열에 강해서 가열을 해도 파괴되지 않는다는 데 있다. 예를 들면 감염의 전형적인 시나리오는 상처가 있는(화농이 생긴) 손으로 음식을 조리하는 식당 종사자이다. 음식이 상하지 않은 상태로 당분간 있다가 그사이 포도상구균이 증식한다. 그다음 음식을 가열해도 소용없다. 이미 증식한 포도상구균이 열에 강한 독소를 많이 생성했기 때문이다.(즉 가열해도 독소는 파괴되지 않는다.) 포도상구균은 미국에서만 연간 25만 건의 식중독을 일으킨다.

가축 사육은 설사를 일으키는 세균, 특히 살모넬라균과 캄필로박터균의 오염원일 뿐 아니라 인플루엔자 바이러스의 원천이기도 하다. 이에 관한 내용은 이 책에서 별도로 다룰 것이다. 가축 사육 과정에서 다량의 항생제 사용으로 인해 항생제 내성균이 출현했는데,

여기에 인간이 부분적인 책임이 있다는 점에서 문제가 더욱더 복잡해진다.

소아 질병: 출발조차 어려운

2006년 독일 월드컵 당시 보건 전문가들은 미국인들이 무방비 상태로 독일을 여행하는 것에 대해 경고했다. 세계보건기구 북미 지부인 범아메리카보건기구Pan American Health Organization는 독일 월드컵 경기를 보러 가기 전 미국 축구팬들에게 홍역 예방접종을 받을 것을 권장하는 공식 논평을 긴급히 발표했다. 2006년 거의 잊혀진 것으로 알았던 홍역이 독일을 강타했기 때문이다. 홍역 발생이 2005년 780건에서 2006년 2,300건으로 폭발적으로 증가했다. 대부분 홍역 환자(어린이와 성인)들은 홍역 예방주사를 맞지 않았거나 (예방접종에 의한) 면역이 제대로 형성되지 않은 사람들이다. 월드컵 직전 홍역 발생은 서구인들이 소아 질병을 어떻게 바라보고 있는지를 여실히 보여주는 상징적 사례이다. 수년간 백신을 체계적으로 사용한 덕분에 지난날의 재앙(홍역 유행)은 대부분 박멸되었고, 따라서 우리의 기억 속에서 사라졌다. 이로 인해 백신 예방접종에 대해 너무 안이하게 대처했다. 이 같은 상황은 무엇보다도 지금 어린이들에서 홍역 백신의 낮은 추가 접종률과 B형 간염 백신의 낮은 접종률로 분명하게 나타나고 있다.

실제로 그렇다. 심지어 선진국에서조차 홍역과 같은 과거 질병이

빈번하게 발생하고 있다. 2008년 중반 미국의 최소 7개 주에서 70 건 이상의 홍역 발생이 보고되었다. 이는 최근 어느 때보다도 높은 수치이다. 2006년 영국에서 약 300건의 홍역이 발생했는데, 이는 1988년 이후 가장 많은 사례이다. 홍역 발생을 계기로 영국인들은 이 질병에 대한 위협을 다시 한 번 깨닫게 되었다. 2003년부터 2007년 중반까지 총 열일곱 명의 어린이와 성인이 홍역의 복합 감염으로 목숨을 잃었던 독일에서도 마찬가지이다.

일반적으로 '소아 질병'은 예방접종을 받지 않아 면역이 없는 집단에서 들불처럼 번지는 전염병을 일컫는다. 다른 한편으로는 일단 소아 질병에 한 번 걸린 사람은 평생 동안 이 질병에 대한 면역력이 생긴다. 그러므로 일반적으로 성인은 어린이보다 이들 질병에 훨씬 적게 걸린다. 그러나 백신 예방접종을 받은 적이 없거나 어릴 때 걸린 적이 없는, 즉 면역이 안 된 성인은 어린이만큼이나 소아 질병에 민감하다. 홍역 이외에도, 가장 중요한 바이러스성 소아 질병으로는 수두chickenpox, ▪ 유행성이하선염mumps, 풍진rubella, 소아마비poliomyelitis 등이 있다. 가장 중요한 세균성 소아 질병으로는 디프테리아, 파상풍, 백일해 등이 있다. 이들 질병에 대한 예방 백신이 모두 개발되어 있어 향후 몇 년 이내에 이들 질병 중 일부는 지구상에서 사라질 것이라는 희망이 있다.

소아마비의 경우 최근 약간 차질이 빚어졌지만 목적은 거의 달성되었다. 폴리오바이러스poliovirus가 일으키는 소아마비의 임상 소견은 마비, 특히 어린 연령대에 팔과 다리에서 나타나는 마비 증상이다. 경우에 따라 호흡기 근육에 바이러스가 감염되어 호흡기관 마비를 일으켜 사망에 이를 수도 있다. 드물지 않게 폴리오바이러스에 감염되었더라도 아무 증상이 나타나지 않는 경우도 있다. 이런 무증상 감염으로 자연면역이 생기는 경우 재감염이 되지 않는다. 이러한 자연면역은 유럽에서는 나타나지 않는다. 유럽에서 폴리오바이러스가 대부분 박멸되었기 때문이다. 그러므로 지구상에서 소아마비가 완전히 퇴치될 때까지는 어딘가에 여전히 바이러스가 남아 있기 때문에, 심지어 유럽에서조차 예방접종이 아직도 필요하다.

일차 단계에서 세계보건기구는 2005년까지 소아마비가 퇴치될 것이라고 예측했다. 그 전망은 탁월해 보였다. 1988년 전 세계에서 총 35만 건의 소아마비 발생이 보고되었다. 집단 백신 예방접종 캠페인 덕분에 이 수치는 2001년까지 483건으로 줄어들었다. 그러나 바로 직후 나이지리아와 니제르 국경 지역에서 예방접종이 중단되었다. 소아마비 백신 예방접종을 받으면 불임이 되고 AIDS에 걸린다는 터무니없는 소문이 돌았기 때문이다. 그 결과 얼마 가지 못해서 소아마비가 이 지역에서 다시 유행하기 시작했다. 이 지역을 제외한 전 세계 발생 건수가 83건인 데 비해 이 지역에서만 430건이나 발생했다. 이 질병은 급속도로 확산되었다. 나이지리아와 니제르 국경 지역에서 다른 아프리카 국가들과 아시아 국가들로 소아마비가 확산되었다. 2005년 8월 인도네시아에서 225건, 2006년 5월 나미비아에서 34건의 소아마비가 발생했다. 2006년 말 통계학자들은 전 세계적으로 1,874건의 소아마비가 발생했다고 추산했다. 현재 소아마비 건수는 파키스탄, 인도, 나이지리아, 아프가니스탄에서 주기적으로 보고되고 있고, 나머지 12개국에서 간헐적으로 보고되고 있다.

백신 예방접종과 사람만 걸린다는 사실에도 불구하고, 이 질병은 퇴치가 점점 어려워지고 있다. 바이러스가 분변으로 배설되고 오물 환경에서 오랜 기간 생존하기 때문이다.

유사하게 홍역 예방접종 사업도 고무적인 결과를 보여주었다가도 반복적으로 질병 근절에 차질을 빚곤 한다. 홍역은 열이나 감기 유사 증상, 그리고 기침을 동반한다. 그리고 드물지 않게 뇌수막과 척수에 심한 염증으로 발전하여 간혹 사망에 이르기도 한다. 이와 함께 홍역은 면역체계를 손상하기 때문에 간혹 세균성 폐렴과 설사와 같은 합병증이 뒤따른다. 홍역으로 인한 사망자의 절반 이상은 폐렴으로 인한 것이다. 통계에 따르면, 1960년대 초 해마다 홍역 1억 3500만 건이 발생하고 이 중 600만 명이 목숨을 잃었다. 곧이어 도입한 홍역 예방접종 사업은 놀랄 만한 대성공을 거두었다. 1987년 사망자 수는 연 190만 명이었다. 그 후 2년이 지나서 그 수치는 절반으로 줄어들어 87만 5000명이었다. 2005년에만 35만 명(대부분 어린아이)이 홍역으로 사망했다. 2006년 홍역으로 인한 사망자 수는 25만 명으로 떨어졌다. 이들 사망자의 60퍼센트는 아프리카에서, 25퍼센트는 동남아시아에서 발생했다. 그러므로 예방접종률이 가장 낮은 국가들 대부분이 아프리카 국가라는 사실은 그리 놀랄 일이 아니다.

원칙적으로, 홍역을 퇴치할 수 있는 기회는 합리적으로 좋아 보인다. 병원균을 보균하는 동물 자연 숙주가 없고, 단지 사람들 사이에 서만 전염된다. 역학 연구 결과에 따르면, 바이러스가 생존하기 위해서는 최소 25만 명의 사람이 서로 긴밀하게 접촉하는 사회집단이 있어야 한다. 더구나 홍역 바이러스는 시간이 지나도 거의 변하지 않으므로(돌연변이가 거의 없으므로) 효과적인 백신 개발이 가능하다. 다른 한편으로는, 바이러스는 전염성이 강하기 때문에 홍역을 예방하기 위해서는 집단 백신 예방접종으로 높은 면역 형성률을 가지고 있어야 한다. 집단 백신 접종은 지구상에서 질병을 근절하거나 최소한 거의 근절 단계로 가기 위한 전제 조건이다.

HIV / AIDS

25년의 바이러스 역사

공연을 알리는 커튼이 올라가기 직전 배우의 무대 공포증은 극에 달한다. 이때 세상에서 가장 오래된 동성애자 남성 합창단의 단원들은 서로에게 말한다. "난 우리 둘을 위해 노래해." 샌프란시스코 동성애자 합창단SFGMC 공연장은 그곳이 어디이든 항상 무대 위에 붉은 장미 한 송이가 놓여 있다. "SFGMC가 공연할 때, 우리는 무대 위에 보이는 단원 이상이다." 합창단 웹사이트에 적혀 있는 말이다. 누군가가 무대에 설 때마다 합창단원 한 명씩 AIDS로 죽었다.(죽은 단원 대신 새 단원이 들어왔다.) 1970년대 말 동성애자의 권리를 주장하기 위하여 합창단이 결성된 이후, AIDS로 사망한 단원 수는 250여 명으로 늘어났다. 『샌프란시스코 크로니클』*San Francisco Chronicle*에 의하면, 1980년대와 1990년대 초 매번 리허설 때마다 어느 병원 병실에 누가 누워 있고 다음 추도식이 언제 예정되어 있는지를 발표한다.

오늘날에도 이런 발표를 계속하고 있다. 그때마다 새로운 명단이 사망자 목록에 추가되었다. 20대 초반의 신입 단원들은 자신들은 AIDS 환자나 HIV 보균자와 사귄 적이 없다고 서로에게 속삭인다. 최소한 선진국에서는 이 질병에 대한 공포감이 대부분 사라졌다. AIDS는 더는 죽음의 상징이 아니다. SFGMC의 서른 번째 추도식을 앞두고 전에 알 수 없던 평정심이 흘렀다.

SFGMC의 역사(지금은 영화화되었다.)는 1979년과 1980년에 나타나기 시작한 HIV/AIDS 역사의 일면을 말해 준다. 당시 샌프란시스코와 뉴욕의 공중 보건 당국은 동성애자와 마약중독자들 사이에 이전에 보지 못한 희귀한 질병이 눈에 띄게 발생하고 있다고 보고했다. 첫 번째로, 면역 기능이 제대로 발휘되지 못하는 면역 부전 환자에서만 병을 일으키는 희귀 원충인 뉴모시스티스원충*Pneumocystis jirovecci* 감염이 있었다. 두 번째로, 매우 희귀한 암인 카포시 육종 *Kaposi's sarcoma* 사례도 있었다. 뉴모시스티스원충은 곰팡이의 한 종류로 알려져 있는데, 면역 부전 환자의 폐에서 서식하여 마른 기침과 고열을 동반한 폐렴을 일으킨다. 카포시 육종은 혈관벽에 생기는 악성 암이다. 특징적이게도 피부와 점막에 검붉은 반점이 나타나고 간혹 폐와 장에도 나타난다.

1981년 6월 5일 이들 사례는 미국 질병통제센터Center for Disease Control : CDC가 처음으로 보고했다. 이들 사례는 모두 원인 불명의 면역 결핍증과 관련되어 있었다. 이 때문에 '후천성면역결핍증'acquired immunodeficiency syndrome : AIDS ■이라는 이름이 붙여졌다. 단 2년 만에 병원균이 레트로바이러스retrovirus로 밝혀졌다. 곧 레트로바이러스는 질병 이름과 마찬가지로 '사람면역결핍증바이러스'Human Immunodeficiency Virus : HIV ■라는 이름이 주어졌다. 몇 년 후 연구자들은 이 바이러스와 유사한 두 번째 바이러스를 찾아냈다. 이 바이러스는 대부분 아프리카 서부 지역의 환자들에게서 발견되었다. 그 후 이 두 바이러스 중 첫 번째 바이러스는 제1형 HIV(HIV-1)으로, 나중에 아프리카에서 발견된 바이러스는 제2형 HIV(HIV-2)으로 분류했다. HIV-1은 HIV-2보다 훨씬 더 독성이 강하다는 것이 입증되었다.

그 후 수년이 지나면서 AIDS와 HIV에 대해 많은 사실이 추가적으로 밝혀졌다. 이 짧은 기간 동안 질병과 특정 병원균에 대하여 얻은 방대한 정보는 이전 그 어떤 병원균에서도 유례를 찾아볼 수 없었다. HIV가 AIDS를 일으키는 병원균이라는 사실은 의심할 바 없다. 이 질병의 병증 소견은 다소 묘사하기가 어렵다. 이름에서 알 수 있듯이, 이 질병은 면역체계의 결핍에 원인이 있다. 대부분의 환자들은 다른 질병으로 사망한다. 선진국에서 사망 원인의 대부분은 칸디다candida, 크립토코쿠스cryptococcus, 뉴모시스티스pneumocystis 등의 곰팡이 같은 기회 감염균에 의해서이다. 발전도상국의 경우

AIDS 환자의 사망 원인으로 결핵이 우선 추가로 포함된다. 많은 경우 AIDS 환자에게 결핵 감염은 치명적이다. AIDS와 결핵 사이의 치명적인 만남에 대해서는 나중에 별도로 다룰 것이다.(「새로운 전염병 연대기: HIV와 AIDS」 참조)

현재 상황

현재 약 3000만 내지 4000만 명이 HIV를 보균한 채 살아가고 있다. 2006년에만 400만 내지 500만 명이 HIV에 감염되었다. 25년 전, 이 질병이 처음 보고된 이후 HIV에 감염되어 사망한 사람은 2500만 명에 이른다. 믿을 수 없는 규모의 대유행이 발생했고, 이 유행의 끝은 어디에도 보이지 않는다.

전 세계를 막론하고 HIV 보균자 수가 증가하고 있다. 특히 동유럽과 동아시아, 그리고 중앙아시아에서 급속하게 증가하고 있다. 인도에서는 400만 명, 중국과 러시아에서 각각 100만 명이 HIV 보균자로 추산된다.

현재 중국과 러시아에서 발생하고 있는 HIV 감염의 유행은 마약 중독자 사이에서 시작되었고, (특히 중국) 고위험성 성행위에 의해 발생이 증가되었다. HIV 감염은 여성(특히 중국, 러시아, 인도 지역 매춘부)에서 공통적으로 증가하고 있다. 모스크바에서는 마약중독자의 10퍼센트 이상이 HIV 보균자이다. 인도 뭄바이 시의 경우 매춘부의 절반 이상이 HIV 보균자이다.

그러나 앞서와 같이 가장 심각한 상황은 아프리카 사하라 사막 이

새로운 전염병 연대기: HIV와 AIDS

1945년경: 나중에 밝혀졌지만 HIV가 침팬지에서 사람으로 전염되다.

1959년: 현 콩고 지역의 한 남성의 혈액에서 HIV가 검출되다.

1981년: 미국에서 동성애자 남성과 마약중독자 사이에서 첫 AIDS 환자가 보고되다.

1982년: AIDS 임상 소견이 정립되고 전염 경로가 밝혀지다.

1983년: 프랑스의 바이러스 학자 뤽 몽타니에(Luc Montagnier) 박사(2008년 노벨 생리 · 의학상 수상)가 환자에게서 나중에 HIV로 밝혀진 바이러스를 분리하다. 중앙아프리카의 이성애자 사이에서 AIDS 유행의 첫 징후를 발견하다.

1985년: AIDS가 전 세계 문제로 떠오르다. 첫 HIV 검사법이 미국과 유럽에서 개발되다.

1986년: 제2형 사람면역결핍증바이러스(HIV-2)가 서부 아프리카 환자의 혈액에서 발견되다.

1987년: AIDS가 유엔 총회에서 처음 토의되다. AIDS 치료제 AZT (아지도티미딘)가 미국에서 승인받다.

1988년: 세계보건기구가 12월 1일을 세계 AIDS의 날로 공표하다. 사하라 이남 지역 아프리카에서 남성만큼 많은 여성이 HIV 에 감염되다.

1990년: 부모의 AIDS 감염 사망으로 100만 명의 어린이가 고아가 되다.

1994년: 산모에게서 아기로의 전염을 예방할 수 있는 가능성을 처음으로 밝히다.

1995년: 동유럽 마약중독자들 사이에 AIDS 발생이 증가하다.

1996년: 브라질이 공중보건시스템을 통하여 항레트로 바이러스 치료법(ART)을 환자에게 제공한 첫 상대적 빈곤국이 되다.

1998년: 39개 제약회사가 남아프리카에서 AIDS 제네릭약(복제약) 판매에 대항하여 소송을 제기하다. 그러나 곧 소송을 철회하다.

2000년: 유엔 새천년발전목표 사업에 AIDS 확산을 방지하는 목표를 수립하다.

2001년: 유엔 총회가 AIDS를 세계 재앙으로 선언하다.

2002년: AIDS, 결핵, 말라리아 퇴치를 위한 국제 기금이 설립되다.

2003년: 조지 W. 부시 미 대통령이 AIDS 퇴치 자금으로 150억 달러 원조를 약속하다.

2005년: 발전도상국과 신흥산업국 거주 130만 명이 AIDS 치료를 받다.

2006년: HIV 보균자 4000만 명, 사망자 2500만 명이 발생하다.

2007년: 4개 카테고리 21개 치료약이 AIDS 치료로 승인받다. 선진국에서 내성 바이러스 문제가 증가하다.

남 지역에서 벌어지고 있다. 전 세계 HIV 보균자의 2/3가 이 지역에 살고 있고, 전체 사망자의 3/4이 이 지역의 AIDS 환자이다. HIV/AIDS로 인해 이 지역의 기대수명이 줄었다. 오늘 보츠와나에서 태어난 아이의 기대수명은 채 서른 살이 되지 않는다.

그림 8은 HIV/AIDS 보균자 수를, 그림 9는 신규 감염자 수를, 그리고 그림 10은 2007년 전 세계 AIDS 사망자 수를 나타낸다.

반대로 독일은 AIDS 문제를 어느 정도 통제하고 있다. 2007년 공중보건당국은 2,700건의 신규 HIV 보균자 수를 보고했다. 이것은 질병통계 기록이 시작된 이래로 가장 높은 수치이지만, 증가분의 대부분은 통계의 정확성이 높아진 결과이고 검사 방법이 훨씬 단순화되었기 때문이었다. 2006년 총 620명의 HIV 보균자가 AIDS 증상을 보였고, 약 600명이 AIDS로 사망했다. 현재 독일에서 약 5만 6000명이 HIV 보균자로 살아가고 있다. 이 수치는 높아 보이지만, 예전에 비해 훨씬 효과적인 치료약 덕분에 많은 보균자가 정상적인 생활을 하고 있다. 미국에서는 2001년 약 1만 8000명에서 2005년 1만 9600명으로 신규 HIV 보균자 수가 증가했는데, 이는 콘돔을 착용하지 않고 성행위를 하는 남성들 사이에서였다. 영국에서 2001년과 2006년 사이에 신규 HIV 보균자 수가 두 배 증가했다. AIDS 치료는 가능하지만, 아직까지 완치(몸속 바이러스 완전 제거)는 어렵다. 그러므로 감염자 수는 계속 늘어날 것이다. 약물의 부작용은 상당하고 환자는 다양한 증상을 견뎌내야 한다. 게다가 약제 내성 바이러스의 전염은 증가 추세에 있어 치료를 더욱 어렵게 하고 있다.

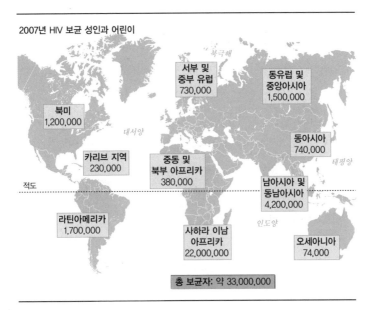

2007년 HIV 보균 성인과 어린이

서부 및
중부 유럽
730,000

동유럽 및
중앙아시아
1,500,000

북미
1,200,000

동아시아
740,000

카리브 지역
230,000

중동 및
북부 아프리카
380,000

남아시아 및
동남아시아
4,200,000

라틴아메리카
1,700,000

사하라 이남
아프리카
22,000,000

오세아니아
74,000

총 보균자: 약 33,000,000

그림 8 2007년 HIV 보균 성인과 어린이(출처 UNAIDS, 2008)

2007년 세계보건기구와 유엔에이즈전담기구UNAIDS는 새로운 방법으로 AIDS 환자 수를 산출하여 정정·발표했다. 따라서 신규 HIV 보균자 수는 대략 270만 명(180~410만 명)이고 2007년 HIV 보균자 수는 3300만 명(3060~3610만 명)으로 추산했다. 이 수치는 이전 수치보다 낮다. 이것은 정확한 수치를 산출하는 데 어려움이 있다는 것을 말해 준다. HIV/AIDS에 대한 경각심을 고취하려는 단체들에 의해 감염자 비율은 과장될 수도 있고, 대중의 관심을 최소화하려는 정부 당국에 의해 과소평가될 수도 있다.

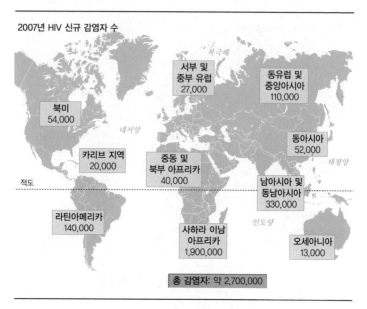

그림 9 2007년 HIV 신규 감염 성인과 어린이(출처 UNAIDS, 2008)

바이러스의 온갖 회피 수단

HIV의 교활함은 주로 바이러스의 세 가지 특성에 기인한다.

1. HIV 바이러스는 CD4 Th세포를 공격한다. 일단 CD4 Th세포가 제거되면 전체 면역체계가 붕괴된다. Th세포는 면역체계의 중심이고 CD8 Tk세포, 대식세포(세균, 바이러스, 곰팡이, 기생충 제거), B세포(항체 생산) 등 모든 면역 작용에 관여한다.

2. 바이러스는 환자 몸에서 끊임없이 변이가 일어나 바이러스 자

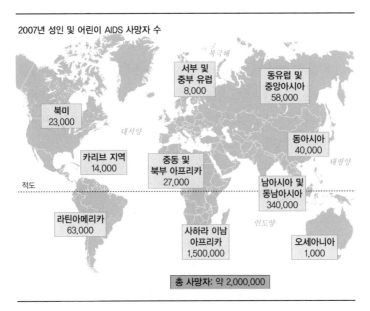

그림 10 2007년 AIDS로 사망한 성인과 어린이(출처 UNAIDS,2008)

신의 모습을 바꾼다. 이러한 능력의 비밀은 바이러스 생산(복제) 도구가 실수를 자주 일으키기 때문에 비롯된다. 레트로 바이러스이기 때문에, HIV는 세포에서 DNA 형태로 전사되어야 하는 RNA 형태로 유전정보를 담고 있다. RNA에서 DNA로의 전사는 매우 부정확하게 일어난다. 덧붙여, HIV 바이러스 자체가 매우 빠르게 복제되기 때문에 돌연변이는 계속해서 일어나고 이런 방법으로 숙주 면역 반응을 계속해서 회피할 수 있다. 돌연변이율이 높기 때문에, HIV가 약제 저항성을 나타낼 가능성은 다른 어느 병원균보다 훨씬 높다.

3. 바이러스의 유전정보는 프로바이러스provirus 형태로 숙주세포 게놈 안에 통합된다.(세포 유전자 사이에 바이러스 유전자가 끼어 있다.) 이러한 방법으로 바이러스는 숙주세포에서 오랜 기간 수명을 유지하면서 세포 내에서 살 수 있게 되고, 심지어 효과적인 항바이러스 치료제가 있다 하더라도 신체에서 프로바이러스를 완전하게 없애지는 못한다.

바이러스 자체는 질환을 유발하지 않는다

CD4 Th세포가 HIV 감염에서 중요한 역할을 하므로, 이들 세포 수는 HIV 감염의 병증 경과를 결정하는 데 중요하다. 건강해 보이는 감염자에게서, 이들 세포는 혈액 밀리리터당 1,000개 이상 존재한다. 그러나 병증이 심각할수록 그 수치는 계속해서 떨어진다. 간단히 말하면, 이 질병은 4단계로 구분할 수 있다. 급성기의 경우, 바이러스에 감염된 후 며칠 내 대다수 감염자들은 (증상이 없어) 감염 사실 자체를 거의 알아차리지 못하지만 일부 감염자는 전반적으로 힘이 없고, 열이 나며, 림프절이 붓는다. 병증을 나타내는 감염자의 대다수는 설사를 하거나, 음식을 잘 삼키지 못한다. 이런 증상 때문에 의사를 찾는 사람들은 극히 드물다. 만약 병원을 찾았다 하더라도 자신이 HIV에 걸렸다고 생각하지는 않을 것이다. 그다음 당분간 증상은 진정될 것이다. 이 무증상 단계에서는 HIV 보균자라 하더라도 병증이 나타나지 않고 지나간다. 다음에 만성 감염 단계로 넘어간다. 여기서 감염 환자는 종종 몸이 좋지 않다고 느낀다. 피부나 점막이 달라졌다고 느낀다. 감염 환자들은 위장장애를 일으키고, 감염 환자 대다수는 신경 질환을 보인다. 마지막으로 기회 감염균과 부닥칠 때 AIDS 증상이 나타난다. 이 단계에서 건강한 사람에게는 문제를 일으키지 않는 미생물이 HIV 감염 환자에게는 생명을 위협하는 병원균으로 둔갑한다. CD4 Th세포의 농도 수치는 혈액 밀리리터당 200개 이하로 떨어지고, 다른 미생물의 추가 감염이 일어날 때, 감염 환자는 심각한 AIDS로 고통을 받는다.

바이러스 감염 경로와 차단 방법

초등학교에서는 AIDS가 체액을 통하여 전염된다고 가르친다. 가장 중요한 전염 경로는 성관계를 통해서이다. 항문이나 질내 삽입과 같이 피를 흘리며 성관계를 할 때 특히 위험하다. 생식기 점막의 손상을 유발하는 성병에 감염된 경우라면 더욱더 그러하다. 달리 말하면 체액, 특히 혈액이 뒤섞이지 않는 성적 접촉의 경우, HIV 감염 위험성은 없다.

콘돔을 올바르게 사용한다면 HIV 전염을 80~90퍼센트 확실하게 예방할 수 있다. 콘돔 사용은 다른 성병에서도 마찬가지이다. 태국 방역당국은 1993년에서 2000년 사이 콘돔 사용 캠페인으로 약 20만 명이 HIV 감염을 예방할 수 있었다고 평가했다.

그러나 AIDS 예방에서 콘돔 사용이 성공하기 위해서는 사람들 사이에서 폭넓은 공감대가 형성되어야 한다. 이 관점에서, 특히 아프리카 사하라 사막 이남 지역에서 엄청난 교육과 설득 작업이 이루어질 필요가 있다. 콘돔을 착용하는 데 장애물은 특히 남자이다. 여성들이 남자들에게만 의지하지 않고 솔선수범하여 보호 대책을 강구할 수 있다면 훨씬 더 개선될 것이다. 질 안에서 바이러스를 죽일 수 있는 겔 제품은 HIV 감염 예방에 희망적이다. 그러나 불행하게도 그런 항미생물 겔 제품에 대한 대규모 임상 실험은 낭패로 판명되었다. 그 임상 실험에서 겔 제품을 사용한 여성이 그렇지 않은 여성보다 HIV에 더 많이 감염되었다. 이 결과에도 불구하고, 이러한 접근법으로 많은 연구가 이루어져야 한다. 여성과 성관계를 하는 동안 HIV에 감염된 남성의 수는, 포경수술을 한 남성이 포경인 남성의 절반밖에 되지 않았다는 연구가 흥미롭다. 아마도 포경인 경우 음경 포피에 있는 면역 세포에 HIV가 축적되기 때문이 아닌가 싶다.

두 번째, 마약중독자들이 오염된 주사기를 사용함으로써, 병원의 비위생적인 환경과 수혈을 통해서 혈액과 접촉하는 과정에서 HIV가 전염된다. 혈관 주사하는 마약중독자들에게 깨끗한 주사기를 제공하는 것은 이 질병의 확산을 줄이는 데 기여할 것이다. 동유럽과 아시아에서 AIDS의 확산은 혈관 주사하는 마약중독자들이 주사기를 재사용하고 서로 같이 사용하는 것이 보편화되면서 시작되었다. 중국에서 약 절반이, 동유럽에서 절반이 훨씬 넘는 HIV 보균자들이 이런 방법으로 질병에 걸렸다.

주사 도구의 재사용은 세계 곳곳 많은 병원에서 여전히 행해지고 있다. 가끔 어린아이들이 희생자가 된다. 이런 종류의 끔찍한 위생 환경은 리비아 해안 도시 벵가지 항에 있는 아동 병원에서 HIV 감염 발생의 원인이 되었다. 그 병원에서 400명 이상의 어린아이가 HIV에 감염되었고, 이 중 쉰여섯 명은 AIDS로 사망했다. 2004년 5월, 리비아 법정은 기괴한 추론을 근거로 그 병원에서 일하고 있는 다섯 명의 불가리아인 의료진과 한 명의 팔레스타인인 의사에게 어린이들을 고의로 HIV에 걸리게 하여 사망에 이르게 했다고 종신형을 선고했다. 나중에 피고인들은 불가리아로 돌아갔고 거기서 종신형은 즉시 감형되어 자유인이 되었다.

그러므로 혈액제의 수혈 안전성은 이들 나라에서 문젯거리임이 틀림없다. 서부 유럽과 미국에서, 미리 정해진 검사와 예방책으로 수혈과 유사한 방법을 통한 HIV 감염 가능성은 대체로 희박하다.

바이러스 공격

지금 AIDS는 치료 가능하나 완치는 어렵다. 많은 항바이러스제로 구성된 병용 요법은 바이러스 복제를 효과적으로 억제할 수는 있지만 바이러스 자체를 없앨 수는 없다. 지금은 할 수 있는 한 보다 공격적인 화학요법■인 고활성 항레트로 바이러스 치료법 HAART■을 선호한다. 최대 5개의 약제를 섞어 만든 항레트로 바이러스 치료법 ART■은 AIDS 환자의 증상을 완화해 주고 저항 바이러스의 출현을 막아준다.(심한 부작용은 감수해야 한다.)

발전도상국에서, AIDS 환자의 '보편적 치료'라는 목표는 문화 장벽과 무엇보다도 비싼 약값 때문에 이루기 어렵다. 현재 발전도상국에서 아프리카 100만 명을 포함해서 200만 명도 되지 않는 사람만

이 ART 치료를 받고 있다. 그림 11은 2007년 아프리카 사하라 이남 지역에서 ART 치료를 받은 HIV/AIDS 환자의 비율을 보여준다. 아무것도 변하지 않는다면 발전도상국에서 수백만 명의 AIDS 환자들은 단지 약이 없다는 이유로 수년 내 사망할 것이다.

한편, AIDS 치료요법의 부작용은 상당하고, 환자들이 치료를 받을수록 저항 바이러스 출현이 잦다. 이러한 위험은 HIV 보균 산모에게서 태어나 HIV를 보균하고 있는 신생아에게서 특히 두드러진다. 이러한 바이러스는 치료하기가 매우 어려울 뿐 아니라 불가능하기까지 하다.

예를 들면, 2004년 뉴욕에서 20개 약제 중 19개 약제에 저항성이 있는 바이러스가 출현했다. 신문 기사에 실린 한 40대 중반의 남성은 콘돔을 사용하지 않고 항문 섹스를 하다가 HIV에 감염되었으며, 감염 후 수주일 내에 심각하게 질환을 앓았다.

단계별 감염 봉쇄

대사 과정 단계별 세균을 공격하는 항생제처럼, HIV/AIDS 치료제도 복제 과정 단계별로 바이러스를 공격한다. 예를 들면, 바이러스 유전자 복제는 인공 유전물질을 사용하여 차단할 수 있다. 그래서 뉴클레오사이드nucleoside 유사체를 사용하여 역전사 효소(바이러스 RNA를 DNA로 바꾸어주는 효소)의 작용을 차단할 수 있다. 이 종류의 치료약으로 지도부딘Zidovudine으로 알려져 있는 아지도티미딘 azidothymidine; AZT이 있다. 뉴클레오사이드 유사체는 아니지만, 네

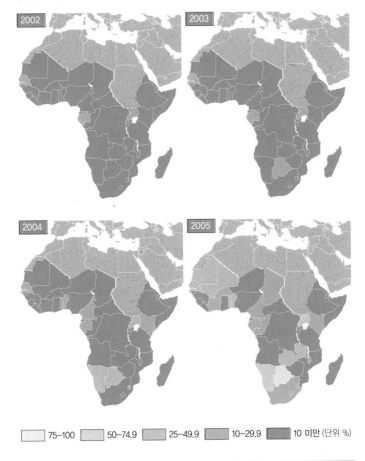

항레트로 바이러스 치료 현황

2002 2003 2004 2005

75–100   50–74.9   25–49.9   10–29.9   10 미만 (단위 %)

그림 11 2007년 아프리카 지역의 AIDS 치료 환자 수
2007년 세계 각 지역에서 항레트로 바이러스 치료를 받은 사람과 치료를 필요로 하는 사람 대비
치료받은 사람 수 비율(출처 WHO/UNAIDS/UNICEF, 2008)

비라핀Nevirapine도 역전사 효소의 작용을 저해함으로써 약효를 발휘한다. 단백질 분해 효소 저해제는 단백질 수준에서 바이러스를 공격한다. 즉 바이러스가 감염력을 획득하는 데 필수적인 HIV 고분자 단백질의 분절 작용을 저해한다. 사퀴나비르Saquinavir가 이 종류에 속하는 항바이러스제이다.

바이러스 입자와 숙주세포 표면 간 융합이 일어나면서 이루어지는 바이러스 침투 과정을 적절한 약으로 차단할 수 있다. 엔푸비르티드Enfuvirtide가 융합 저해 약제이다.

그리고 바이러스는 자신의 유전자를 세포 게놈에 통합시키는 데 관여하는 효소인 인테그라제integrase 작용을 방해하는 약제에 대한 임상 연구도 가망성이 있어 보인다. 랄테그라비르Raltegravir가 인테그라제 저해약이다.

비용 문제

발전도상국에서 환자들이 치료약을 구입하는 데 어떻게 그 비용을 감당하고, 제약회사들이 치료약 공급에 어떤 역할을 할 수 있을까 하는 문제는, 특히 AIDS와 관련하여 일반 대중의 상당한 관심을 불러일으켰다. 관심을 가진 결과 '제네릭'(복제약)이라는 용어에 익숙하게 되었다. 제네릭은 상표가 붙은 약(특허약)보다 저렴하게 복제한 약이다.

지금까지 발전도상국에서 치료 중에 있는 AIDS 환자의 절반에 해당하는 약 30만 명이 값싼 제네릭을 제공받아 왔다. 2001년 이후 인도 제네릭 제조회사는 AIDS 치료약을 생산하고 있으며, 그것을 판매용으로 대기업 제약회사보다 저렴하게 내놓았다. 거대 제약회사의 특허약을 구입하는 데 환자당 연간 1만 5000~2만 달러의 비용이 든다. 반면 제네릭은 환자당 연간 500달러 이하밖에 들지 않는다. 중요하게도, 영세 제약회사들은 특허권을 가진 원 개발자와 상관없이 여러 성분을 조합하여 효능이 좋은 합제를 만들어내기도 한다. 거대 제약회사들이 불쾌하다는 것은 놀랄 일이 아니다. 이들 회사는 세계무역기구를 통하여 선진국의 특허권을 침해받지 않도록 법을 강화하라고 인도 정부에 강한 압력을 넣었다. 동시에, 39개 제약회사들의 그룹은 AIDS 치료약의 특허권을 보호하고 저렴한 가격에 판매되는 것을 방지할 목적으로 남아연방 정부에 소송을 제기했다.(나중에 소송을 취하했다.)

태어나면서 심한 병을 앓다

분만 시에 혈액이 산모와 신생아 사이에 흐르기 때문에 HIV 보균 산모는 신생아에게 HIV를 감염시킬 위험이 매우 높다. HIV 보균 산모가 적절한 약물 치료를 받거나, 제왕절개로 분만을 하거나, 모유보다 우유를 먹이는 등의 조치를 취하면 대부분의 경우 HIV 전염이 차단된다. 선진국에서는 이런 조치를 취하여 신생아에게 HIV가 전염되는 위험을 30~40퍼센트에서 2~3퍼센트로 줄였다. 반대로 발전도상국에서 이 상황은 여전히 비극적이다. HIV 보균 산모 열 명당 한 명 이하만이 이런 예방 조치를 받을 기회를 가진다. 태어나면서 HIV에 감염된 신생아의 3분의 1은 채 다섯 살이 되지 않아 사망한다. 거의 대부분은 태어난 다음 해에 죽는다. 심각한 질환에 대처해야 하는 것뿐 아니라, 생존한 아이들은 얼마 되지 않아 (AIDS로) 부모를 잃어 고아가 되거나 한쪽 부모를 잃고 살아간다.

예방접종

HIV/AIDS 백신을 개발하려는 시도가 수년간 이어지고 있지만, 지금까지의 결과들은 모두 실망스럽다. 백신 개발은 기본적으로 세 가지 접근 방식으로 이루어지고 있다.

1. 항체 생성을 촉진시키는 백신: 이상적이지만, 백신 접종으로 면역력을 가진 사람들은 항체(중화 항체)를 가지고 있어서 감염 부위에서 HIV 감염이 일어나는 것을 예방할 수 있을 것이다. 이것이 가능하려면, 페니스(음경), 직장, 질 점막에 고농도의 항체가 존재해야 한다. 그러나 지금까지 시도한 백신 임상 실험은 중화 항체를 유도하는 데 실패했다. 이 문제의 해결이 쉽지 않다는 것을 말해 준다.

2. 세포성 면역반응(특히 Tk세포)을 자극하는 백신: 이 전략은 적절한 벡터 체계에 HIV 항원을 주입하여 Tk세포 반응을 효과적으로 유도하는 접근 방식이다. 이런 종류의 백신의 경우 Tk세포는 HIV를 완전하게 제거하지는 못하지만 HIV 농도를 아주 낮게 유지해 준다. 백신 예방 효과가 장기간 유지될지 여부는 확실하지 않다. HIV는 면역체계 통제 센터인 CD4 Th세포를 억제하기 때문이다.

이 백신의 경우 바이러스의 놀라운 변신 능력 때문에 곧바로 바이러스가 면역반응을 회피하고 들키지 않으면서 증식할 문제점이 있다. 확실하든 불확실하든, 현재까지 이러한 백신을 가지고 수행한 임상 실험 결과는 낙관적인 실마리를 거의 주지 못했다. 안전성이나 효능이 충분하지 않았기 때문에 대규모 백신 임상 실험은 중단되었다.

3. 광범위한 세포성 면역과 체액성 면역을 자극하는 백신: 앞에서 언급한 두 가지 형태의 백신은 결과가 좋지 않았다. 따라서 지금은 중화 항체 생성과 Tk세포 반응을 동시에 유도하고, 최대한 넓은 범위의 바이러스를 감당할 수 있는 벡터 시스템을 개발하려고 시도하고 있다. 중화 항체를 찾아내기 위해 구조생물학과 펩티드 화학 분야에서 최근의 연구 결과를 활용하여 감염 시 항체가 인식하는 HIV 구조 부위를 찾아내고 있다. Tk세포를 자극하는 시도는 매우 효과 있고 매우 광범위한 T세포 반응을 유도하는 것으로 알려진 바이러스 벡터에 기초한다. 마지막으로, 예방접종 세부 일정에 따라 백신의 예방 효능을 향상시키려는 시도 또한 이루어지고 있다. 예를 들면, 일차 접종과 보강 접종 면역에 사용한 백신은 벡터 체계가 서로 다른 백신을 사용한다. 물론 벡터 체계는 달라도 항원은 동일한 것으로 사용한다. 그러나 그러한 접근 시간과 비용이 많이 들고, 심지어 HIV의 지속적인 돌연변이로 인해 더 어려워질 수도 있다. 아무리 낙관적인 전문가라도 10년 이내에 AIDS 백신이 개발될 것이라고는 믿지 않는다.

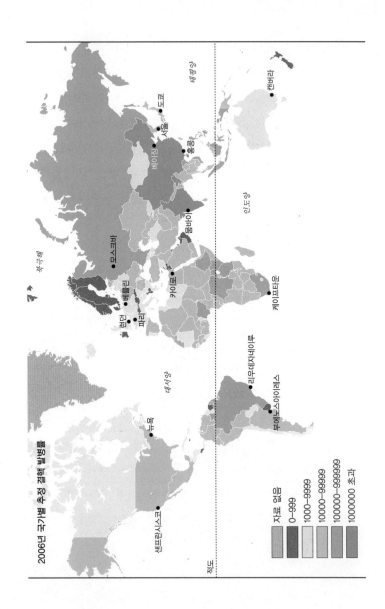

2006년 국가별 추정 결핵 발병률

자료 없음
0-999
1000-9999
10000-99999
100000-999999
1000000 초과

샌프란시스코
뉴욕
런던
파리
베를린
모스크바
도쿄
서울
베이징
홍콩
캔버라
카이로
뭄바이
케이프타운
리우데자네이루
부에노스아이레스

태평양
인도양
대서양
북극해
적도

156

결핵: 폐결핵

총론

결핵은 전염병 중 가장 끈질긴 질병이다. 결핵이 근절되었다고 수없이 선언했지만 그러다 다시 출현했고, 게다가 훨씬 더 강하게 나타났다. 전례 없이 많은 사람이 결핵으로 죽어가고 있다. 심지어 HIV/AIDS 환자는 결핵균에 훨씬 취약하다. 수치는 정말 끔찍하다. 지구상에서 세 명 중 한 명(약 20억 명)이 결핵균에 감염되어 있다.

감염자 중 1500만 명은 결핵 증상을 앓고 있으며, 매년 900만 명의 신규 결핵 환자가 발생한다. 매년 약 200만 명이 결핵으로 사망한다. 좀 더 냉혹하게 말하면, 매일 2만 5000명이 결핵에 걸리고 6,000명(15초마다 한 명)이 결핵으로 사망한다.

결핵 발병률이 가장 높은 나라는 인도이다. 결핵 신고 환자만 약 110만 명이고 추산하기로는 약 500만 명이다. 결핵 환자가 그다음으로 많은 나라는 중국이다. 결핵 신고 환자만 약 50만 명이고, 추산 환자 수는 이보다 세 배는 많다. 그러나 가장 심각한 지역은 아프리카이다. 전체 약 10억 명 중 250만 명이 결핵에 감염되어 있다. 전 세계 결핵 환자 수는 그림 12에서 보는 바와 같다.

결핵균이 점점 더 강하게 약제 내성을 나타내고 있기 때문에 상황

그림 12 2006년 전 세계 결핵 추정 발병률
10만 명당 새로운 결핵(모든 결핵 유형 포함) 발생 건수(출처 세계보건기구, 2008)

은 점점 더 악화되고 있다. 지금 가장 좋은 약이 효능을 보이지 못하는 다제 내성 결핵MDR-TB이 있고, 현재 사용하고 있는 어떤 결핵약도 거의 듣지 않는 광범위 내성 결핵XDR-TB도 있다. 지금 MDR-TB 환자가 약 5000만 명인데, 매년 새로 50만 명씩 늘어나고 있다. 1993년 세계보건기구가 이 문제를 인지하고 결핵을 세계 긴급 현안으로 선언했다. 하지만 때는 이미 너무 늦었다. 이 질병은 새천년 시기에 우리를 한가하게 놔두지 않는다. 지금 당장 결정적인 돌파구를 마련하지 않는다면, 1억여 명이 결핵으로 앓아누울 것이다. 이번 세기의 첫 10년 동안에만 2000만 명이 결핵으로 사망할 것이다.

결핵의 역사: 수천 년간 이어온 공포

결핵에 대한 최초의 증거는 기원전 5000년 선으로 거슬러 올라간다. 결핵의 증거는 이집트 미라(BC 2400년경)에도 명백하게 나타나 있다. 심지어 일부 미라에서는 유전자 검사로 결핵균이 검출되기도 했다. 성경과 수천 년 전의 인도와 중국 문헌에 따르면, 수천 년간 결핵이 공포의 대상이었다는 사실을 분명하게 알 수 있다. 결핵은 처음으로 히포크라테스 전집Hippocratic Corpus 제1권과 제3권에 자세하게 묘사되어 있다. 이 책은 고대 그리스 철학자이자 내과 의사인 히포크라테스(BC 460~370)가 중심이 되어 씌어진 의학 서적이다. 여기에서 '쇠약'이라는 의미의 'phthisis'가 결핵을 지칭하는 용어로 처음 사용되었다.

『프로블레마타』Problemata에서, 고대 그리스 철학자 아리스토텔레스(BC 384~322)는 결핵이 어떻게 전염되는지에 대한 문제를 고찰했다. '쇠약, 안구염 또는 마른버짐에 걸린 사람과 접촉하면 왜 똑같은 질환에 걸리는가?' 르네상스 시대 전염병에 관한 대학자인 지롤라모 프라카스토로Girolamo Fracastoro(1478~1553)도 결핵이 전염되는 방식에 대해 비슷하게 예견했다. 전염 후 오랜 기간(일부의 경우 수년)이 지난 후에야 결핵 증상이 나타난다고 지적한 부분은 주목할 만하다. 확실하게 프라카스토로는 질병의 전염성과 사람 내부의 질병 감수성을 중요한 인자로 인식했다. 그리고 영국과 프랑스의 왕이 순전히 자신의 힘을 확신하고 백성들에게 존경을 받기 위하여, 결핵을 치료하는 방법으로 '로열 터치'royal touch라는 안수식을 거행했던 시절에도 그랬다. 1662년과 1682년 사이 영국 왕 찰스 2세는 백성 9만여 명에게 결핵을 치료하기 위하여 안수식을 거행했다고 알려져 있다. 유사하게도, 열 살밖에 안 된 프랑스의 루이 13세는 자신의 대관식에 즈음하여 결핵에 걸린 백성 800명에게 자비를 베풀었다. 그러나 루이 13세의 축복은 효험이 없었고, 자신도 결핵에 걸렸다.

연주창과 폐결핵: 동일 질병이지만 다른 증상

결핵은 단순히 결핵이 아니다. 한편에서는 낭만주의 시대의 이교와 같은 지위가 부여된, 저 세상의 일처럼 보이는 폐결핵consumption이 있었다. 다른 한편에서는 목 부위에 염증이 생기고 림프절에 궤양이 생기는 연주창scrofula이라는 혐오스러운 결핵이 있었다. 지금은 거의 드문 전염 경로, 즉 오염된 식품이나 물, 대부분의 경우 결핵에 감염된 소에서 짜낸 우유를 마심으로써 전염된다. 우유 살균법이 도입되고 결핵에 감염되지 않은 소를 사육함으로써 선진국에서는 대부분 사라졌다. 일부 국가에서는 여전히 발생하고 있다.(「남아프리카 사자에서의 결핵 유행」 참조)

반대로, 폐결핵은 지금도 매우 흔하게 발생한다. 환자는 만성적으로 열이 나고 밤에 식은땀을 흘리며 기침을 하는데, 나중에는 가래에 피가 섞여 나온다. 신체의 모든 장기에 걸리지만, 가장 흔하게 걸리는 부위는 폐(허파)이다. 병원균은 기침이나 객담을 통해 배출되어 비말 형태로 공기 중에 떠다니다가 다른 사람에게 옮겨간다. 활동성 결핵을 앓고 있는 환자 한 명이 이런 방법으로 연평균 열 명 내지 열다섯 명에게 전염시킨다.

감염과 질환

결핵균은 독일의 내과 의사이자 과학자인 로베르트 코흐Robert Koch(1843~1910)가 처음 발견했다. 코흐가 살던 시절에는 베를린·파리·런던 그리고 기타 유럽 도시의 전체 사망자 3분의 1이 결핵으로 사망했다. 코흐는 투베르쿨린 결핵 검사법을 창안했다. 이 방법에서, 결핵균 산물 PPD를 피부에 접종한 후 나타나는 불그스레한 큰 덩어리가 생기면 결핵균에 감염되었거나 예방접종으로 면역이 잘 형성되어 있다고 판단했다.

이 방법으로 집단 검사를 실시하여, 전 세계 20억 명의 결핵균 감염자를 찾아냈다. 일부 동유럽 국가, 동남아시아, 확실하게 아프리

남아프리카 사자에서의 결핵 유행

아프리카에서 받았던 가장 인상 깊은 것 중 하나가 크루거 국립공원에 있는 사파리이다. 특히 국립공원 남부 지역에서, 관광객은 햇볕을 쬐고 있는 사자를 볼 수 있는 행운을 누린다. 이들 육식동물이 먹잇감을 사냥하는 모습을 보는 것은 아주 흥미롭다. 1998년 12월, 우리는 처음으로 이상하게 걷는 사자 한 마리를 목격했다. 그 사자는 너무 말라서 뼈만 앙상하게 남아 있었다. 사자는 무관심한 듯 우리 앞에서 아주 천천히 어슬렁거렸다. 이 사자는 결핵에 감염되어 죽게 될 것이고, 이런 사자들이 공원 남부 지역에는 수없이 많다고 한다. 그 후 크루거 국립공원 남부 지역 사자의 80퍼센트가 소 결핵에 걸렸다.

소 결핵은, 특히 18세기 초 백인 이민자들이 들여온 소 떼와 함께 남아프리카로 유입된 것 같다. 1960년대 초 소 떼와 크루거 국립공원의 야생 버펄로 무리 간에 반복적인 접촉이 있었다. 버펄로는 사람에게 전염되는 것과 같이 공기 전염을 통해 결핵에 걸렸다. 국립공원이 펜스(울타리)를 칠 때까지, 결핵은 버펄로 사이에 서서히 퍼져나갔다. 그리고 감염된 대부분의 버펄로는 사람처럼 결코 병증을 나타내지 않았다. 이 이유 때문에 정확히, 크루거 국립공원의 남부에 있는 버펄로 무리들은 소 결핵균을 엄청나게 많이 보유한 자연 숙주가 되었다. 극히 일부에 불과했지만 이 질병으로 버펄로가 죽었다. 그러나 결핵은, 특히 건기에 버펄로를 약하게 만들었다.

그다음 먹이사슬의 한 단계 위로 결핵이 옮아갔다. 사자들은 사냥할 때 불필요한 노력을 들이지 않고 가끔 병들고 허약한 버펄로를 먹잇 감으로 선택한다. 우두머리 사자는 사체의 가장 먹고 싶은 부위를 먹 잇감으로 취한다. 이 부위에는 허파가 포함되어 있다. 허파에는 엄청 나게 많은 결핵균이 들어 있다. 이들 우두머리 사자는 전형적인 위장 관 결핵 증상을 보이며 곧 병을 앓기 시작하고 급속히 쇠약해진다. 우 두머리 사자가 야위어져 감에 따라 사자 무리 구성에도 영향을 끼친 다. 젊은 사자들이 예상보다 빨리 우두머리 자리를 빼앗으려고 시도 하기 때문이다. 크루거 국립공원 관리자들은 사자 무리의 평균 나이 가 급격하게 떨어지고, 성 비율에 큰 변화가 오고, 새끼 숫자가 눈에 띄게 줄어듦을 알아차렸다. 그 결과 결핵이 공원의 전체 생태계를 뒤 집어놓았다.

다른 고양잇과 육식동물인 치타와 표범도 역시 결핵에 감염되었다. 1998년 8월 결핵에 걸려 허약해진 치타 한 마리가 나무 위에 앉아 있 다가 지나가는 관리인을 덮쳐 죽였다. 치타는 너무 허약해서 야생동물 을 사냥할 수 없었기 때문이 (손쉬운 방법을 동원했음에) 틀림없었다. 현재 그 공원에 있는 사자 2,200마리 중 스물다섯 마리가 매년 결핵 에 걸린다. 공원 관리자들은 이 문제를 해결하는 데 손을 놓고 있었다. 유일한 해결책은 공원 남부 지역과 북부 지역을 격리하는 것이다. 문제는 코끼리들이 펜스를 허물고 있다. 그리고 지금 전문가들은 소 결핵이 사람에 노출될 위험에 처해 있을지를 우려한다. 버펄로가 가축 소에게 결핵을 전염시키고 그다음 사람에게 전염시킬 수 있다는 게 시나리오이다. 이것은 남부 아프리카에 사는 수백만 명의 면역 부전 상태의 HIV 보균자에게는 최악의 시나리오이다.

카에서는 인구의 절반 이상이 결핵에 걸려 있었다. 일부 지역에서는 거의 전 인구가 결핵에 걸려 있었다. 이것은 새로운 사실이 아니다. 20세기 초 스위스 취리히에서 많은 사체를 조사한 적이 있는데, 사망한 모든 성인, 심지어 결핵에 걸린 적이 없는 사망자와 다른 원인으로 사망한 사람들의 폐 속에서도 결핵균이 검출되었다. 오늘날 이와 매우 유사한 상황이 아프리카 사하라 이남 지역, 러시아의 교도소, 인도의 도시 빈민가에서 나타나고 있다.(「창살 안의 영안실: 러시아 교도소에서의 결핵」 참조)

예방접종

결핵 백신은 알베르 칼메트Albert Calmette(1863~1933)와 카미유 게랭Camille Guérin(1872~1961)이 개발했다. 아직까지도 그들의 개발 성과에 경의를 표하기 위하여 BCG bacille Calmette-Guérin라는 용어를 사용하고 있다. BCG 백신은 결핵에 걸린 가족에게서 신생아

창살 안의 영안실: 러시아 교도소에서의 결핵

러시아에서 결핵은 교도소라는 자체적인 온상지가 있다. 죄수들은 열악한 위생 조건 아래에서, 즉 좁고 사방이 꽉 막힌 공간에서 살고 있다. 결핵균이 퍼지기에 이상적인 조건이다.

지난 20세기 마지막 10년에, 교도소 투옥자 수가 점점 늘어났다. 주민 10만 명당 죄수의 수가 최대 1,000명(전체 인구의 1퍼센트)에 달했다. 곧 노동수용소와 교도소는 약 100만 명의 수감자들로 가득 찼다. 자유라디오 유럽방송에 따르면 러시아 수감자들은 관 하나 크기인 약 2.5제곱미터의 공간에 수용된다. 이 작은 공간에 수용되어 있는 열 명 중 한 명은 급성 폐결핵을 앓고 있다. 러시아 전체 수감자 중 약 10만 명에 해당하는 수치이다. 이 교도소에서 결핵을 앓고 있는 수감자는 일반적으로 그 집단에 결핵을 퍼뜨린다. 매년 약 30만 명의 새로운 죄수가 교도소에 수감된다. 그리고 포화 상태이기 때문에, 대충 같은 숫자가 출소한다. 이를 기초로 보면 매년 30만 명이 급성 폐결핵에 감염된 채 교도소 문을 통하여 외부 세계로 걸어나간다고 추산할 수 있다. 현재 러시아 형벌 기관에서의 결핵 발병률은 외부 세계 발병률보다 약 40배나 높다.

문제는 다제 내성균의 출현으로 훨씬 복잡해졌다. 현재 교도소 생활을 했던 결핵 환자의 1/4은 다제 내성 결핵(MDR-TB)에 걸려 있다.

아프리카와 다른 지역에서 퍼지고 있는 광범위 내성 결핵(XDR-TB)
이 조만간 나타날 것이 확실하다. 설상가상으로, 러시아에서는 지금
AIDS가 유행하고 있다. 현재 약 3만 5000명의 러시아 수감자는 HIV
에 걸려 있다. 이들 감염자는 결핵에 걸릴 위험이 특히 높다.

를 보호하기 위한 수단으로 개발되었다. 이 백신은 신생아에게 결핵
을 예방할 수 있기 때문에 오늘날에도 여전히 사용되고 있다. 지금
도 약 40억 명이 BCG 백신으로 예방접종을 받는다. 이 백신은 안전
성은 뛰어나지만 성인에게는 예방 효과가 별로 없다. 이 때문에 많
은 연구소에서 과학자들이 지금도 새로운 결핵 백신을 개발하고 있
다. 일부 백신 후보 제품에 대하여 임상 실험을 하고 있다. 세 가지
다른 전략이 있다.

1. 차세대 유전자 변형 BCG 백신: 분자생물학적인 방법을 동원하
여 BCG 성능을 개선하려는 시도가 있다. 한 접근 방법에서는, T세
포가 잘 인식하는 항원을 추가로 BCG 백신에 삽입했다. 다른 접근
방법에서는, Th세포뿐 아니라 Tk세포도 자극하고자 하는 의도로
BCG 백신을 변형시켜서 더 강력한 면역반응을 유도하도록 한다.
신생아가 태어나자마자 BCG 대신에 그런 백신을 접종받을 수 있
다. 판매 승인을 얻기 위하여, 이들 백신은 BCG보다 더 안전하고 더

예방 효과가 좋아야 한다. 현재 두 가지 백신 제품 후보가 임상 실험 중에 있다.

2. 서브유니트 백신: 두 번째는 BCG 접종 후 나타나는 면역반응을 강화하는 전략이다. 이 목적을 달성하기 위하여, 한쪽에서는 서브유니트 백신을 사용하여 T세포를 잘 인식하는 항원을, 다른 한쪽에서는 새로운 면역 보강제를 사용하여 T세포 반응을 강화하는 것이다. 그러한 T세포를 자극하는 면역 보강제는 몇 년 전에 개발되었다. 지금까지 이런 형태의 백신 후보가 BCG만 접종한 것보다 더 효과가 좋다는 것을 보여주지 못했다. 그러나 BCG를 접종한 후 그런 백신을 접종했을 때 BCG에 의한 예방 효과를 향상시킬 수 있다. 이 전략은 '이종항원 일차/보강 면역법'heterologous prime-boost immunization으로 알려져 있다. 이런 종류의 많은 서브유니트 백신 후보들이 임상 실험 단계에 있다.

3. 새로운 백신 후보 제품의 병용: 앞에서 언급한 두 가지 예방접종법을 병용한 전략도 가능하다. 가장 좋은 결과는 아마도 새롭게 개선된 BCG 백신을 일차로 접종하고 서브유니트 백신을 보강 접종하는 것이다. 그러나 이 효과를 알아보는 유일한 수단은 광범위한 임상 실험을 통해서이다. 각 개별 백신 후보 제품을 먼저 테스트하고, 그다음에 병용하는 방법을 테스트해야 할 필요가 있다. 결핵에 대한 새로운 면역요법은 최소한 향후 10년 이내 나올 것 같지 않다.

화학요법과 내성 발현

결핵은 치료가 가능하다. 그러나 치료는 단순하지 않다. 결핵균은 매우 서서히 증식한다. 활동성 결핵에서는 결핵균 수가 엄청나다. 활동성 결핵을 앓고 있는 환자의 폐에는 결핵균의 수가 무려 1조 이상에 달한다. 통상적인 항생제로는 약효가 없다.

결핵 치료는 전문적인 약제를 요구한다. 최소한 3개, 그리고 대부분의 경우 4개의 결핵 치료약을 6개월 이상 동시에 복용해야 한다. 환자 쪽에서도 치료 순응도compliance 부족이나 약제의 부적절한 사용 때문에 종종 실패하곤 한다. 결핵 치료 효과를 높이기 위하여, 세계보건기구는 DOTS 치료법(단기 직접 관찰 치료)을 권장한다. 이것은 환자가 의료진 또는 준의료진의 감독하에 약제를 복용하는 것을 요한다. 1995년 이후 1500만여 명의 환자들이 DOTS 치료를 받았다. 결핵을 효과적으로 진단하고 내성 결핵균이 드문 곳에서는 이 전략이 성공을 거두었다.

그런데도 장기간의 치료와 치료약의 부작용으로, 상당수 환자들이 조기에 치료를 중단하곤 한다. 이것을 '부적절한 치료 순응도' inadequate compliance라고 한다. 이러한 결과로 다제 내성 결핵MDR-TB의 출현이 증가한다. 다제 내성 결핵 환자는 DOTS 치료마저도 쉽게 실패한다. 무엇보다도, 그러한 환자의 대다수에서 DOTS 치료법은 내성균이 출현할 수 있는 유리한 환경을 만들어준다. 기존의 칵테일 요법이 단일 약제 내성균을 매우 빨리 다제 내성균으로 만들기 때문이다. 일단 이런 것이 생기면, 이차 약제 처방만이 치료에 도움이 된다.

다제 내성 결핵의 발생 빈도는, 특히 치료 경과가 좋지 않았던 환자에게서 놀라울 정도로 증가하고 있다. 가장 높은 다제 내성 결핵 발생 빈도를 보이는 20개국 중 14개국이 유럽이나 중앙아시아에 있다. 카자흐스탄에서는 모든 결핵 환자의 절반 이상이 다제 내성 결핵 환자이다. 그다음이 에스토니아(45퍼센트 이상), 러시아 톰스크 지방(43퍼센트 이상)이다. 선진국에서 약제 내성균은 주로 재정적 문제를 일으키고 있다. 이들 내성균을 치료하는 비용은 감수성 결핵균보다 100~1,000배 이상 비싸다. 비용 증가는 발전도상국의 환자 대부분이 더는 효과적인 치료를 받을 수 없다는 것을 의미한다.

훨씬 심각한 경고음을 울리고 있는 것은 광범위 내성 결핵XDR-TB 의 증가이다. 이 경우 효과적인 치료약이 없어 아무리 부유한 사람이라도 치료를 할 수가 없다. 2008년 초, 광범위 내성 결핵은 46개국에서 확인되었다. 광범위 내성 결핵은 지금 발전도상국뿐 아니라 미국과 많은 유럽 국가에서도 나타나고 있다. 미국에서는 다제 내성 결핵의 4퍼센트가 광범위 내성 결핵이다. 라트비아에서는 다제 내성 결핵의 20퍼센트가 광범위 내성 결핵이다.

세계보건기구는 광범위 내성 결핵에 '날개 달린 에볼라'라는 별명을 붙이고, 조류인플루엔자만큼이나 위험한 병원균으로 간주하고 있다. 2006년 세계는 남아연방 콰줄루나탈 지방에서 HIV 보균자들에게서 광범위 내성 결핵이 발생했을 때의 공포감을 주시하고 있다. 쉰세 명의 결핵 환자 중 쉰두 명이 사망했다. 그 이후 광범위 내성 결핵이 남아연방에서 케냐, 탄자니아, 우간다로 확산되어 공포감을 주고 있다. 이같은 사실은 광범위 내성 결핵 환자를 격리시키는 것이 최선인지에 대한 의문을 불러일으킨다. 2007년 5월 말 미국 질병통제센터CDC는 광범위 내성 결핵으로 추정되는 환자를 격리 조치시켰다. 이는 1963년 천연두 첫 사례 이후 미국에서 이슈가 된 최초의 환자 격리 조치였다.

결핵의 복귀: 놓친 기회의 결과

20세기 말, 결핵이 러시아와 많은 구소련 국가에서 다시 출현했다. 당시 러시아에서만 결핵 환자가 인구 10만 명당 여든다섯 명으로 보고되었다. 카자흐스탄에서는 인구 10만 명당 126명, 키르기스스탄에서는 10만 명당 123명, 조지아에서는 10만 명당 아흔여섯명, 투르크메니스탄에서는 10만 명당 아흔 명이 결핵 환자로 보고되었다. 심지어 현재 EU 회원국인 라트비아에서는 10만 명당 여든 명이상의 결핵 환자가 보고되었다.

이와 동시에, 최근 서방 선진국가들의 도시 빈민가에서 결핵이 되살아났다. 1990년 뉴욕 시 주변 할렘가에서는 10만 명당 230명 이상이 결핵을 앓았다. 2년 뒤 약 4,000명의 뉴욕 시민이 결핵 환자로 보고되었다. 그 이후 2000년에는 약 1,500건으로, 발생 빈도가 떨어졌다. 그러나 결핵 문제는 영국 런던에서 악화되었다. 2000년 런던에서 약 4,000명의 결핵 환자가 보고되었다. 과밀 아파트, 노숙자와 이민 증가, 불결한 도시 환경, 특히 AIDS 환자의 증가는 결핵이 런던에서 부활한 주된 원인으로 꼽힌다. 이러한 이유로 상당수 환자가 보고조차 되지 않은 것으로 보인다.

무엇이 잘못되었나

결핵균은 250여 년 이상 알려져 온 병원균이다. 결핵은 진단할 수 있고, 치료할 수 있고, 예방할 수 있는 백신도 있다. 그런데 왜 오늘날 결핵이 문제가 되는가? 부끄러운 일이지만 선진국에서 결핵 문제는 의지와 목적을 총동원하여 오래전에 해결했다고 여겨져 왔다. 결핵은 대부분 근절되었다고 말한다. 선진국 외의 지역에서 결핵 상황은 항상 달랐다. 특히 아프리카, 동남아시아, 그리고 태평양에서 결핵 문제는 결코 해결된 적이 없었다. 아직도 서방에서의 잘못된 안전 의식(결핵이 거의 근절되었다고 여긴다.)으로 결핵에 대한 연구 개발은 거의 중단되기에 이르렀다. 그 결과는 '서부 전선 이상 없다'이다. 코흐가 개발한 방법으로 125여 년 동안 여전히 결핵을 진단하고 있다. 투베르쿨린 검사는 100여 년이 지난 지금도 그대로 사용하고 있다. 20세기 초 개발된 BCG 백신을 여전히 사용하고 있다. 대부분의 결핵 치료제는 1945년과 1970년 사이에 개발되었다. 그 이후 결핵에 대한 모든 것이 중단된 '침묵의 시간'이었다. 20세기 마지막 분기에 승인된 약 1,400개의 신약 중 결핵약*은 단 세 종뿐이다.

우리는 지금 결핵 치료와 예방에 너무 안일하게 대처한 것에 처벌을 받고 있다. 항산성균을 검출하는 방법은 대다수 결핵 건수를 진단하는 데 그리 민감한 검사 방법이 아니다. BCG 백신은 소아에게는 결핵 예방에 효과가 있지만 성인에게는 그렇지 않다. 더구나 결핵균은 치료약에 내성이 있다. 그래서 결핵 문제는 단순히 기회를 놓친 문제만이 아니다. 지금 많은 나라, 특히 아프리카에서 AIDS는 결핵이 확산하는 데 엄청난 원인을 제공하고 있다. 그리고 그 끝은 보이지 않는다.

불행하게도 결핵은 만성으로 진행되기 때문에 자주 과소평가된다. 이러한 이유로 결핵은 자주 구호단체의 망을 통과한다. 2005년 세계은행*은 결핵 퇴치에 단 350만 달러를 지출했다. 반면 AIDS 퇴치에 12억 달러를, 아프리카 말라리아 퇴치에 1억 6700만 달러를 지출했다.

AIDS와 결핵: 중복 감염

전 세계적으로 약 1500만 명이 HIV와 결핵에 중복 감염되어 있다. HIV와 결핵에 중복 감염된 환자가 매년 200만여 명씩 새로 발생하고 있다. 남아프리카공화국에서만 이미 200만 명을 넘어섰다. 그림 13은 HIV에 감염된 결핵 환자의 비율을 보여준다. 특히 아프리카에서 HIV 감염자의 사망 원인 중 하나가 결핵이다. 결핵 환자 수가 계속 증가하는 것은 HIV와 연관되어 있기 때문이다.

AIDS와 결핵은 왜 붙어 다니는가? 두 병원균은 은밀한 방법으로 서로 보완 작용을 한다. 그래서 중복 감염은 두 질병이 별개로 각각 감염된 경우의 합보다 병증을 더 악화시킨다. 세계 인구의 1/3이 결

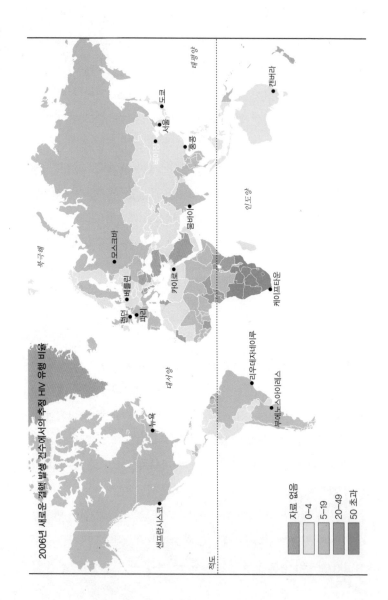

2006년 새로운 결핵 발생 건수에서의 추정 HIV 유행 비율

자료 없음
0–4
5–19
20–49
50 초과

북극해
대서양
태평양
인도양
적도

샌프란시스코
뉴욕
런던
파리
베를린
모스크바
카이로
케이프타운
리우데자네이루
부에노스아이레스
뭄바이
베이징
서울
도쿄
홍콩
캔버라

172

핵에 걸려 있다. 결핵균은 수천 년간 사람 몸 안에서 살아왔고 그 후 결핵균 감염자의 최대 90퍼센트가 외관상 건강하게 살아갈 만큼 사람과의 평화로운 공존 관계를 유지하기에 이르렀다. 지금까지 결핵균은 평생 동안 사람의 몸 안 면역 세포 속에서 활발하게 활동하면서 지속적으로 남아 있다. 면역력이 약해지면 기회 감염균에 노출되기도 전에 한바탕 결핵 증상을 앓는 경우가 많다. HIV가 면역체계 중심센터(CD4 Th세포)를 무너뜨리기 때문에, HIV 감염자가 결핵균에 노출되면 매우 위험하다. HIV와 결핵에 중복 감염될 경우 그렇지 않은 경우보다 결핵으로 발전할 가능성이 100배나 높다. HIV와 중복 감염될 경우 결핵의 잠복기가 상당히 단축된다. 이런 경우 대부분, 결핵 병증은 HIV 감염 후 1년 이내에 나타난다. 결핵 감염자가 결핵 진단을 받기 전까지 전염력을 가지는 등 AIDS 환자는 비전형적인 결핵 경과를 보인다는 사실 때문에 상황은 더욱 복잡해진다. 이러한 비전형적 경과는 결핵 전염의 위험성을 증가시킨다.

(성관계에 의해서 전염되므로) HIV 감염은 최소한 이론적으로는 피할 수 있다. 반대로 결핵 환자와 같은 방이나 교통수단을 이용하는 동안 감염자의 기침을 통해 비말 입자(결핵균이 들어 있는)를 퍼뜨리기 때문에 결핵균 감염은 거의 피할 수 없다. 두 병원균(결핵균과 HIV)은 서로 시너지 효과가 있어 두 질병의 위험을 버무린다. 이들

그림 13 2006년 전 세계 HIV 감염 결핵 환자 추정 비율
결핵 환자 100명당 HIV 감염 환자 수(출처 세계보건기구, 2008)

병원균은 서로 잘 적응하고 있기 때문에 심지어 아무리 AIDS를 통제하는 데 효과적인 방법을 사용하더라도 그 자체만으로 결핵 문제를 해결할 수 없다. HIV는 결핵의 확산을 크게 증가시켜 왔다. 지금 많은 사람이 호흡기 감염으로 결핵에 걸릴 위험에 처해 있다.

갈팡질팡하는 의사

치료요법의 선택은 특별한 문제에 놓여 있다. ART 치료요법으로 HIV 감염자 다섯 명 중 한 명꼴로 면역체계 기능이 회복됨에 따라 염증 증후군을 보인다. 이로 인해 결핵 치료 이전보다도 더 심하게 결핵을 앓는다. ART 치료로 기력을 회복한 CD4 Th세포가 오히려 사이토카인 폭풍cytokine storm을 유발해 결핵을 악화시킨다.

HIV가 결핵을 확산시키는 또 다른 방법이 있다. 많은 아프리카 국가에서 아이들이 ART 치료를 받지 않는다. AIDS 증상이 나타나고 나서야 ART 치료를 받는다. 이때는 너무 늦다. 이 부분에서 BCG 접종이 문제가 된다. BCG 백신은 살아 있는 균을 사용하는 생백신이기 때문이다. BCG 백신 자체가 면역 부전 환자에게 질환을 일으킬 수 있다. BCG 생백신이 질병을 거의 일으키지 않는다고는 하지만 세계보건기구는 HIV 양성 신생아에게는 BCG 접종을 하지 말라고 권고했다. 이런 신생아는 면역 결핍 반응 때문에 곧 AIDS 증상을 나타낼 위험이 있을 뿐 아니라 결핵에 더 잘 걸릴 위험이 있다. 그래서 악순환의 고리가 만들어진다.

일반적으로 HIV는 여러 예방접종 캠페인을 그 어느 때보다 어렵게 만들고 있다. 이 문제는 특히 홍역, 유행성이하선염, 풍진, 소아마비 생백신을 접종하는 신생아에게 그렇다. 면역 부전 환자의 경우 생백신 바이러스가 면역체계의 아무 저지 없이 증식하여 질병을 일으킬 잠재적 위험이 있다. 이러한 위험성은 HIV 감염 환자가 어떤 생백신이든 예방접종을 할 때 일어날 수 있다. (HIV가) 모든 질병에서 방어 면역의 중심 역할을 하는 CD4 Th세포를 약화시킴으로써 백신 접종을 하더라도 면역반응이 약하게 나타나거나 아예 나타나지 않는다. 심지어 면역이 잘 되어 있더라도 HIV 감염 이후에는 그 면역체계가 붕괴된다.

HIV 문제는 말라리아, 결핵, HIV/AIDS 자체 등 새로운 백신의 개발과 관련되어 있다. 십중팔구, 현재 임상 실험이 진행 중인 서브유니트 결핵 백신 어느 것도 BCG 백신보다 효능이 좋다고 입증된 사례가 없다. 이들 서브유니트 백신은 BCG 백신으로 기초 면역이 형성된 사람에게 보강 접종을 하기 위하여 사용된다. 그러나 만약 면역이 붕괴되거나 (HIV에 감염된 소아는 예방접종을 받지 않기 때문에) 애초 처음부터 면역이 되어 있지 않다면 무슨 일이 일어날까? 그런 경우 서브유니트 백신이 결핵에 만족할 만한 면역을 만들어줄 가능성은 사라질 것이다.

차세대 유전자 변형 BCG 백신이 개발되면 이 문제를 해결할 수 있을 것이다. BCG 백신보다 더 강력한 면역을 자극하면서도 HIV 감염 신생아에게 더 안전할 것이다. 이 백신은 BCG 백신을 조작하여 접종 후 어느 단계, 그리고 최소한 HIV 감염 신생아가 AIDS 증상을 나타내기 전에 백신 세균이 몸 안에서 사멸하게끔 만드는 것이다. 그러나 현재 이러한 백신의 개발은 초기 단계에 있고, 최소 10년은 지나야 백신을 필요로 하는 이들에게 제공할 수 있을 것이다.

말라리아

모기는 흡혈할 때 아주 작은 뾰족한 주둥이stiletto로 사람 피부를 뚫고 프로보시스proboscis를 반쯤 집어넣는다. 프로보시스를 혈관에 주입한 다음 관을 이용해서 타액을 주입한다. 이 타액은 사람에게 흡혈로 인한 고통을 경감시키고 혈액의 응고를 방지한다. 모기는 따스한 피를 빨아먹는다. 모기가 흡혈한 곳에는 가려움증으로 핀자국 같은 작은 발진 자국이 생긴다. 유럽 지역에서 모기에 물렸다고 해서 병에 걸리지 않는다. 전 세계 인구의 40퍼센트는 말라리아가 유행하는 지역에 살고 있다. 이런 곳에서는 모기에 물리면 심각한 질병에 걸릴 수 있다. 이런 지역에서는 매년 최대 6억 명이 말라리아에 감염된다. 매년 100만 명 내지 150만 명이 말라리아원충에 감염되어 사망한다. 사망자의 거의 대부분은 아프리카 사하라 이남 지역에서 발생한다. 말라리아에 감염된 경우 어린이와 출산을 앞둔 임산부에게 피해가 가장 심각하다. 매년 80만 명의 어린이가 말라리아로 사망한다. 매 30초마다 한 명의 어린이가 죽는 셈이다. 그림 14는 전세계 말라리아 발생 건수를 나타낸다. 그 이외 다른 수치도 언급할 수 있다. 예를 들면 말라리아는 가난한 나라에서 엄청난 경제적 부담을 지운다. 아프리카 사하라 이남 지역에서 직간접적인 말라리아 퇴치 비용은 매년 20억 달러가 넘게 든다. 미국에서는 말라리아가 매년 약 1,200건 정도 보고되고 있다. 이들 미국인 환자 대부분은 말라리아가 발생하고 있는 지역을 여행하다가 감염되었거나 그 지역에서 말라리아에 감염된 상태로 미국으로 이민 온 사람들이다.

간헐열(말라리아열)

말라리아는 환자 혈액을 채취하여 혈액 속에 말라리아원충이 있는지 여부를 현미경으로 검사하여 진단을 내린다. 말라리아에 감염된 환자는 여러 차례 오한과 고열이 교대로 나타난다. 이것이 간헐열이다. 관절통, 두통, 위경련, 구토가 나타날 수 있다. 심한 경우 신부전, 빈혈, 황달이 나타나고, 이 경우 일반적으로 혼수 상태로 이어진다. 이 기생충은 적혈구를 파괴시키고 산소를 운반하는 헤모글로빈을 분해한다. 말라리아는 단순하게 한 번 일어나고 마는 것이 아니다. 상재 지역에서는 평생 동안 여러 번 말라리아에 감염된다. 성인이 되면서 점점 면역 강도가 높아지기 때문에 나이가 들수록 말라리아에 대한 항병력(내성)이 강해진다.

말라리아원충의 비행

말라리아는 플라스모디움Plasmodium 원충에 의해 발병한다. 말라리아를 유발하는 플라스모디움에는 4종이 있다. 'Plasmodium falciparum'은 악성 삼일열을, 'Plasmodium malariae'는 사일열

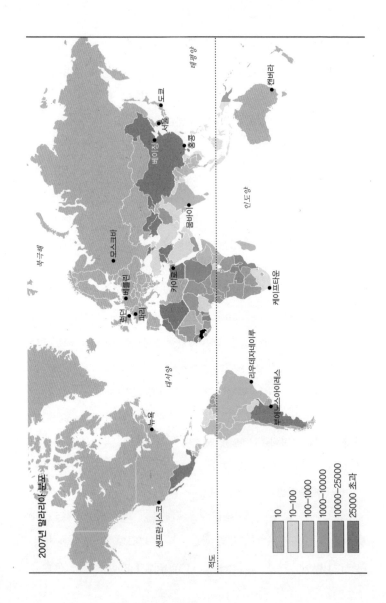

2007년 말라리아 분포

범례:
10
10–100
100–1000
1000–10000
10000–25000
25000 초과

도시: 도쿄, 서울, 베이징, 홍콩, 뭄바이, 모스크바, 베를린, 런던, 파리, 카이로, 케이프타운, 캔버라, 뉴욕, 샌프란시스코, 리우데자네이루, 부에노스아이레스

해양: 태평양, 인도양, 북극해, 대서양

적도

을, 'Plasmodium vivax'는 양성 삼일열을, 'Plasmodium ovale'는 난형 삼일열을 일으킨다. 이 중 가장 위험한 기생충은 'Plasmodium falciparum'이다.

말라리아원충은 대기를 통해 한 지역에서 다른 지역으로 이동한다. 암컷 학질모기anopheles가 이들 원충을 운반한다. 말라리아원충은 단지 이동을 위해서만 모기를 이용하는 것이 아니라 원충의 증식을 위해서도 이용한다. 약 400종의 학질모기종이 존재하는 것으로 알려져 있으나, 이 중 60종이 말라리아를 옮기는 잠재적 능력이 있다. 모기들은 다른 전염병도 옮긴다.(「혈류를 타고」 참조)

말라리아원충은 학질모기와 사람 숙주 안에서 복잡한 생활 주기를 가지고 있다. 생활 주기 동안 원충에 급격한 변화가 일어나는데, 이것이 말라리아 퇴치를 매우 어렵게 한다. 모기가 흡혈할 때, 모기 타액을 통해서 종충sporozoite 형태의 말라리아가 사람에게 전염된다. 이 종충은 모기가 흡혈하는 과정에서 모기 타액에 묻어 사람 몸 안으로 들어온다. 그다음 이들 종충은 혈액을 타고 간으로 이동한다. 거기서 원충들은 성숙하고 번식한다. 감염 후 2~3주가 경과해도 감염자는 병증을 거의 나타내지 않는다. 이 기간 동안에 종충은 낭충merozoite 단계로 발전한다. 그다음 낭충은 혈관으로 이동하여 적혈구 세포 안으로 들어가 정착한 후 증식한다. 낭충이 증식하는

그림 14 2007년 전 세계 말라리아 분포 현황(출처 세계보건기구, 2008)

혈류를 타고

많은 바이러스의 (유행) 성공 비밀은 4개, 6개, 또는 8개 다리를 가지고 있고, 양 날개를 가진 생명체(곤충)에서 발견된다. 즉 바이러스는 이 작은 동물(곤충)에 의해서 숙주에서 숙주로 이동한다. 매개 곤충이 없다면 이들 바이러스는 그다지 위험하지도 않고 유행하지도 않을 것이다. 유럽 지역은 지구상에서 가장 좋은 매개 곤충 서식지는 아니다. 그렇지만 여전히 유럽 지역에는 바퀴벌레, 이, 벼룩, 진드기, 흡혈파리, 각다귀(gnats), 말파리(horsefly), 진딧물(blackfly) 등이 서식하고 있다. 그리고 이들은 단지 극히 일부의 잠재적 흡혈 매개 동물이다. 한 마리가 쏘거나 물어도 감염된다.

유럽에서 특히 진드기는 공포의 대상이다. 이 진드기는 사람에게 러시아춘하뇌염(Russian Spring-Summer Encephalitis ; RSSE)과 세균성 질병인 라임병(borreliosis)을 일으킨다. 독일에서만 매년 수백 명이 RSSE에 걸리고 약 6만 명이 라임병에 걸린다. RSSE는 처음에는 두통과 사지 통증의 증세를 보인다. 환자 열 명 중 한 명은 수막염을 앓고 일부에서는 뇌염으로까지 진행된다. 이 중 일부는 치명적이다. 라임병의 시작은 간혹 피부가 발적되고, 그다음에 부정 수소(general malaise)가 잇따른다. 심한 경우 뇌신경 결손이 일어날 수 있다. 심각한 합병증은 라임 관절염으로 알려진 관절의 만성 염증이다.

전 세계적으로 병원균이 어느 정도 비율을 유지하려면 매개 곤충의 도움이 필요하다. 가장 유명한 사례가 말라리아이다. 그러나 뎅기열, 황열, 웨스트 나일뇌염, 그리고 치쿤구니아 바이러스도 모기에 의해 전염된다. 학자들은 이 부류의 바이러스를 한데 묶어서 '절지동물 매개 바이러스'(arthropod-borne virus), 약어로 '아보바이러스' (arbovirus)라고 명명했다.

동안 (헤모글로빈을 영양분으로 사용하기 때문에) 혈구 헤모글로빈을 분해한다. 바이러스와 유사하게, 이 기생충은 적혈구를 자기 파괴 도구로 바꾼다. 적혈구는 파괴되고, 낭충은 혈류로 쏟아져나온다. 숫자가 불어난 이들 낭충은 다시 더 많은 적혈구에 들어간다. 이 과정에서 사이토카인 폭풍을 유발하는 독소를 방출한다. 그 결과로 갑작스러운 고열과 식은땀, 오한, 빈혈이 나타난다. 이와 함께 분해된 적혈구는 작은 모세혈관, 특히 매우 민감한 뇌 모세혈관에 손상을 준다. 이로 인해 대뇌성 말라리아cerebral malaria가 나타나는데, 종종 환자를 죽음으로 이르게 할 만큼 치명적이다. 스페인 독감과 패혈성 쇼크*에서와 같이, 사이토카인의 과다 생산은 고열과 대뇌 손상에 중요한 역할을 한다.

이 모든 것이 일어나는 동안 일부 기생충은 생활 주기 동안 생식 단계sexual stage로 들어간다. 모기가 사람을 흡혈할 때 다시 모기로 기생충이 돌아가는 것이 바로 이 단계이다. 그래서 악순환의 고리가 다시 시작된다. 암수 기생충은 학질모기의 소화관에서 만나 새끼를 생산한다. 수주간의 이 단계가 지나면, 새롭게 생성된 기생충은 다시 사람을 공격할 준비를 한다.

탄산음료에 대한 근거 없는 믿음

조기 발견과 적절한 치료만으로도 말라리아는 치료할 수 있다. 말라리아 치료약으로 다음과 같은 것이 있다.

퀴닌quinine은 400여 년 동안 의료용으로 사용해 왔다. 15세기 페루에서는 고열을 치료하는 데 기나나무cinchona의 껍질을 사용했다. 그러나 퀴닌이 상당히 부작용을 일으키기 때문에 지금은 단지 중증 말라리아 환자에만 사용하고 있다. 퀴닌 성분이 들어 있는 탄산음료는 말라리아 치료에 효과가 없다. 탄산음료에는 리터당 100밀리그램 이하의 아주 적은 양의 퀴닌이 들어 있기 때문이다. 말라리아를 제대로 치료하기 위해서는 도스당 최소한 1,000밀리그램 이상은 들어 있어야 한다.

클로로퀸chloroquine은 1950년대에 말라리아 치료를 위해 처음으로 사용되었다. 1950년 말 클로로퀸 약제에 내성이 있는 말라리아 원충이 출현했다. 1970년대 말 세계 여러 나라에서 클로로퀸 내성 기생충이 출현했다. 그래서 대부분의 국가들은 말라리아 치료를 위해 클로로퀸의 사용을 포기했다. 현재는 클로로퀸 약제의 대용품을 이용할 수 있다. 이러한 약제로는 메플로퀸mefloquine, 독시사이클린

doxycycline, 아토바쿠온 프로구아닐atovaquone-proguanil이 있다. 그러나 현재 일부 국가에서 메플로퀸 내성 말라리아가 흔하다.

최근 아르테미시닌artemisinin▪ 성분이 들어 있는 조제약의 사용이 점점 증가하고 있다. 아르테미시닌은 중국 약초식물 개똥쑥의 추출물이다. 오래전부터 중국인들은 개똥쑥에 해열 작용이 있다고 알고 있었다. 아르테미시닌은 저렴하고 말라리아 치료에 효능도 좋다. 기생충을 억제하고 열을 내리게 하는 데 3일간의 치료로 충분하다. 아르테미시닌에 기초한 병용요법이 현재 가장 경제적이고 질병 치료에 효과적인 치료법이다. 이러한 종류의 소아 병용요법에 사용하는 약제로는 아르테수네이트artesunate와 아모디아퀸amodiaquine이 있다. 한 제약회사가 특허권 보호 없이 말라리아 치료를 위한 병용요법을 개발하겠다는 의사를 표명하고 나서 다른 제약회사들도 곧이어 동참했다. 성인용과 소아용 두 종류 알약 대신에, 두 약제가 다 들어 있는 단 한 개의 알약을 지금 생산하고 있다. 두 약제의 병용은 치료 효과를 높여주고 내성이 나타날 위험성을 줄여준다.

수면 중 예방

말라리아에 걸리지 않는 가장 효과적이고 가장 저렴한 방법은 모기장 안에서 잠을 자는 것이다. 이 방법은 오래전부터 잘 알려져 있다. 말라리아를 옮기는 모기는 대개 밤에 물기 때문이다. 특히 살충제가 배어 있는 모기망이면 더 좋다. 모기망은 사람에 해롭지 않다. 모기망은 모기를 퇴치할 뿐 아니라 심지어 모기망에 걸린 모기를 죽일 수도 있다. 현재 시판되고 있는 침실망에는 살충제가 배어 있어 최대 5년까지 살충 효과가 있다. 과거에는 6개월마다 침실망에 다시 살충제를 뿌려주어야 했다. 그러나 현재 말라리아 활동 지역에 사는 주민의 단 1~2퍼센트만이 그런 모기장을 사용한다.

다른 예방 조치는 말라리아 모기를 죽이는 살충제를 집안에 뿌리는 것이다. 가장 알려진, 그리고 가장 악명 높은 살충제가 DDT이다. 이 살충제는 1940년대 남부 유럽에서 말라리아를 근절시키는 데 성공적이었다. 이탈리아, 포르투갈, 스페인, 불가리아, 루마니아, 유고슬라비아, 그리고 헝가리는 DDT 살충제를 사용하여 말라리아를 근절시켰다. 이들 나라에서 말라리아 근절이 성공한 데에는 고인물을 배수하는 시설도 부분적으로 기여했다. 그러나 1940년부터 1960년까지 DDT는 광범위하고 무분별하게 사용되었고 환경 파괴는 곧 현실로 나타났다. 지금 DDT가 합리적이고 적절한 규제 속에 사용된다면 DDT는 말라리아 근절에 확실하게 공헌할 수 있다. 그러므로 세계보건기구는 실내에서만 DDT를 사용할 것을 또다시 권고했다.(「DDT와 말라리아 퇴치: 좋은 것도 나쁜 것도 아닌」 참조)

한 번 접종으로는 안 돼

말라리아 백신을 개발하려는 시도는 여러 차례 있었다. 원칙적으로 말라리아는 백신 접종으로 예방이 가능하다. 예를 들면, 심하게 방사선에 노출된 말라리아원충은 말라리아 예방에 완벽한 효과가 있다고 알려져 있다. 백신으로 사용하기 위해서는 방사선 조사 원충

DDT와 말라리아 퇴치: 좋은 것도 나쁜 것도 아닌

"모기 케이지는 너무 독해서 케이지를 철저히 청소해도 모기들이 케이지 벽에 부딪치면서 바닥에 마구 떨어졌다. 나는 그 실험을 계속할 수 없어서 결국 케이지를 바꾸었다." 1939년 파울 헤르만 뮐러(Paul Herrmann Müller)가 DDT 살충제 효과를 발견했던 실험을 묘사한 것이다. DDT는 오래전인 1874년에 합성되었다. 그러나 말라리아 퇴치에 DDT 사용에 대한 잠재성은 훨씬 나중에 알려졌다. 제2차 세계대전 동안 DDT는 광범위하게 사용되었다. 30년간 거의 5억 킬로그램의 DDT가 여기저기 뿌려졌다. 그러나 환경 독성이 있다는 주장이 점점 거세져 결국 1972년 DDT 사용을 금지하기에 이르렀다.

곧 쓸데없는 것 때문에 귀한 것을 잃고 있다는 것이 분명해졌다. 농업 분야에서 DDT 사용이 엄청난 환경 파괴를 일으키고 있다 하더라도, 말라리아 퇴치에서의 DDT의 값어치는 새롭게 인식할 필요가 있다. 안전하고 효과적으로 사용할 만한 대안이 없을 때 세계보건기구의 권고와 가이드라인에 따라 DDT를 말라리아 모기 퇴치에 사용해도 좋다는 것에 지금은 동의한다. 세계보건기구는 DDT를 실내에서만 사용하도록 권고한다. 사용 국가는 말라리아를 퇴치할 목적으로 DDT 사용을 등록하고 매 3년마다 DDT 사용량을 보고해야 한다.

DDT를 올바르게 사용한다면 말라리아 전염을 최대 90퍼센트까지 줄일 수 있다는 확실한 증거가 있다. 모기들이 DDT가 뿌려진 벽에 달라붙자마자 치명적인 양을 빨아들인다. 인도에서 DDT를 올바르게 사용하면서 말라리아 퇴치에 성공했다. 남아프리카에서는 DDT 사용 정책을 다시 도입했다. 현재 14개국에서 실제 집안에 살충제를 뿌리고 있다. 이들 국가 중 10개국은 DDT를 사용하고 있다. 말라리아의 확산을 저지하는 유엔 새천년발전목표를 이루고자 하지만 DDT보다 효과적 대안이 없기 때문에 DDT 없이는 이 목표를 이루기가 어렵다.

을 대량으로 확보해야 한다. 그러나 대량 확보는 기술적으로 불가능하다. 그러므로 다른 접근이 필요하다. 말라리아 백신 개발에서 특히 힘든 문제는 말라리아원충의 생활 주기 각 단계마다 면역반응이 서로 다르다는 것이다. 그러므로 단일 백신으로 말라리아를 효과적으로 근절할 수 있을지는 지켜볼 일이다.

최근 이 문제에 일말의 희망이 보인다. 거대 제약회사 글락소스미스클라인GlaxoSmithKline이 개발한 말라리아 백신으로 모잠비크에서 수행한 임상 실험에서 소아에서의 말라리아 발생 건수가 1/3 수준으로 일시적인 감소를 보였다. 잠비아에서 동일한 백신을 사용하여 수행한 연구에서도 성인에서의 말라리아 발생 건수를 감소시켰다. 이들 수치는 다른 질병 백신에서 얻은 수치와 비교할 때 유의성이 별로 없지만, 말라리아 자체만 보면 상당히 진전된 성과이다. 이 백신은 말라리아 기생충의 초기 단계에서 효력이 있다. 다른 백신 후보 제품으로 실시한 예비 시험에서도 희망적인 결과가 나왔다. 여러 백신을 병용한다면 말라리아 예방에 시너지 효과가 있을 것이다.

사람과 조류에서의 인플루엔자

2006년 초 독일 정부는 다른 유럽 국가와 마찬가지로 비상 상황에 돌입했다. 독일 전체가 인플루엔자 유행에 대한 두려움으로 휩싸였기 때문이다. 의학적 배경 지식이 전혀 없는 사람들이 갑자기 눈 하나 깜짝하지 않고 '판데믹'이라는 용어를 사용하기 시작했다. 걱정이 앞선 사람들은 의사나 약사를 거치지 않고 인터넷으로 바로 타미플루Tamiflu를 주문했고, 심지어 독감 예방용 마스크가 불티나게 팔려나갔다. 심지어 전문가들은 인터넷 사이트에서 조류인플루엔자 위협으로 인한 생존 문제까지 들고 나왔다. 가족(3인 기준)을 위해 분말 수프와 식수를 얼마나 많이 챙겨놓아야 하는가? 그리고 여름이 왔다. 조류인플루엔자에 대한 과민 반응은 월드컵 축구의 열기 속에 사라졌다. 무슨 일이 있었나? 조류인플루엔자 바이러스H5N1가 전 세계를 아수라장으로 만들었다. 사실 이 바이러스는 수백만 년 동안 자연계에 존재하고 있었다. 단지 최근에 사람에게 독성을 나타내기 시작했을 뿐이다.

인플루엔자의 모든 것

인플루엔자 바이러스는 원래 가금 조류의 질병, 좀 더 구체적으로 말하면 조류에서 설사를 일으키는 질병이다. 야생 조류에서도 유사하다. 사람에서 인플루엔자가 언제 처음 나타났는지에 대해서는 정확하게 알려진 것이 없다. 오늘날 일부 인플루엔자 바이러스는 가금 조류, 사람, 돼지 등 여러 동물 사이에서 들락날락거리고 있다. 이 상황으로까지 발전한 데에는 대부분 아시아에서 가금 조류를 사육하는 여건 때문이다. 아시아 지역은 주기적으로 새로운 인플루엔자 바이러스가 출현하는 곳이다. 이 관점에서, 관심의 주된 포커스는 인플루엔자 A바이러스이다. 인플루엔자 B바이러스는 대개 사람에서 감염된다. 인플루엔자 C바이러스는 사람과 돼지에서 감염되며 일반적으로 증상이 미약하게 나타난다. 인플루엔자 B와 C바이러스는 사람에게 잘 적응한 덕분에 훨씬 독성이 약해졌고 바이러스가 변신하는 능력의 대부분을 상실했다. 이 부분에서 인플루엔자 B와 C 바이러스는 인플루엔자 A바이러스와 매우 다르다.

인플루엔자 A와 B바이러스는 엄격한 명명법에 따라 바이러스 이름을 붙인다. A/chicken/Kyoto/3/2004(H5N1)라는 바이러스를 예로 들어보자. 바이러스 이름의 첫 번째 글자(A)는 A형이냐 B형이냐를 말한다. 그다음(chicken)으로는 바이러스가 분리된 동물종을 나타내며, 그다음(Kyoto)은 발견된 지역을 나타낸다. 이 경우는 바이러스가 발견된 지역이 일본 교토 지역이라는 의미이다. 그다음 (3/2004)에는 분리된 연도와 월, 그리고 마지막으로 괄호 속에 있는 것(H5N1)은 항원 구조를 나타낸다. 가장 중요한 항원은 바이러스의 외피(껍데기)를 이루는 H단백질과 N단백질이다. 여기서 항원 구조라 함은 정확하게 H단백질과 N단백질 특성으로 붙여진 것이다. H단백질은 혈구 응집소hemagglutinin를 의미하며 혈구 세포들이 서로 엉겨 붙게 하는 성질이 있다. N단백질은 뉴라미니다아제neuraminidase를 의미한다. 이 단백질은 세포 표면에 있는 당sugar 성분으로부터 뉴라민산neuraminic acid을 떼어내는 효소이다. 이 두 단백질은 인플루엔자 바이러스가 숙주의 호흡기관 세포에 달라붙는 것을 매개한다.

바이러스의 H와 N 구성은 여러 기능 중에서도 바이러스의 숙주에 대한 특이성을 결정한다. 숙주 면역체계는 H단백질과 N단백질을 기초로 해서 바이러스를 대부분 인식한다. 바이러스의 가장 중요한 항원으로, 이들 두 단백질 분자는 감염 저항과 면역에서 중요한 역할을 한다.

콧물과 기침, 그리고 인두염

인플루엔자는 비말 입자(기침, 콧물, 재채기)를 통해서 전염된다. 그러나 일반 감기와는 완전히 다르다. 인플루엔자는 처음에는 감기 유사 증상을 보이기는 하지만, 곧바로 고열 증상이 나타난다. 기도의 염증으로 심한 기침과 부정 수소general malaise가 나타난다. 심혈관 부전cardiovascular failure과 심부전과 같은 심한 합병증이 나타날 수 있다. 특히 어린이와 노인, 그리고 면역 부전 환자가 독감(인플루엔자)에 걸리면 생명을 위협할 만큼 치명적이다. 인플루엔자 바이러스가 호흡기 기도를 손상함으로써 2차 세균 감염이 쉽게 이루어진다. 2차 세균 감염이 일어나면 폐렴으로 진행할 수 있다. 폐렴구균 헤모필루스 인플루엔자와 포도상구균은 2차 감염으로 인한 폐렴을 일으키는 주요 세균이다.

항바이러스 치료제

인플루엔자는 아만타딘amantadine과 리만타딘rimantadine 같은 약제로 치료할 수 있다. 이들 약제는 바이러스 외피막에 존재하는 이온 채널을 틀어막아 버림으로써 인플루엔자 A바이러스 증식을 차단한다. 즉 바이러스가 세포에 달라붙은 다음 바이러스 게놈을 세포 안으로 집어넣는 것을 막아준다.(이온 채널이 열려야 바이러스 게놈을 세포 안으로 집어넣을 수 있다.) 그래서 바이러스의 생활 주기가 차단된다. 이 약이 작용하는 단백질은 인플루엔자 A바이러스에는 있지만 인플루엔자 B바이러스에는 없다. 그래서 이들 약제(아만타딘과 리만타딘)는 인플루엔자 B바이러스에는 효과가 없다. 조류인플루엔자 바이러스는 대부분 이 약에 대한 저항성이 있다. 한 중국 농부는 이 약제를 물에 타서 닭에 먹여 왔다. 아만타딘과 리만타딘은 저렴하게 대량 생산되고 장기간 보관할 수 있기 때문인데, 내성 바이러스 출현을 야기할 수 있는 이러한 행위는 안타까운 일이다.

1999년 바이러스의 뉴라미니다아제 활성 저해제 '타미플루' Tamiflu(oseltamivir)가 시판되었다. 그다음 또 다른 뉴라미니다아제 활성 저해제 '리렌자' Relenza가 시판되었다. 리렌자는 흡입하는 약으로, 타미플루보다 복용이 까다롭고 비싸지만 약효는 빨리 나타난다. 그렇지만 여전히 두 약은 모두 비싸고 약효의 반감기가 짧다. 조류 인플루엔자 바이러스를 포함해서 인플루엔자 바이러스는 지금 이들 약에 내성을 보이기 시작했다.

예방접종

매년 가을 보건당국은 인플루엔자 예방접종을 받도록 당부한다. 대상자들은 매년 새로운 백신으로 예방접종을 받는다. 매년 몇 군데의 유전자 돌연변이만으로도 새로운 돌연변이 바이러스가 출현할 수 있기 때문이다. 이와 같은 사소한 돌연변이를 '항원 소변이' antigenic drift라고 한다. 항원 소변이만으로도 면역체계를 속이기에 충분하다. 우리의 면역체계는 특정 변이 바이러스를 기억하는 능력이 있지만, 면역체계가 제대로 인식하지 못할 정도로 돌연변이가 심하게 나타나면 면역 기억이 무용지물이 된다. 그래서 일반적인 예방접종으로 형성되어 있는 면역은 (그해는 가능하지만 바이러스 변이가 심하게 일어난) 그다음 해 인플루엔자(독감)에 대처하기에는 충분하지 않다. 그러므로 매년 인플루엔자 유행의 출발점이 되는 아시아에서 새로 출현한 인플루엔자 바이러스의 유형을 조사하여 백신 균주를 선정하고, 선정 균주를 가지고 다음 해 백신 생산을 준비한다. 매년 백신은 바로 직전 해에 사용한 백신과 다소 차이가 있다. 2006년과 2007년에 걸친 동절기에는 A/New Caledonia/20/99 유사 균주 (H1N1), A/Wisconsin/67/2005 유사 균주(H3N2), B/Malaysia/

2506/2004 유사 균주 등 3종이 선정되었다. 지금까지 백신 생산은 최소한 유럽과 북미 지역에서만은 잘 이루어져 왔다. 백신 제조회사가 백신을 생산하는 데 충분한 시간적 여유가 있기 때문이다. 전 세계 인플루엔자 백신 생산은 선진 9개국에 편중되어 있고 이들 회사는 현재 매년 3억 5000만 도스의 인플루엔자 백신을 생산할 수 있다.

속수무책

인플루엔자 증상은 인플루엔자만이 가지고 있는 고유 증상이 아니기 때문에(다른 질병도 유사 증상을 나타낼 수 있기 때문에), 먼 과거에 일어난 유행을 단지 인플루엔자라고 단정하기는 어렵다. 20세기에 들어와서야 비로소 인플루엔자 유행 상황에 대한 제대로 된 정보를 접할 수 있게 되었다. 다음으로 인플루엔자 감염 패턴, 에피데믹과 판데믹에 대해 자세하게 다루고자 한다. 스페인 독감은 인플루엔자 판데믹의 대표적인 사례이다. 그리고 마지막으로 조류인플루엔자에 대해 자세히 다룰 것이다.

인플루엔자 에피데믹은 낯설지 않게 발생한다. 매년 가을 인플루엔자는 대륙을 넘어 확산된다. 일반적으로 예상치보다 훨씬 많은 사람이 인플루엔자로 사망한다. 전 세계적으로 200만 내지 500만 명이 인플루엔자에 감염되고, 이 중 30만 내지 50만 명이 인플루엔자로 사망한다. 2002년 후반기에서 2003년 상반기에 걸친 동절기에 독일에서 약 8,500명이 인플루엔자로 사망했다. 그러나 실제 그 수는 훨씬 많을 것이다. 아마도 독일에서 독감 유행 시기에 최대 20만 명이 인플루엔자로 사망했을 것으로 추정된다. 미국 질병통제센터에 의하면 같은 시기에 미국은 3만 6000건의 독감 사망 건수를 보고했다. 이들 사망 건수는 일반적으로 폐렴을 사망 원인으로 진단한다. 정확하게 말하면 이들 사망(폐렴) 원인을 인플루엔자라고 보기는 어렵다. 상당수의 경우 사망 원인이 인플루엔자 때문인지 폐렴구균 때문인지 판단하기가 쉽지 않다. 특히 인플루엔자 바이러스에 감염되면 기도가 손상되어 쉽게 2차 폐렴(폐렴구균 감염)에 걸리기 때문이다.

인플루엔자로 인한 경제적 부담은 엄청나다. 미국에서는 인플루엔자로 인해 연간 최대 900억 달러의 손실을 보고 있다. 매년 2500만 명이 인플루엔자에 걸리고 4만 명 이상이 사망한다고 추산한다. 독일에서는 인플루엔자로 1만 명 내지 2만 명이 입원을 하여 근로상실 일수가 100만 일에 이른다.

인플루엔자 판데믹은 전 세계적으로 인플루엔자가 유행하는 것을 말하며, 에피데믹보다 발생 빈도가 훨씬 적다. 20세기에는 세 차례의 판데믹이 있었다.

- 1918년 스페인 독감: 최대 5000만 명이 사망했다.
- 1957년 아시아 독감: 약 200만 명이 사망했다.
- 1968년 홍콩 독감: 약 100만 명이 사망했다.

인플루엔자 판데믹이 발생하기 위해서는 기본적으로 인간 면역체계에 알려져 있지 않은 신종 바이러스가 출현해야 한다. 신종 바이러스는 두 종류의 인플루엔자 바이러스 간 유전자 교환을 통해 일어난다. 이러한 유전자 재조합을 '항원 대변이'라고 한다. 그러한 유전자 교환은 숙주세포 하나가 동시에 2종의 다른 바이러스(예를 들면 조류 바이러스와 사람 바이러스)에 감염되었을 때 일어난다. 이러한 유전자 교환은 가끔 조류나 사람, 아니면 중간 숙주 동물(예, 돼지)에서 일어날 수 있다. 아시아 독감과 홍콩 독감 바이러스 모두 이와 같은 방법으로 출현했다. 바이러스 게놈 유전자는 여러 조각으로 나뉘어 있으나 바이러스 입자 안에 서로 나란히 배열되어 있기 때문에 유전자 절편 조각 전체를 교환하는 것은 어렵지 않다.

그러나 조류인플루엔자 바이러스가 일련의 항원 소변이 과정을 거치면서 점점 조용하게 사람에게 적응하고 단계단계 숙주 영역을 변경할 수 있다. 1918년 나타난 스페인 독감이 이 같은 방법으로 출현했을 것으로 추정된다. 그즈음 조류인플루엔자 바이러스는 직접 사람으로 넘어왔다.

스페인 독감은 제1차 세계대전이 끝나갈 무렵 나타났다. 스페인 독감 자체만으로 5000만 명이 목숨을 잃었다. 심지어 스페인 독감이 출현할 수 있는 토대를 제1차 세계대전이 만들었다고 말하기도 한다. 군대 막사 안에서 많은 군인이 복작대며 기거했고, 전쟁으로 군인들은 심신이 허약해져 갔다. 군인들이 대륙을 건너서 이동함으로써 바이러스의 대륙 간 확산에 일조했다. 1918년 5월 말 스페인에 신종 인플루엔자가 나타나고서야 비로소 세인들이 관심을 갖기 시작했다. 당시 스페인은 제1차 세계대전에 참전하지 않았기 때문에 다른 나라에 비해 공포 소설(전쟁 소식)에 무관심했고 그 후 전염병 발생 사실이 언론을 통해 전 세계로 알려졌다. 그래서 스페인 독감spanish flu이라고 이름을 붙여 사용하게 되었다. 스페인 독감이라는 이름이 붙여지기 전에는 다른 이름으로 불렸다. 독일에서는 '급성 카타르'라는 뜻의 '블리츠카타르'Blitzkatarrh, 쿠바에서는 '무거운 막대기로 한 대 얻어맞은'이란 뜻의 '트란카조'trancazo라고 불렀다.

이 질병은 세 번의 유행기를 거쳐 전 세계로 확산되었다. 1차 유행은 1918년 봄에 있었다. 그 당시 전염력이 매우 강했으나 증상은 약했다. 그 후 바이러스는 잠시 물러나 있다가 6개월 만에 두 번째 유행이 일어났다. 그때 나타난 바이러스는 사람에게 잘 적응하여 전염력이 강할 뿐 아니라 놀라울 정도로 치명적이었다. 1918년 9월 11일, 두 번째 유행 바이러스가 미국에 도착하고, 같은 해 10월에 들어서면서 매주 2만 명의 미국인이 독감으로 사망했다. 미국에서 사람의 기대수명이 37세까지 떨어졌다. 1919년 초까지 이 질병은 세계 여러 나라로 확산되었다. 스페인 독감이 처음 출현한 이후 5000만 명이 목숨을 잃는 데는 채 1년이 걸리지 않았다. 그 짧은 기간 동안 스페인 독감으로 인한 사망자 수는 제1차 세계대전 전사자 수의 다섯 배에 이르렀고, 그 어떤 전염병이나 자연 재앙, 전쟁으로 인한 인명 피해보다도 많았다. 스페인 독감에 걸린 사람은 당시 세계 인구의 2/3에 해당하는 최대 10억 명에 달했다.

스페인 독감의 사망률이 단 5퍼센트임에도 불구하고 25주의 유행 기간 동안 사망자 수치는 AIDS가 처음 출현한 이후 지금까지 25년간 AIDS로 인한 사망자의 합보다 두 배나 많다. 사실 스페인 독감 사망자의 대다수는 2차적으로 폐렴 유발 세균(주요 세균: 폐렴구균, 포도상구균, 헤모필루스 인플루엔자)에 감염되어 있었다. 그 당시 (폐렴균을 치료할) 항생제만 있었어도 스페인 독감 사망자의 대다수는 생존할 수 있었을 것이다. 한편 이들 폐렴을 일으키는 세균 중 일부는 지금 점점 항생제 내성을 획득해 가고 있다.

20~35세 사이의 젊은이들이 그 질병의 가장 심한 희생양이었다. 특히 군인들이 여기에 속했다. 심지어 젊은 여성들이 가장 심하게 걸렸다. 독감으로 사망한 여성의 70퍼센트는 35세 미만이었다.

일반 계절 독감의 경우 1,000명당 한 명꼴로 사망하지만, 스페인 독감의 경우 사망률이 최고 5퍼센트까지 올라갔다. 왜 스페인 독감은 다른 인플루엔자 판데믹과 에피데믹보다 끔찍했을까? 최근 발표된 연구 결과는 이 부분에 대한 단서를 일부 제공한다. 스페인 독감 바이러스의 유전자 분석 결과, 이 바이러스가 조류인플루엔자 바이러스에서 유래되었다는 것이 밝혀졌다. 그 후 한 연구실에서 이 바이러스를 재생하는 데 성공했고, 동물 실험을 통해 병원성을 평가했다. 그 실험 결과에 따르면, 스페인 독감 바이러스는 전형적인 독감 증상을 나타냈을 뿐 아니라 '사이토카인 폭풍'까지 유발했다. 사이토카인 폭풍은 면역체계가 제어할 수 없을 만큼 너무 과도하게 활성화되어 염증 매개 물질을 과도하게 분비케 하고, 특히 정상적인 면역체계를 갖춘 젊은 성인들마저도 속수무책으로 사망에 이르게 한다.

가금 역병(페스트)이 조류인플루엔자가 되다

지난 세기 독감 유행 파동이 한차례 휘저으면서 질병 이름이 바뀌었다. 전에는 '가금 역병' fowl plague이라고 불리다가 지금은 '조류인플루엔자' bird flu라고 부른다. 조류인플루엔자라는 새로운 용어는 여러 동물(사람 포함)에 있는 인플루엔자 바이러스 사이에 관련성(특히 사람인플루엔자와의 관련성)으로 관심을 끌 만하다. 반면 '역병' plague라는 용어는 양계장에서 간혹 발생하는 질병의 엄청난 치사율을 강조하기 위해서 사용한다.

조류인플루엔자는 조류, 특히 닭에게 치명적이다. 사람에게는 집단적으로 발생하지 않고 별개의 사례로만 감염된다. 세계보건기구에 따르면, 2008년 6월 중순 현재 385명이 H5N1에 감염되어 이 중 243명이 사망했다.(그림 15 참조) 한편 H5N1 바이러스가 인체에 감염되면 심각한 질병을 일으키고 치명적이다. 그러나 다행스럽게도 이 바이러스는 아직까지 사람의 호흡기 세포에 잘 달라붙지 못한다. 지금까지는 이것이 전부이다.(사람 간 유행은 없다.) 그러나 스페인 독감에서 증명된 것처럼, 상황은 변할 수 있다. H5N1 인체 감염 건수가 증가하고 있다. 2005년보다는 2006년에 H5N1 감염으로 사망한 사람이 많았다. 증상이 경미한 환자 일부는 진단은 커녕 보고조차 되지 않았겠지만, 그렇다 하더라도 증상이 경미하거나 없는 감염 환자 수가 매우 적다는 것은 틀림없어 보인다. 다시 말하면, 바이러

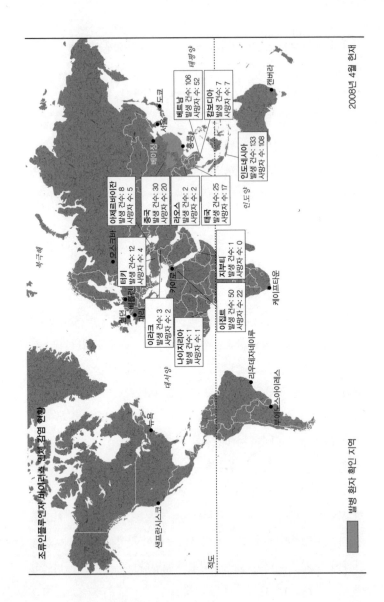

조류인플루엔자 바이러스 전체 감염 현황

2008년 4월 현재

베트남
발생 건수: 106
사망자 수: 52

캄보디아
발생 건수: 7
사망자 수: 7

인도네시아
발생 건수: 133
사망자 수: 108

아제르바이잔
발생 건수: 8
사망자 수: 5

중국
발생 건수: 30
사망자 수: 20

라오스
발생 건수: 2
사망자 수: 2

태국
발생 건수: 25
사망자 수: 17

터키
발생 건수: 12
사망자 수: 4

이라크
발생 건수: 3
사망자 수: 2

나이지리아
발생 건수: 1
사망자 수: 1

지부티
발생 건수: 1
사망자 수: 0

이집트
발생 건수: 50
사망자 수: 22

도쿄
서울
홍콩
베이징
캔버라
런던
베를린
파리
모스크바
뉴욕
샌프란시스코
카이로
케이프타운
루에노스아이레스
리우데자네이루

북극해
태평양
인도양
대서양
적도

발병 환자 확인 지역

198

스가 일단 인체에 감염되면, 그 새로운 숙주(사람)를 죽일 정도로 치명적이다.

H5N1 감염의 유행은 중국에서 시작되었다. 아시아 전체로 퍼졌을 뿐 아니라 중동, 아프리카, 유럽 발밑에까지 와 있다. 1957년 아시아 독감, 1968년 홍콩 독감, 2003년 SARS처럼, H5N1의 판데믹도 중국 남부의 광둥 지역에서 시작되었다. H5N1 바이러스는 1996년 거위농장에서 처음으로 발견되었다. H5N1 바이러스는 아마도 H5형 거위 바이러스와 N1형의 오리 바이러스가 혼합되어 재조합된 다음에 닭으로 전염된 것으로 보인다. H5N1 바이러스에서 돌연변이를 통해 분화된 많은 바이러스가 지금 공존하고 있다. 질병 유행이 아닌 별개 사례가 단지 돼지뿐 아니라 고양이, 호랑이, 표범, 개 등의 포유동물에서도 보고되고 있다.

미국의 의사 마이클 그레거Michael Greger가 『조류인플루엔자』Bird Flu에서 기술했듯이, H5N1은 '자체 부화하는 바이러스'이다. 중국에서는 약 140억 마리의 닭·오리·거위가 동물 축사에서 살고 있다. 3층짜리 동물 사육은 흔하다. 산란계 닭장이 돼지우리 위에 있고, 돼지우리 밑에 양어장이 있다. 돼지는 닭의 배설물을 먹고 돼지 배설물은 양어장 식물과 해조류의 비료로 사용되거나 물고기 먹이로 사용된다. 사육 방식이 실용적이다. 하지만 조류인플루엔자 바이

그림 15 2003년 이후 조류인플루엔자 인체 감염 환자 분포지(출처 세계보건기구, 2008)

러스에게는 천국이다. 특히 돼지는 신종 인플루엔자 바이러스가 출현할 수 있는 잠재적인 배양기 역할을 한다. 바이러스는 자신들의 온상지(양계 농장)에서 바로 야생으로 (양어장 물 오염을 통해) 직접 갈 수 있다. 양어장 오염물은 야생 오리와 다른 조류를 감염시킬 수 있다. 지금까지 야생 조류들은 병증을 나타내지 않고 온전한 채 바이러스를 여기저기 퍼뜨린다. 그래서 야생 조류는 인플루엔자 바이러스를 숨기고 있는 '트로이 목마'이다.

투계(닭싸움) 또한 위험하다. 닭들은 싸우면서 피를 흘린다. H5N1 바이러스는 태국에서 말레이시아로 이런 방법으로 유입된 것 같다. 조류인플루엔자 때문에 태국에서 투계가 금지될 때까지, 매년 약 1500만 번의 투계 경기가 열렸다.

농장에서의 독감

그러나 H5N1만이 최근 신문지상을 장식한 유일한 조류인플루엔자는 아니다. 2003년 네덜란드에서 H7N7 조류인플루엔자가 발생했다. H7N7 발생 이후 곧바로 3000만 마리의 닭을 긴급 도살하는 과감한 조치를 단행하여 더는 유행하지 않고 끝이 났다. 약 1,000명이 H7N7에 감염되고 사람 간 전염이 되었지만, 이 바이러스는 사람에게는 거의 질병을 일으키지 않는 무해한 바이러스로 판명되었다. 닭 살처분 작업에 직접 관여한 수의사 한 명만 사망했다. 새로운 인플루엔자 바이러스가 항상 가금농장에 나타나고 이들 바이러스가 일으키는 질병의 대부분은 가금 역병으로 불렸다. 수의학 용어로는 맞다.

그러면 H5N1에 대해 왜 그렇게 과민 반응을 보이는가? 대다수의 서구 사회는 확실히 과민 반응을 보인다. 심지어 H5N1의 인체 감염에 대한 잠재적 위험성은 논쟁의 여지조차 없다. 그 이유는 간단하다. 스페인 독감의 피해 규모에 버금가는 또 다른 인플루엔자 판데믹에 대한 두려움 때문이다. 사실로 받아들이면 두려움은 기우가 아닌 것이다. 인플루엔자 판데믹을 촉발하기 위해서 인플루엔자 바이러스는 다음 세 가지 조건을 갖추어야 한다.

1. 사람에서 독감을 유발해야 한다.
2. 인체에서 바이러스가 증식되어야 한다.
3. 사람 간 전염이 쉽게 이루어져야 한다.

H5N1 바이러스는 첫 번째와 두 번째 조건은 갖추고 있다. 세 번째 조건은 돌발적 변신이나 일련의 항원 소변이를 거친 후에야 가능하다. 여기서 H5N1을 둘러싼 일련의 사건 연대기를 살펴볼 필요가 있다.

1997년 5월 14일, 홍콩에서 한 어린이가 갑작스러운 고열을 보였다. 몇 주 후 그 어린이는 사망했다. 원인은 인플루엔자 바이러스로 밝혀졌다. 지금까지 사람에서 병원성을 보인 것은 인플루엔자 H형(H1, H2, H3형)이 아니라 H5형 인플루엔자(H5N1)였다. 그때까지 H5형 바이러스는 가끔 조류에서만 병원성을 보였다. 그 일이 있기

두 달 전, 홍콩 가금농장에서 조류인플루엔자가 발생했다. 매일 10만 마리의 닭·오리·거위가 산 채로 중국 남부 광둥에서 홍콩으로 들어온다. 대부분의 경우 특별한 위생적 예방 조치 없이 가금 조류를 시장에서 도살한다. 800만 홍콩 주민들이 매년 3800만 마리의 생닭을 시장에서 산다. 사람과 이들 가금류 사이에 셀 수 없을 만큼 무수한 접촉을 할 수밖에 없는 구조이다. 첫 조류인플루엔자 희생자인 어린이 이외에 열여덟 명이 1997년 독감을 앓았고 이 중 여섯 명이 사망했다. 대부분의 경우 사망 원인은 스페인 독감 사망자처럼 다발성 장기 부전이었다. H5N1 감염 환자 대부분은 생닭을 사고팔고 가공한 적이 있었고, 그래서 가금 조류와 긴밀한 접촉이 있었다. 다행히도 판데믹의 세 번째 조건인 사람 간 전염은 일어나지 않았다.

홍콩 방역당국이 과감한 조치를 취했다. 100만 마리 이상의 닭이 살처분당했다. 아직까지 그 원인은 뿌리뽑히지 않았다. 중국만 하더라도 140억 마리의 가금류를 사육하고 있다. 지구상에 있는 인구의 두 배에 해당하는 수치이다. 5억 마리의 돼지를 키우고 있다. 그런 점에서 우리가 H5N1을 성공적으로 박멸할 가능성은 사실 제로에 가깝다.

2001년 중국 남부에서 다시 한 번 H5N1이 발생했다. 이번에는 2003년 홍콩에서 첫 사망자들이 보고되고 나서야 끝이 났다. 몇 달 안에 아시아에서 1억 마리의 닭이 조류인플루엔자로 폐사하거나 질병 예방 차원에서 살처분당했다. H5N1 발생이 잠시 주춤했다가 2004년과 2005년에 다시 나타났다. 2005년 6월 현재 100명 이상의 환자와 쉰다섯 명의 사망자가 보고되었다.

이때까지 바이러스는 상당한 변신을 했고 일정 단계에 와서 돌연
변이 바이러스가 나타났다. 이것이 2004년에 일어났던 조류인플루
엔자 발생이다. 초기 변이 바이러스와 같이 사람 간 전염은 이루어
지지 않았다. 그러나 바이러스 자체는 닭에 완전히 적응했고 지금은
돼지에도 감염되고 있다. 그림 16은 야생 조류와 가금 조류에서
H5N1이 발생한 지역을 보여준다.

2005년 최악의 우려가 현실로 나타났다. 태국에서 사람 간 전염이
나타났다는 보고에 전 세계가 경악했다. 숙모와 함께 살고 있던 열
한 살의 소녀는 조류인플루엔자에 감염된 닭과 접촉한 후 조류인플
루엔자에 감염되어 사망했다. 딸을 돌보기 위해서 방콕에서 시골로
허겁지겁 달려온 소녀의 엄마도 이어서 조류인플루엔자에 감염되었
다. 소녀의 엄마는 감염 닭과 접촉한 적이 전혀 없었다. 소녀의 엄마
도 자신의 딸을 땅에 묻고 나서 사망했다. 딸에게서 엄마에게 조류
인플루엔자가 전염된 것으로 보인다. 숨진 아이의 숙모도 앓아누웠
지만 완쾌되었다. 다행스럽게도 더 이상 사람 간 전염은 일어나지
않았다. 엄마와 딸 간의 긴밀한 접촉이 아마 위험 인자로 작용한 것
으로 보인다.

2006년 12월, 이집트에서 열여섯 살의 소녀와 스물일곱 살의 삼
촌이 H5N1에 걸려 사망했다. 이 바이러스는 타미플루에 내성을 보
였다. 또 다른 획기적인 사건이 지나갔다.

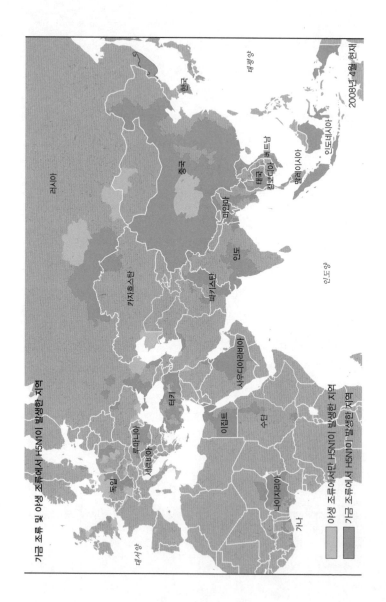

가금 조류 및 야생 조류에서 H5N1이 발생한 지역

야생 조류에서만 H5N1이 발생한 지역

가금 조류에서 H5N1이 발생한 지역

2008년 4월 현재

러시아

한국

태평양

중국

인도네시아

괌

필리핀

캄보디아

베트남

태국

미얀마

인도

카자흐스탄

파키스탄

인도양

사우디아라비아

터키

이집트

수단

루마니아

세르비아

독일

대서양

나이지리아

가나

치료: 원칙적으로 현재까지 사용하고 있는 항인플루엔자 제제(아만타딘, 리만타딘, 타미플루, 리렌자)는 H5N1 인체 감염 치료에도 사용하고 있다. 그러나 이들 치료약에 일부 한계점이 드러나고 있다. 우선 H5N1 바이러스는 이미 아만타딘과 리만타딘에 내성을 보이고 있다. 그러므로 아만타딘과 리만타딘으로 H5N1 인체 감염을 치료할 가망성이 없다. 타미플루 내성 H5N1 바이러스도 출현했다. 대부분의 선진국들은 긴급 상황에 대비하기 위하여 타미플루를 비축하고 있다. 그러나 발전도상국과 중진국에서 그런 조치(타미플루 비축)를 취한다면 보건 예산 전체를 다 써버리게 될 것이다. 현재 어느 나라도 H5N1 판데믹 위협에 제대로 대처할 준비가 되어 있지 않은 것 같다. 심지어 엄청난 양의 타미플루를 비축하고 있는 미국마저도 마찬가지이다. 미국은 백신 생산을 확대하려는 노력도 크게 강화해 왔다.

예방접종: 원칙적으로 예방접종에 의한 면역은 H5N1 바이러스와 같은 잠재적 판데믹 위험이 있는 균주로 백신을 개발한다면 가능하다. 현재 백신 생산기술은 현재의 변종 바이러스에만 특이적으로 작용하는 인플루엔자 맞춤형 백신을 생산하는 데 모두 맞추어져 있다. 이러한 맞춤형 백신은 그 특정 바이러스의 구조에 대한 정확한 지식을 필요로 한다. 다시 말해 사람 간 전염되는 변종 바이러스가 정확하게 확인될 때까지는 백신 개발이 가능하지 않다. 심지어 통상적으

그림 16 조류에서 H5N1이 발생한 분포지(출처 세계보건기구)

로 생산하는 기존 인플루엔자 백신을 생산하는 데도 6개월 이상의 시간이 소요된다. 그러므로 설령 새 백신이 개발·생산되더라도 (생산 기간이 장기간 소요되므로) 신종 인플루엔자 유행 확산을 저지하는 데 이미 때를 놓칠까 봐 우려하고 있다. 그리고 백신 생산능력도 충분하지 않다. 낙관적으로 보더라도 온갖 제조 비법을 동원하더라도 10억 도스 이상은 생산할 수 없다. 사회 어느 계층부터 먼저 예방접종을 실시해야 할지 예측도 쉽지 않다. 무엇보다 백신 산업은 일부 국가에만 편중되어 있다. 미국, 캐나다, 호주, 일본, 그리고 많은 유럽 국가는 백신을 생산할 능력이 있다. 반면 아시아의 많은 국가와 아프리카 또는 라틴아메리카 어느 국가도 백신 생산능력을 갖춘 나라는 없다.

중·단기적인 연구 개발이 이 문제에 대한 해결책을 제공할 것이다. 광범위 예방 백신(예, 신·변종 바이러스도 예방 가능한 백신)을 개발할 만한 노하우가 있기 때문이다. 광범위 백신 개발은 조류인플루엔자를 근절하는 데 큰 도움이 될 뿐 아니라 매년 유행하는 계절 독감을 예방하는 데도 큰 도움이 될 것이다. 불행하게도 이 전략은 매우 늦게 채택되었다. 백신 제조회사의 관점에서 보면 매 10년 단위로 보강 접종용 광범위 백신을 생산하는 것보다 매년 맞춤형 백신을 생산·판매하는 것이 훨씬 매력적일 것이다. 판매용이 아니라 긴급 비축용이기는 하지만, H5N1 예방 백신이 미국에서 처음 승인되었다. 불행하게도 이 백신은 예방 효과가 50퍼센트 정도밖에 되지 않아 임시방편용으로만 사용할 수 있다. 가끔 백신에 대한 상황은 어떤가? 그런 백신이 있기는 하나 이들 백신은 대부분 발병을 예방해주는 것이지 감염 자체를 막아내지는 못한다. 이 정도 수준이면 사람 예방접종에서는 충분한 가치가 있지만, 수의학적 관점에서는 여전히 감염을 예방하는 수준의 백신이 필요하다. 감염 조류가 이동하는 곳마다 바이러스를 퍼나르고 바이러스를 배설하기 때문이다. 그리고 감염 조류가 병증을 나타내지 않는다면, 증상을 나타내지 않는 야생 조류에서처럼 감염 조류를 색출하기가 어렵다. 심지어 중국의 가금류 집단 백신접종정책이 H5N1 바이러스를 확산시키고 오히려 (불완전한 백신 면역으로) 다른 변종 바이러스를 만들어내고 있다. 미국 연구자에 따르면 이 백신은 아마도 H5N1 바이러스에 대해 예방 효과가 별로 없는 것 같다. 오히려 바이러스 선택을 통하여 변종을 만드는 데 기여한다.

지금 해야 할 일

H5N1 바이러스가 사람 간 전염력을 가지게 된다면 전 세계로 얼마나 빨리 확산되는지 추측이 난무하고 있다. 전염병 시한폭탄이 어떻게 갑자기 폭발하는지, SARS가 컴퓨터 시뮬레이션보다도 더 잘 보여주었다. 세계 어느 지역이든 24시간 이내에 질병이 도달할 수 있는 과정을 보여주기에는 단 한 명의 감염자만으로도 충분하다. SARS의 경우 그래도 형편이 좀 나은 편이다. SARS의 경우 사람들이 병증을 보이고 나서야 전염력이 있지만 인플루엔자의 경우 사람들이 병증을 보이기 전에 이미 전염력이 있다. 그래서 H5N1에서 판데

믹이 일어나면 예측 상황은 좋지 않다.

한 가지는 분명하다. 자연 숙주로부터 H5N1 바이러스를 제거하기에는 지금은 너무 늦었다. 우리는 이 바이러스와 같이 살아가는 법을 배워야 한다. 그러므로 H5N1 판데믹을 가능한 빨리 통제하기 위해 고민해야 한다. 가능한 빨리 체계적으로 바이러스의 전염을 차단하는 것은 우리 능력에 달려 있다. 첫 번째 단계는 타미플루로 처방해서 바이러스의 확산을 제한하는 것이다. 여기서 성공의 전제 조건은 신속하게 질병을 발견하고 감염자가 바이러스를 주변에 퍼뜨리기 전에 신속하게 치료 조치를 취하는 것이다.

많은 선진국은 타미플루를 비축하고 있지만, 대부분의 아시아 국가는 사정이 다르다. 그러나 판데믹 바이러스가 출현할 가능성이 가장 높은 곳은 다름 아닌 아시아 지역이다. 선진국들이 H5N1 판데믹 초기에 타미플루 비축분을 (발생한 지역에 신속하게) 양도할 준비가 되어 있는지는 두고 볼 일이다.

그리고 엄격한 검역 조치가 필요하다. 그러나 검역 조치가 제대로 성공할지도 의문이다. SARS의 경우 관계 당국이 성명서를 내는 데만 수개월이나 걸렸다. 중국이 H5N1에 대하여 그동안 너무 많이 은폐해 왔기 때문에 신속하고 제대로 된 대응 조치를 취할 것이라고 확신할 수 없다.

인플루엔자 판데믹이 얼마나 심하게 불어닥칠 것인지 예측하기 어렵다. 인간에게 적응한 H5N1 변종 바이러스가 전 세계에 급속히 확산될 가능성이 높다. SARS가 맛보기를 제공한 바와 같이 세계경제에 끼칠 결과는 실로 엄청나다. H5N1 판데믹에 따른 예상 사망자수 규모에 대한 추측이 난무하고 있다. 그러나 이들 추측의 일부는 조심스럽게 다룰 필요가 있다. 홍콩 독감을 독성이 가장 약한 경우로, 스페인 독감을 독성이 가장 강한 경우로 간주하면, H5N1 판데믹이 유행할 경우 800만에서 2억 명이 목숨을 잃을 수 있을 것이다. 가장 비관적인 추정은 최대 15억 명의 사망자가 발생하는 것이다.

SARS: 단 12시간 만에 지구 반 바퀴를 돌다

이론적으로 새로운 전염병은 언제 어디서든 나타날 수 있다. 우리는 최근 전 세계에서 실제로 일어날 수 있다는 것을 정확하게 보았다. 새천년(21세기)이 시작되고 나서 채 2년이 지나지 않아 SARS가 출현했다. 난데없이 갑자기 많은 사람이 고열을 동반한 정체불명의 질병에 걸렸다. 과학자들이 전력을 다해서 병원균이 무엇인지 찾아내는 동안 그 미지의 병원균은 전대미문의 속도로 전 세계로 퍼져나갔다. 시장에서, 호텔에서, 무엇보다도 병원에서, 바이러스는 이 사람에서 저 사람으로 전염되었고 사람 몸 안에 숨어서 비행기를 타고 대륙 사이를 돌아다녔다. 우리는 단 한 사람의 감염자가 건강한 사람 집단을 어떻게 감염시키고 그래서 감염 규모가 어떻게 점점 커지는지를 보았다. 그리고 바이러스가 한 감염 집단에서 멀리 떨어진 장소에 있는 완전히 새로운 집단으로 어떻게 전염되는지 목격했다. 한마디로 감탄할 만한 전염병 확산 사례이다.

호텔, 병원, 비행기

2002년 11월 16일, 중국 남부 광둥 지역에 사는 마흔여섯 살의 남성이 고열을 동반한 폐렴을 앓았다. 친척 중 네 명이 아마도 같은 증상을 보인 것 같다. 원인은 알 수 없었다. 이 남성과 별개로, 2002년 12월 10일, 선전深 에 있는 한 식당 요리사가 유사한 증상을 보였다. 그 요리사는 지역 병원에 입원했고, 그로 인해 병원에 여덟 명의 추가 환자가 발생했다. 2003년 1월 말, 중국에서 발생 건수는 급격하게 증가했다. 이 알 수 없는 질병의 발생을 은폐하려는 시도에도 불구하고 이 질병에 대한 소식이 대중에게 서서히 알려지기 시작했다. 미국 질병통제센터CDC는 전문가 그룹을 중국에 파견했다. 2003년 2월 초, 미국 CDC 전문가들은 현장 조사에 들어갔다. 결국 새로운 전염병이 발견되었다는 소식이 세계보건기구와 다른 국제기구에 알려졌다. 첫 초전파자super-spreader를 통해 정체불명의 전염병은 판데믹 유행을 향해 한걸음 더 앞으로 나아갔다. 한 명의 수산물 상인 감염자가 광둥의 한 병원에 입원한 이후 약 3주간에 걸쳐 열아홉 명의 친척과 다섯 명의 의사, 간호사, 다른 의료 종사자에게 전염시켰다. 2차 감염자 중 한 사람인 예순네 살의 의사는 수산물 상인 감염자와 직접 접촉한 적은 없지만 오히려 병원 종사자(수산물 상인에게서 감염된)에게서 전염되었다. 2월 중순 그 의사는 몸이 아프기 시작했지만 그리 오래가지 않아 진정되었다. 2월 21일, 증상이 호전되자 의사는 아내와 함께 결혼식에 참석하기 위하여 3시간 거리에 있는 홍콩에 갔다. 거기서 부부는 메트로폴 호텔을 예약했다. 곧바로 그 의사는 다시 아프기 시작했다. 사실 너무 아파서 다음 날 광화병원에 입원했다. 의사는 그곳에서 3월 4일 사망했다. 그 의사가 메트로폴 호텔 9층에 묵은 단 하룻밤은 최소한 열여섯 명의 호텔 투숙객과 호텔 방문자를 감염시켰다. 전염이 어떻게 일어났는지 명확하게 밝혀지지는 않았지만, 아마도 감염자 모두 같은 엘리베이터를 이용했고 이들 모두 똑같은 엘리베이터 버튼을 눌러서 접촉되었을 것이라고 추정된다. 그런데도 호텔 종업원들(특히 호텔 짐꾼, 객실 청소부, 접수 담당자, 청소부)은 단 한 명도 감염되지 않았는데, 미스터리이다. 어쨌든 그 4성 호텔은 전 세계로 바이러스가 여행하는 출발지가 되었다.

뉴욕에서 온 마흔여덟 살의 사업가가 홍콩에 있는 바로 그 호텔에서 하룻밤을 묵은 후 베트남 하노이로 날아갔다. 거기서 그 사람은 예순세 명을 더 감염시켰다. 한 감염 여성은 바이러스를 다시 싱가포르로 날랐고, 거기서 최소한 195명 이상을 감염시켰다. 일흔여덟 살의 캐나다 여성은 바이러스에 감염된 채 캐나다 토론토로 돌아갔다. 거기서 136명을 감염시켰다. 그렇게 단 몇 시간 내에 이 신종 전염병은 아시아에서 북미 대륙으로 확산되었다. 한편 홍콩에서 또 다른 캐나다인이 몸이 너무 아파서 프린스 오브 웨일스 병원에 입원하는 바람에 그 병원에 있던 아홉 명이 추가로 감염되었다. 그 끔찍한 날 메트로폴 호텔에 잠시 들렀던 스물여섯 살의 한 청년 인부도 SARS에 걸렸고 같은 병원에 입원했다. 처음에 청년은 아픈 증상에 대해 대수롭지 않게 생각했다. 그러다 결국 3월 4일, 프린스 오브 웨일스 병원에 입원했다. 거기서 143명을 감염시켰고, 그중 한 사람이 서른여섯 살의 신장 투석 환자였다. 이 신장 투석 환자는 1만 9000명이 거주하는 주택단지 안에 위치한 자신의 아파트로 돌아갔다. 2003년 3월 14일 그 환자는 폐렴을 앓기 시작했다. 병원에 잠시 입원했지만 바로 퇴원했다. 그 환자는 다시 앓기 시작했다. 자신의 아파트에서 단 하룻밤을 지내는 것만으로도 주택단지 내 입주민 213명을 감염시켰다. 이 바이러스는 하수도를 통해서 아파트에서 아파트로 옮아간 것으로 추정된다. 중국 베이징에서 온 예순두 살의 노인도 프린스 오브 웨일스 병원에서 감염되었다. 그 노인은 동생의 병문안 차 병원을 방문했다가 감염되었다. 그 노인은 곧 앓기 시작했지만 병원 치료를 거부하고 바로 베이징의 집으로 돌아갔다. 3월 15일 그 노인은 홍콩에서 출발하는 CA112편 비행기를 타고 베이징으로 갔다. 5일 후 그 노인은 사망했다. 비행기를 타고 오는 동안 그 바이러스는 최소한 스물두 명의 승객과 두 명의 승무원을 감염시켰다. 그다음 감염 승객을 통해 타이페이, 방콕, 싱가포르, 심지어 내몽골까지 SARS 바이러스가 번졌다.

전염병을 일으키는 원인체를 찾는 임무가 베트남에서 시작되었다. 3월 3일 하노이에서 세계보건기구 카를로 우르바니Carlo Urbani 박사는 홍콩 메트로폴 호텔에서 온 사업가를 찾아갔다. 우르바니는 엄격한 안전 조치를 취한 후 사업가의 혈액을 채취하고 면봉으로 구강 분비물을 채취하여 미국 CDC를 포함하여 전문연구소로 보냈다. 이 같은 우르바니의 조치는 병원균을 확인하는 데 결정적으로 기여했다. 바로 그 시점부터 대중이 신종 전염병 발생 사실을 알고 경악했다. 베트남에서 SARS는 상대적으로 신속히 근절되었다. 그러나 SARS 대처 필요성을 전 세계에 알렸던 우르바니는 실수를 하고 말았다. 그도 하노이에서 방콕으로 가는 비행 중에 또는 그 직전에 SARS에 걸렸다. 우르바니는 방콕에서 열대 질병에 대한 주제로 강연을 할 예정이었다. 3월 29일, 우르바니는 태국에서 SARS로 사망했다. 다행스럽게도 우르바니는 방콕행 그 비행기에 탔던 어느 누구에게도 전염시키지 않았다.

SARS는 전 세계를 인상적인 속도로 돌아다녔다.(그림 17 참조) SARS 전염이 이루어진 경로 상당수가 종숙주(병원균을 더 이상 퍼뜨리지 않는 마지막 숙주)로 향했기 망정이지 그렇지 않았다면 더욱더 상황이 악화될 수도 있었다. 예를 들면 결혼한 부부가 홍콩 메트로폴 호텔에서 SARS에 감염된 후 필리핀으로 신혼여행을 떠났다. 거기서 부부는 입원을 했지만 곧바로 회복되었다. 그 후 부부는 영국으로 갔지만 이미 SARS 감염에서 회복되었다는 검사 결과가 나왔다. 이 부부는 어느 누구에게도 감염시키지 않았다. 유사한 사건이 홍콩에 있다가 호주로 여행한 독일 여성의 사례이다. 호주에서 가볍게 앓은 후 자연적으로 회복되었다. 또 다른 남성은 밴쿠버로 가는 길에 병에 걸려 도착하자마자 병원 격리실에서 치료를 받았다. 어느 누구도 감염되지 않았다. 독일에서도 한차례 소동이 일었다. 3월 15일 서른두 살의 한 의사가 뉴욕에서 개최된 회의에 참석한 후 싱가포르로 돌아가는 귀국길 중간 지점인 프랑크푸르트 암마인에서 강

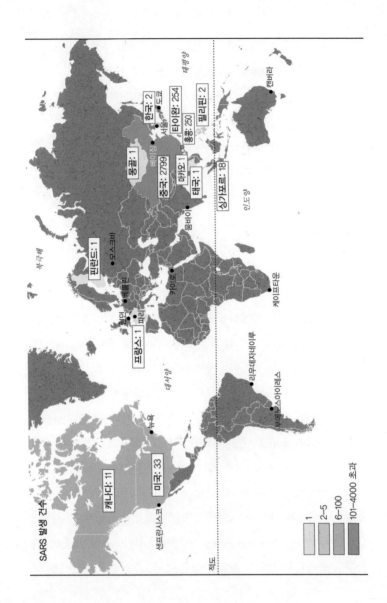

SARS 발생 건수

- 캐나다: 11
- 미국: 33
- 프랑스: 1 파리
- 핀란드: 1 모스크바
- 몽골: 1
- 중국: 2799 베이징
- 한국: 2 서울
- 타이완: 254
- 홍콩: 250
- 마카오: 1
- 태국: 1
- 필리핀: 2
- 싱가포르: 18

뉴욕
샌프란시스코
베를린
카이로
뭄바이
도쿄
리우데자네이루
부에노스아이레스
케이프타운
캔버라

대서양
태평양
인도양
적도
북극해

범례
- 1
- 2-5
- 6-100
- 101-4000 초과

제로 단기 체류해야만 했다. 그 의사는 회의에 참석 차 뉴욕에 가기 전 이미 SARS에 감염되어 있었다. 그 의사는 회의 참석 후 뉴욕을 떠나기 전 동료에게 자신이 SARS 비슷한 증상을 앓고 있는 것 같다고 말했다. 그 말을 들은 동료는 뉴욕에서 독일 당국으로 전화를 걸어 이 사실을 알렸다. 세계보건기구는 그가 탄 비행기를 확인한 후 비행기가 프랑크푸르트에 도착하자마자 그 젊은 의사와 그의 동행자들을 즉각 격리한 채 병원으로 후송했다. 실제로 그 의사는 SARS에 감염되어 있었다. 여기서도 이 바이러스 역시 전염을 확산시키는데 실패했다. 그 의사는 아내와 장모, 그리고 승객 한 명에게 SARS를 전염시켰지만 이 중 어느 누구도 감염 후 앓아눕지 않고 바로 회복되었다. 감염자가 참석한 회의에 동석했던 다른 참석자와 그가 탔던 비행기의 나머지 여행객 어느 누구도 병에 걸리지 않았다.

일련의 SARS 유행이 진행된 상황은 다음과 같다.

3월 23일 SARS 환자 수 4,000명 돌파, 5일 후 5,000명 육박.

5월 2일 6,000명 육박.

5월 8일 7,000명 육박.

유행 절정기 동안 매일 200명 이상이 SARS에 감염.

그 후 SARS는 수그러들기 시작했다. 3월 말 이후 SARS를 일으키는 병원균을 찾아냈다. SARS가 처음 유행했을 당시 가장 잘 알려져 있던 조류인플루엔자를 의심했다. 그러나 SARS는 새로운 코로나바

그림 17 2003년 이후 전 세계 SARS 감염자(출처 세계보건기구)

이러스에 의해 유발된다는 사실이 밝혀졌다. 이 바이러스는 사람과 동물에서 이미 알려져 있는 코로나바이러스와는 완전히 다른 신종 바이러스였다. 그때까지 알려진 기존의 코로나바이러스는 대개 사람에게 그다지 피해를 주지 않는 단순 감기의 한 원인체일 뿐이었다. 원인 바이러스가 밝혀지자마자 곧 SARS 진단법이 개발되었다. SARS 발생 건수는 2003년 중반까지 계속 나타났다. 간헐적인 발생은 2003년 하반기와 2004년 초까지 이어졌다. 그다음 이 질병은 사람 집단에서 홀연히 사라졌다. 그동안 8,000여 명이 SARS에 걸렸고, 이 중 750명이 사망했다.

원인을 찾아서

도대체 SARS는 어디에서 왔는가? 전염 순서에 대한 정확한 세부 정보는 여전히 밝혀지지 않았다. SARS는 전형적인 인수공통전염병일 개연성이 아주 높다. 다시 말해 동물에서 사람으로 넘어온 질병이다. 아마도 중국에 있는 재래 식육시장에서 시작되었을 것으로 보인다. 최초 감염자 중 대다수가 시장에서 식용으로 야생동물을 팔거나 그 고기를 가공하는 사람들이었다. 많은 도부와 주방 종사자들의 혈액에서도 SARS 항체(감염의 증거)가 검출되었다. 이들 감염자 중 어느 누구도 병증을 보이지 않았다. 특히 이들은 중국에서 진미로 먹는 사향고양잇과 동물을 취급했던 사람들이다. 사향고양이는 오소리와 너구리와 함께 SARS 바이러스의 숙주로 간주된다. 가장 신빙성 있는 자료에 따르면 SARS 바이러스는 박쥐에서 사향고양이로 넘어와 그다음 다시 사향고양이에서 사람에게 넘어왔다. 식육시장에서 일하는 종사자들은 숙주 영역의 변화에 중요한 역할을 한 것 같다. SARS 바이러스가 사람 집단에 적응하기 위해 위험한 형태로 처음 발전한 것이 바로 이들이기 때문이다. 단 한군데의 돌연변이만으로도, 즉 숙주세포에 달라붙는 바이러스 단백질을 구성하고 있는 1,255개 아미노산 중에서 단 하나의 아미노산만 변해도 이런 일이 충분히 벌어질 수 있다. 그런 돌연변이는 바이러스에서 주기적으로 일어난다. 바이러스가 잠재적인 새로운 숙주와 긴밀하게 접촉한다면, 바이러스에서 변이가 일어나 바로 확산될 수 있다. 첫 번째 식육시장 종사자들은 아마도 어느 정도 면역이 되어 있었을 것이다. 그 이전부터 이미 병원성이 없는 형태의 SARS 바이러스와 접촉이 있었을 것으로 추정되기 때문이다. 그 전 접촉으로 면역이 형성되어 있어서 그들 누구도 SARS에 감염되어도 앓아눕지 않았다.

지구촌 시대의 구식 퇴치 전략

SARS는 약 800명의 목숨을 앗아갔고 전 세계 경제의 일정 부분을 단숨에 마비시켰다. SARS 발생으로 아시아에서만 최소한 250억 달러의 비용이 들었다. 반면 국제 관광산업은 60억 달러의 손실을 입었다. 루프트한자 독일 항공사 한 곳만 하더라도 15억 달러의 손실을 보았다. 지금껏 일어났던 판데믹과 비교하면 SARS 문제는 가볍게 넘어갔다. 그 이유로 첫째, SARS 바이러스는 사람에게 제대로 적응하지 못하여 사람 집단에 남아 있는 데 실패했다는 점이다. 둘째,

SARS는 감염자를 너무 빨리, 그리고 너무 많이 무력화시켜서 멀리까지 퍼져나갈 수 없었다는 점이다. 셋째, 감염자는 움직일 수 있고 외관상 건강해 보이는 잠복기 때가 아닌 앓아눕는 병증기(감염자의 행동 반경이 좁다.) 때에만 전염력이 있었다는 점이다. 넷째, 이 바이러스가 상대적으로 작은 규모 수의 동물 숙주(박쥐)에서 유래했다는 점이다. 그러므로 궁극적으로 SARS는 현대사회에서 에피데믹이 어떻게 관리되어야 하는지에 대한 교훈을 주었다. 여기서 언급한 네 가지 특징 때문에 SARS는 수세기 동안 내려온 기본적이고 단순한 구식의 방식(검역과 엄격한 여행 제한, 그리고 숙주 동물 도살)을 동원하여 제압되었다. 여행객의 체온을 간단하게 재는 체온 측정기는 그런 관점에서 가장 중요한 수단 중 하나임이 입증되었다. 중국 광둥 지역 1만여 마리의 사향고양이 살처분으로 SARS 전염원을 제거했다. 구석에 숨어 있거나 경고 신호(병증)를 나타내지 않고 확산되는 병원균(예, HIV)의 경우 이러한 구식의 방법으로는 질병 확산 저지가 훨씬 더 어렵고 실패하기 쉽다. 거대한 규모의 동물 숙주에 적응하는 미생물의 경우 생존할 가능성이 훨씬 높아진다. 예를 들면 인플루엔자 바이러스는 중국에서만 140억 마리 가금류(닭·거위·오리)의 대규모 숙주 안에서 숨어 지낼 수 있다.

SARS의 경우 역학자들과 보건 기구는 21세기가 제공한 각종 도구를 활용할 수 있었다. 즉 인터넷과 언론을 통하여 질병 정보를 급속히 전파할 수 있었고, 국제기구들은 각 국가가 취하는 조치를 조율할 수 있었다. 그러나 현대기술, 특히 항공 여행의 보편화는 SARS의 확산을 촉진했다. 반나절도 지나지 않아 바이러스가 아시아에서 유럽으로, 호주로, 북미 지역으로 넘어갔다. SARS 유행에 대한 언론 보도는 많은 집단에서 집단 공황을 초래했다.

그러나 대중매체와 정보의 빠른 전파에도 불구하고 무슨 일이 진행되고 있는지 일반 대중이 알아채기까지는 시간이 조금 소요되었다. 몇 달간 중국 당국은 신종 질병 에피데믹(지역적 소유행) 뉴스를 통제했다. 그러지 않았다면 SARS가 더 확산되기 전에 에피데믹은 중단되었을지도 모른다. SARS나 다른 신종 전염병의 향후 유행에 대비하기 위해 긴급하게 필요한 조치는 질병 감시와 새로운 발생 정보를 가능한 빨리 투명하게 알려주는 조기 경보체계이다. SARS가 사라졌는지 아니면 언젠가 다시 사람 집단에 모습을 드러낼지는 아무도 모른다. 지구촌에서 숨기고 혼자 처리하는 시도는 실패하게 되어 있다. 전 세계가 합심하여 대처하려는 접근 방식이 경제적으로 볼 때 가장 완벽하다. SARS 문제 해결에 투입된 최소 250억 달러(최대 1000억 달러 추산)를 유엔 새천년아프리카발전목표사업에 투입했더라면 목표 대부분을 이루었을지 모른다.

음지 속의 생명체: 열대 소외 질병

질병에 대하여 무관심할 수 있는 비결이 있다. 질병의 폭발적인 발생도 없고, 다른 나라로 전염될 위험도 없고, 그리고 지리적으로 아프리카, 아시아와 라틴아메리카의 낙후된 지역에 분포하면 된다.

이러한 묘사에 딱 들어맞는 질병은 베스트셀러 공상 과학소설의 주제가 절대 될 수 없다. 언론의 관심이 거의 없을 것이고 의사결정기구들은 모른 척할 것이다. 그런 질병은 단지 음지 속에 숨어 있을 뿐이다. 빌하르츠 주혈흡충증bilharziasis, 상피병elephantiasis, 사상충성 실명증river blindness, 수면병sleeping sickness, 샤가스병Chagas disease, 흑열병kala azar, 열대 궤양병tropical ulcer 등이 그런 질병들이다. 세계보건기구는 이들 질병을 하나로 묶어서 '열대 소외 질병'neglected tropical disease ■이라고 구분했다. 대부분은 기생충에 의해 발병하며 절대빈곤 지역에서 발생한다. 이들 지역의 사람들은 돈을 벌 방법이 없다. 대부분 제약회사와 과학계는 (약을 구매할 경제적 여력이 없는) 이들을 못 본 척한다. 열대 소외 질병이 발생하는 국가들은 (국가 또한 빈곤해서) 이들 환자를 치료할 재원이 없다. 그래서 일부 풍토병은 전 세계 인구의 1/6에 해당하는 10억 명의 삶을 힘들게 한다. 세계보건기구에 따르면, 이들 질병은 10억 명과 그 지역 전체를 가난 속에 묶어둔다. 이들 소외 질병은 가난의 악순환 고리를 일부 형성한다. 즉 거주민의 대부분이 소외 질병을 앓고 있거나 평생 불구로 사는 나라에서는 경제 발전을 기대할 수 없다. 경제 발전 없이는 깨끗한 물을 공급받을 수 없을 뿐 아니라 위생적인 생활환경에서 살 수 없다. 대신 이들 소외 질병이 확산되는 데 적격의 조건을 이룬다. 2007년 4월 세계보건기구가 소집한 열대 소외 질병 회의에서, 탄자니아 부통령 알리 모하메드 셰인Ali Mohamed Shein은 말했다. "저는 발전도상국들이 어떤 방식으로든 어떤 질병이라도 무시해서는 안

된다는 것을 강조하고 싶습니다. 예를 들면 독립 이후 우리 탄자니아는 보건 상태와 보건 서비스 개선이 사회경제 발전의 핵심이라고 인식하여 왔습니다. 우리는 빈곤과 무지와 함께 경제발전의 장애로 간주하는 질병과의 지속적인 전쟁을 벌이고 있습니다."

일부 기생충의 경우 질병을 퇴치하기 위해 약을 사용하고 있다. 이들 약은 대부분 원래 전혀 다른 병원균 감염 환자의 치료를 위해 사용하고 있거나 가축 치료를 위해 개발한 약들이다. 현재 이들 질병에 대하여 약제 내성이 증가하고 있기 때문에 연구와 신약 개발이 시급하다. 지금까지 연구 개발 분야에서 이루어진 것이 거의 없다. 생물의학 연구에 투입되는 돈 10만 달러당 단 1달러 정도만 열대 소외 질병에 투입되고 있다. 이러한 상황에 대처하기 위하여, 세계보건기구는 알벤다졸albendazole, 이버멕틴ivermectin, 프라지콴텔 praziquantel 등 기생충 치료제를 사용한 집단 예방 화학요법이라는 새로운 치료 전략을 발표했다. 이들 질병에 걸린 사람들의 대다수가 의료 서비스를 제대로 받지 못할뿐더러 감염자 대부분이 감염 후 오랜 시간이 지나야 병증이 나타나 무증상 감염자들이 예방접종을 받아야 한다고 느끼지 않기 때문에 이루어진 자구적 조치이다. 이런 종류의 집단 예방과 비교하면, 개별 환자를 일일이 확인해서 완치시킨다는 것은 어렵다. 열대 소외 질병 사례를 다음에서 간략하게 설명한다.

번져가는 원충 질병

수면병에 대해서 들어보았을 것이다. 트리파노소마원충이 수면병의 원인이며, 아프리카 체체파리tsetse fly에 물리면 감염된다. 트리파노소마원충은 형태가 가늘고 길며 채찍같이 생긴 편모flagellum가 있다. 이 원충의 크기는 적혈구만 하다. 질병 말기에 환자는 쇠약해지고 혼수상태에 빠진다. 기생충이 신경계를 공격하기 때문에 혼수로 인한 사망이 자주 일어난다. 뇌와 심장에 염증을 나타내는 자가면역반응이 나타날 수 있다. 약 50만 명이 수면병으로 고통을 받고 있고 환자 열 명 중 한 명이 사망한다. 같은 트리파노소마에 속하는 비슷한 기생충이 라틴아메리카에서 샤가스병을 일으킨다. 침노린재reduviid가 샤가스병(트리파노소마원충)을 전염시키는 매개 곤충이다. 샤가스병의 증상 중 가장 두드러지게 나타나는 것이 심혈관계 질환이다. 샤가스병에 의한 심혈관계 질환 역시 자가면역반응으로 인해 일어나는 증상이다. 매년 약 20만 명의 환자가 발생하며, 감염 환자 열 명 중 약 한 명이 사망한다. 두 질병 모두 치료약은 있지만 부작용이 심하고 효과도 미미하다. 말라리아와 달리, 체체파리는 낮에 활동하기 때문에 모기침망은 수면병을 막는 데 별 도움이 되지 않는다. 살인 곤충의 경우 살충제를 사용할 필요가 있다.

많은 열대 소외 질병은 감염 환자를 흉하게 만들 뿐 아니라 장애로까지 만든다. 그로 인해 감염 환자들은 사회에서 소외당한다. 리슈마니아병이 그렇다. 이 질병을 일으키는 원충이 라틴아메리카, 아프리카, 인도, 그리고 흔하지 않지만 유럽에서도 발견되고 있다. 약

1200만 명이 감염되어 있는데, 응애 sandfly에 물려서 전염되는 곤충 매개 질병이다. 리슈마니아병에는 세 가지 감염 유형이 있는 것으로 알려져 있다. 첫 번째 유형은 내장형 리슈마니아병 visceral leishmaniasis 이다. 이 유형의 리슈마니아병은 흑열병으로 잘 알려져 있다. 흑열병에 걸리면 불규칙적인 여러 차례의 고열과 면역 부전이 일어난다. 치료하지 않고 그대로 방치하면 대부분 기회 감염으로 사망할 수도 있다. 두 번째 유형은 피부형 리슈마니아병 cutaneous leishmaniasis으로, 여기에는 열대 궤양병과 유사한 피부병이 있다. 응애에 물린 부위에 궤양이 나타나고 물린 부위는 치유되지만 일부 경우 큰 흉터가 남기도 한다. 세 번째 유형은 점막피부형 리슈마니아병 mucocutaneous leishmaniasis이다. 감염은 특히 코와 목구멍의 점막 부위에서 주로 이루어진다. 목구멍에서 과다 증식을 일으키고 비중격 nasal septum을 망가뜨려 얼굴 모양을 흉측하게 만든다. 그런 얼굴의 묘사는 페루와 에콰도르의 잉카 시대 이전의 인공 유적지에서도 찾아볼 수 있다. 그러한 묘사가 기원후 1세기까지로 거슬러 올라가기 때문에, 피부형 리슈마니아병은 이미 당시에 존재하고 있었다고 추측할 수 있다. 지금 리슈마니아병을 치료하기 위해 사용하고 있는 치료약 중 대다수는 금속원소인 안티몬에 기초한다. 그러나 치료 결과는 만족스럽지 못하다. 내성이 증가하고 있고 부작용이 심각하다. 또 다른 문제는 매개 곤충이 너무 작아서 일반적인 모기망을 쉽게 통과한다는 것이다. 그러므로 가장 좋은 예방법은 살충제를 뿌려 응애를 죽이는 것이다.

전 세계적으로 매년 최대 50만 명이 설사병인 아메바성 이질amebic dysentery에 감염된다. 감염자의 설사로 배출된 아메바원충이 오염된 식수와 음식을 통해 전염된다. 설사, 복통, 혈변을 유발할 뿐 아니라, 원충이 몸 전체로 퍼져서 내부 장기에 감염된다. 매우 흔하게 간에 고름이 생기는 간농양을 일으킨다. 약제 치료는 가능하나 지속적인 면역 상태를 유지하지 못하기 때문에 반복해서 질병을 앓게 된다. 깨끗한 물과 청결한 위생만이 문제를 해결할 수 있다.

기생충

대부분의 열대 소외 질병은 기생충에 의해 유발된다. 발병 환자 수는 엄청나다. 일부 사례를 보면 1억 2000만 명이 상피병과 유사한 질환에 노출되어 있다. 1700만 명이 사상충성 실명증에 감염되어 있고, 약 2500만 명이 칼라바르 부종병Calabar swelling에 걸려 있다. 이들 질병을 일으키는 기생충은 요충threadworm이며 요충 유충은 곤충에 의해 전염된다. 상피병을 일으키는 기생충은 'Wuchereria'와 'Brugia'라는 이국적인 이름을 가진 요충으로, 림프관 염증을 유발한다. 림프관 염증은 세균과 곰팡이 감염으로 더 악화된다. 이런 방법으로 원충이 림프관의 흐름을 막고 다리에 거대한 부종을 만들어 코끼리 다리처럼 된다. 그런 병증을 따서 'elephantiasis'라는 이름이 붙여졌다. 또 다른 요충인 온코세르카Onchocerca는 10년 이상 피부에 서식하면서 엄청나게 많은 유충을 생산한다. 이 유충은 피부에 염증을 일으키고 다른 무엇보다도 유충이 눈에 침투하면 실명에 이른다. 그래서 이름이 'river blindness'라고 붙여졌다. 이들 질병 치료약은 있지만 항상 치료 효과가 있는 것은 아니다. 사상충성 실명증의 사례에서 볼 수 있듯이, 치료약 이버멕틴은 기생충의 유충을 죽이는 데 약효가 있다. 그러나 기생충 암컷에는 약효가 없다. 그래서 이버멕틴으로 유충을 치료하더라도 기생충 암컷은 다시 새로운 유충을 생산한다. 이 때문에 성숙한 기생충이 모두 죽을 때까지 이버멕틴을 장기간 복용해야 한다. 이 약은 사람에게 광범위하게 사용할 수 있는 약이라서, 일부 기생충은 내성을 나타내기도 한다. 이버멕틴은 원래 수의학적 용도(동물 치료)로 개발되었다.

일반적으로 주혈흡충에 대해 들어보았을 것이다. 빌하르츠 주혈흡충증을 일으키는 기생충이다. 이 기생충의 특정 발육 단계는 물에서 서식하고 숙주 동물의 피부를 뚫고 들어간다. 사람에서 주혈흡충증은 혈관에 기생하며 적혈구를 먹어 치운다. 200여만 명이 이 기생충에 감염되어 있다. 중간 숙주는 아프리카, 중동, 동아시아, 그리고 라틴아메리카에 서식하는 우렁이다. 빌하르츠 주혈흡충증의 경우 초기에는 피부 알레르기성 염증이 나타나고, 그다음에 여러 차례 고열이 나타난다. 많은 경우 다른 장기의 급성 병발acute involvement이 뒤따른다. 그 후 이 질병은 세 번째 만성 단계로 진행되는데, 이때 기생충이 낳은 충란이 체내 면역반응을 불러일으킨다. 대부분의 충란은 혈액 속으로 흘러들어가 간으로 이동한다. 간에서 충란은 염증을 일으키고 나중에는 간경화로 이어진다. 담낭과 요도 생식기 암을 유발할 수 있다. 30년 전 독일 제약회사와 세계보건기구가 공동으로 개발한

프라지콴텔이 주혈흡충증 치료약으로 사용되고 있다. 제네바에서 열린 학회에서, 한 거대 제약회사가 새천년발전목표를 달성하는 데 기여하고자 2억 도스 물량의 프라지콴텔을 무료로 제공하겠다고 약속했다.

6 항미생물제

> 그 자리에 머물고 싶다면 가능한 빨리 달려야 한다.
> 성취하고 싶다면 훨씬 더 빨리 달려야 한다.
>
> —루이스 캐럴

항생제

누구나 한 번쯤은 의사와 상담하고 항생제 처방을 받아 보았을 것이다. 상대적으로 항생제 사용을 자제하는 독일의 경우 2005년에만 27만 도스 이상의 항생제 처방을 받았다. 영국에서는 4000만 도스의 항생제가 흥청망청 처방되고 있다. 미국의 경우 의사들은 매년 1억 5000만 도스의 항생제를 처방하고, 병원에서 환자들은 매일 1억 9000만 도스의 항생제 주사를 맞는다. 사용된 항생제의 절반은 굳이 사용하지 않아도 되는 처방인 것이다. 유럽에서 항생제를 가장 많이 사용하는 국가는 프랑스이다. 프랑스 인구의 3퍼센트 이상이 매일 항생제를 복용한다. 독일, 오스트리아, 네덜란드에서는 인구의 1퍼센트가 항생제에 의존한다. 항생제는 세균 감염으로 인한 환자의 고통을 빨리 완화해 준다. 항생제는 특이적으로 세균을 죽이든가 최소한 체내에서 세균이 서서히 증식하도록 한다. 대다수의 항생제는 세균이나 곰팡이에서 추출하여 생산한다. 그러나 수백 년간 미생물은 항생제를 생성하여 다른 미생물의 증식을 억제하면서 자신들의 생존에 유리한 환경을 만들었다. 다른 항생제들은 화학적 신호로 작용하고 단지 부수적으로 항생제 효과를 발휘한다. 미생물이 생성한 부산물이 항생제 효과가 있다는 사실을 단지 사람들(과학자)이 발견하여 세균 치료에 활용했을 뿐이다.

알렉산더 플레밍Alexander Fleming(1898~1955)이 이러한 발견을 최초로 해냈다. 그는 페니실린이라는 뜻밖의 횡재를 발견했다. 페니실린은 곰팡이인 페니실린 노타툼Penicillium notatum이 다른 미생물의 침입에 대항하여 생성되는 방어 물질이다. 인류는 이런 물질(이른바 항미생물제)을 합성하여 왔다. 파울 에를리히Paul Ehrlich(1854~1915)는 항미생물 치료요법 개념을 만든 대부이다. 그는 매독에 가장 효과가 있는 살바르산salvarsan을 개발했다. 그다음 게르하르트 도마크Gerhard Domagk(1895~1965)는 항미생물제인 술폰아미드 sulfonamide를 개발했는데, 오늘날에도 여전히 변형된 형태로 사용되고 있다.

과학자들이 (미생물에 의해) 자연 생성되는 항생제의 효능을 향상시키거나 효능을 더 오래 지속시키기 위하여 변형(인공 합성) 방법을 개발하기 시작하면서 항생제 antibiotic와 항미생물제 antimicrobial를 학문적으로 구분하기에 이르렀다. 이후 '항생제'는 모든 항세균성 물질이란 의미로, '항미생물 치료' antimicrobial therapy는 항생제로 세균 감염을 치료한다는 의미로, '항감염약' anti-infective은 병원균을 죽일 수 있는 물질이나 병원균 감염을 예방할 수 있는 물질(백신 포함)이란 의미로 사용되었다.

살균 작용 메커니즘

지금 사용하고 있는 대부분의 항생제는 공통점이 있다. 바로 세균의 독자적인 대사 과정에 간섭하여 항생제 작용을 한다는 것이다. 이때 항생제는 인체 세포에 해가 없어야 이상적이다. 예를 들면, 일부 항생제는 세균벽 합성을 차단한다. 이러한 항생제로는 페니실린과 세팔로스포린 cephalosporin이 있다. 이들 항생제 부류를 항생제가 공통적으로 가지고 있는 기본 화학 구조를 본떠서 베타-락탐계 beta-lactam 항생제라고 한다. 세균벽에 있는 단백질 분자들은 서로 연결되어 세균벽을 형성하는데, 페니실린은 그 세균벽 단백질에 달라붙어서 세포벽을 느슨하게 만들고 세균벽에 구멍을 만들어 허물어 버린다. 그러나 페니실린은 휴지기 상태(증식 작용이 멈춘 상태)에 있는 세균에 대해서는 이런 방법으로 항생제 효과를 낼 수 없다. 즉 페니실린은 세균이 세포벽이 왕성하게 합성되고 있을 때(세균이 증식 분열을 시작할 때)에만 작용한다. 반코마이신 vancomycin은 세균벽 합성을 저해하나 또 다른 메커니즘이 있어서 베타-락탐계 항생제에 내성을 가지는 세균에도 여전히 치료 효과가 있다.

세균 단백질 합성을 저해하면서 작용하는 항생제도 있다. 이러한 항생제로는 아미노글리코사이드aminoglycoside, 테트라시클린tetracycline, 클로람페니콜chloramphenicol, 마크로리드계macrolide 항생제가 있다. 심지어 세균이 자신의 단백질과 유사한 단백질을 생성하는 경우에도 세균 합성 경로는 여전히 독특한 특징을 가지고 있다. 또한 많은 세균에서 단백질 합성 경로가 유사하기 때문에 단백질 합성 저해제는 여러 부류의 세균을 한꺼번에 죽일 수 있다. 그런 항생제를 광범위 항생제broad-spectrum antibiotic라고 한다.

퀴놀론계는 차세대 항생제이다. 이러한 종류의 항생제에는 2001년 말 탄저 테러 이후 신문지상에 등장했던 시프로플록사신ciprofloxacin이 있다. 이들 항생제는 세균이 증식할 때 작용한다. 꼬여 있는 세균 DNA를 풀어서 절편으로 나누는 세균 효소에 이들 항생제가 달라붙어서 효소 작용을 정지시킴으로써 세균을 죽인다. 퀴놀론계는 상대적으로 새로운 항생제이기 때문에, 이들 항생제에 대한 내성은 그렇게 폭넓게 퍼져 있지 않다. 술폰아미드나 설파제sulfa drug 같은 항미생물제는 세균의 대사 과정을 간섭한다. 폴리믹신polymyxin은 세균막을 녹이는 계면활성제 작용이 있다. 세균막은 숙주의 세포막과 다르기 때문에, 그 효과는 특이적이다.(세균에만 작용한다.)

바이러스 질병의 치료는 세균성 질병의 치료만큼 진전은 없지만 최근 이 분야에서도 의미 있는 진척이 있었다. 작용 메커니즘 등 세부적인 사항은 이 책의 범위를 완전히 넘어서는 전문적인 사안이라 소개하지 않겠다. 대신 AIDS와 인플루엔자 치료약은 관련 장에서 언급하도록 한다. 몇 가지 약은 곰팡이, 원충, 기생충을 치료하는 데 사용된다.

세균의 항생제 저항(내성)

1945년부터 1960년대까지는 항생제의 황금시대였다. 오늘날 항생제라는 무기는 너무 남용한 나머지 칼날이 많이 무뎌졌다. 세균들은 항생제의 작용을 피하는 데 익숙해져서 돌연변이를 하여 항생제에 내성을 보인다. 대부분의 거대 제약회사들이 항생제 신약 개발 계획을 점점 축소하고 있기 때문에 상황이 복잡해졌다. 누군가 항생제 내성에 대해 무슨 큰 거래가 있는지 물어볼지 모르겠다. 결국 뚜렷한 작용 기전을 가진 몇 가지 항생제가 세균 치료에 사용되고 있다. 그러나 의사들은 자주 항생제가 제대로 듣지 않는 다제 내성 세균과 싸우느라 끙끙댄다. 인공 합성 항미생물제는 자연 상태에서는 존재하지 않는 물질이기 때문에, 세균이 부닥칠 일이 없고 그래서 이들 항미생물제에 대하여 내성이 덜 생긴다고 생각할지 모른다. 하지만 지금까지 일부 세균은 이미 이런 항미생물제에 대한 내성을 획득했다.

세균의 내성 획득 자체는 정상적인 현상이다. 세균이 진화할 때 선천적으로 내성을 획득하는 성질을 지니고 있기 때문이다. 오늘날 존재하는 모든 항생제에는 내성 세균이 존재한다. 간혹 새로운 항생제가 개발되고 나서 세균이 내성을 획득하기까지는 수년이 걸린다. 원래 특효약이었던 페니실린의 영광은 금세 빛을 잃었다. 페니실린이 출시된 후 수년이 지나지 않아서 농양 세균인 포도상구균이 처음으로 내성을 보였다. 1960년대에 이르러서는 모든 포도상구균이 페니실린 내성을 획득하는 바람에 페니실린은 거의 약효를 발휘하지 못했다. 그다음 의사들은 새로운 무기(항생제)를 구하려 했다. 새로운 항미생물제에 의지하려는 조건반사 작용은 더는 작용하지 않고 있다. 많은 병원에서 다제 내성 포도상구균에 대항할 무기가 없다. 이 경우 반코마이신은 마지막으로 의존할 수 있는 항생제이다. 그러나 2000년 이후 반코마이신 내성 포도상구균vancomycin-resistant staphylococci이 출현하기 시작했다.

포도상구균은 단지 이러한 경향의 일례에 지나지 않는다. 이러한 사례는 부지기수이다. 항생제 내성을 보이는 폐렴구균은 놀라울 정도로 증가하고 있다. 체코의 경우 모든 폐렴구균의 60퍼센트가 페니실린 내성을 보인다. 한국에서는 모든 폐렴구균의 70퍼센트가 내성균이다. 여전히 약효가 있는 항생제는 기존 약보다는 훨씬 비싸고 더심한 부작용이 있는 새로운 약이 될 것이다. 이들 항생제는 100배 또는 심지어 수천 배의 가격 폭등을 야기한다. 예를 들어 서부 유럽과 미국에서 기존 약에 내성을 보이는 결핵균을 치료하는 데 500~1,000유로가 든다. 병원비 등 제반 비용을 모두 포함하면 그 비용은 1,000유로 이상이 된다. 결핵의 경우도 위험 수위에 도달했다. 지금까지 50개국에서 기존 약제에 내성을 보이는 광범위 내성 결핵이 보고되었다.

항생제 내성균의 확산은 놀랍다. 주로 항생제 남용으로 일어난다. 선진국에서의 모든 항생제 처방의 최대 50퍼센트는 불필요한 것이다. 필요가 없을 뿐 아니라 오히려 위험하다. 항생제를 너무 흔하게 사용하면 새로운 내성 세균의 출현을 유도하게 된다. 이러한 항생제 내성 추세에 속수무책이라면, 1945년 이전과 같은 무항생제 시대로 돌아가고 있는 우리 자신을 발견하게 될 것이다.

내성 세균의 교훈

세균은 빠른 진화의 한 방편으로 내성을 획득한다. 세균은 항생제 감수성 균주보다 선택적으로 생존할 수 있는 장점이 있는 돌연변이를 통하여 내성 능력을 가지게 된다. 대안으로 세균은 다른 내성 세균에서 직접 내성 유전자를 획득한다.

우리는 세균의 바다에 살고 있다. 우리 장 속에는 엄청난 세균($10^{12} \sim 10^{14}$개 세균)이 득실거린다. 우리가 내성 세균을 섭취할 때, 내성 세균은 우리의 장을 채우고 있는 정상 세균총과 유전자를 교환하는 스와핑 잔치판을 벌인다. 그렇게 함으로써 내성 세균은 장내세균에게 자신들이 가지고 있는 내성 유전자를 넘겨준다. 섭취한 세균이 설사를 일으키는 항생제 감수성 세균(예, 이질균)이라면 장내 세균총으로부터 위험한 능력(항생제 내성)을 획득할 수도 있다. 1959년 초 일부 세균 균주들이 돌연 4개의 항생제 그룹(테트라시클린, 술폰아미드, 스트렙토마이신, 클로람페니콜)에 내성을 보였다는 것이 밝혀졌다. 오늘날 동남아시아의 거의 모든 이질균은 3개 이상의 항생제에 내성을 가지고 있다.

세균의 항생제 방어 전략

세균은 항생제에 대항하여 항생제의 침투를 차단하고 항생제를 방출하고, 항생제를 파괴하는 등 세 가지 기본적인 방어 전략을 구사한다. 첫 번째 전략(항생제 차단)에서, 세균은 항생제가 작용하는 부위를 바꿔버린다. 미생물은 거의 모든 항생제에 대하여 이 같은 트릭을 구사한다. 대안으로 세균은 세균 세포벽이나 세균 세포막을 통하여 항생제가 침투하지 못하도록 할 수 있다. 많은 항생제는 분자 채널을 통해 세균 안으로 실려 들어온다. 만약 세균들이 이 채널을 변경시키면 항생제는 더는 이 통로를 통하여 세포 안으로 침투할 수 없다. 두 번째 전략(항생제 방출)은 특수한 운송 메커니즘에 의존한다. 세균은 대개 자신이 피해를 입기 전에 항생제를 균체 바깥으로 나가게 만든다. 설사를 일으키는 세균 대부분이 테트라시클린에 대해서 구사하는 방어 전략이다.(일부 암세포들이 화학요법에 대한 저항성을 가질 때에도 이와 유사한 전략을 구사한다.) 마지막 전략(항생제 파괴)은 말 그대로 항생제를 조각조각내는 전략이다. 일부 세균은 효소를 생산하고 항생제 분자를 분해해서 항생제가 활성을 띠지 못하도록 만든다. 그러한 효소로는 베타-락타마아제beta-lactamase가 있다. 베타-락타마아제는 많은 세균이 생성하는 효소로 페니실린과 다른 베타-락탐계 항생제를 파괴한다.

병원에서 병에 걸려: 병원성 감염과 항생제 내성

중환자실 벽의 타일 사이와 먼지 묻은 수술실 램프 등에도 세균들이 서식한다. 이들 세균은 그다지 위생적이지 않은 환경 어디에서든 증식한다. 병원 환경은 세균이 서식하기에 그다지 좋지 않다. 병원에서 치료에 의존하는 항생제는 공기 중 어디에든 있고, 표면 부위는 끊임없이 살균제로 닦아낸다. 불행하지만 오래된 격언이 딱 들어맞는다. 이런 환경에서 버텨내기만 한다면 더욱더 강해진다. 심지어 더 치명적으로 변한다. 병원 세균은 내성을 획득하는 분야에서 거장이 된다. 대부분 세균은 외부로부터의 습격을 잘 막아내고 적대적인 환경으로부터 승리하는 법을 잘 알고 있다. 독일 일부 지역에서는 병원 환자가 접촉하는 병원균의 최대 60퍼센트가 최소한 일부 항생제에 대한 내성을 지니고 있다. 미국에서 병원의 거의 모든 병원균은 최소한 한 개 이상의 항생제에 내성을 가지고 있다.

병원에서 걸리는 감염을 '병원성 감염'nosocomial infection ■ 이라고 한다. 병원성 감염은 선진국에서 점점 증가하고 있다. 입원 환자 100명당 5~10명은 입원하기 전 노출된 적이 없었던 세균에 감염된다. 독일에서 매년 약 50만 명, 미국에서 매년 200만 명이 병원성 감염에 노출된다. 영국에서는 환자 열 명 중 한 명꼴로 병원성 세균에 감염된다. 감염 위험이 높은 장소로는 신생아실, 외과 진료실, 중환자실, 화상 치료실 등이 있다.

병원성 감염은 위험성이 혼재되어 있다. 입원 환자가 합병증으로 고통받는 이유 가운데 하나는 병원성 감염으로 인한 것이다. 이러한 경우 드물지 않게 치명적이다. 독일에서는 병원성 감염 문제로 고소한 건수가 연간 1만 5000건이나 된다. 영국의 경우 1만 건, 미국의 경우 10만 건 이상의 환자들이 병원성 감염으로 사망한다. 미국 중환자실에서 사망자의 70퍼센트는 심한 패혈증*이나 패혈증 쇼크로 사망한다. 세균은 혈류를 침투해서 혈액과 함께 내부 장기로 들어간다. 거기서 세균은 장기에 치명적인 손상을 입힌다. 패혈증 쇼크에서 신체 면역 세포는 방어를 위하여 화학물질을 폭발적으로 분비하면서 혈류 유래 세균에 반응한다. 사이토카인 폭풍이라고 불리는 이러한 현상은 면역반응 자체가 치명적으로 변하는 사례이다. 방어 물질은 다량의 염증 반응을 촉발하고 신체(장기 포함)의 섬세한 혈관망을 손상한다. 그런 물질들은 신체 전반에 걸쳐 혈액을 응고시키므로 치명적이다.(2006년 테제네로 회사에서 수행한 충격적인 임상 실험에서 투약받은 영국인 실험자 여섯 명이 사이토카인 폭풍에 의한 것으로 보이는 장기 부전으로 사투를 벌이다가 겨우 살아났다.)

경제적 관점에서 보면 병원성 감염은 재앙에 가깝다. 선진국에서 병원성 감염으로 인한 경제적 손실은 미국에서 연간 50~100억 달러, 영국에서 연간 약 15억 유로 등 연간 최대 300억 달러에 이른다.

누가, 어떻게, 무엇을?

일반적으로 병원성 감염 미생물은 대부분의 사람들에서 병증을 나타내지 않으면서 피부 또는 장내에 서식하는 세균이다. 병원성 감염 세균은 병약한 환자에 감염되어 환자를 위험하게 만들 수 있다. 메티실린 내성 포도상구균Methicillin-resistant Staphylococcus aureus : MRSA, 반코마이신 내성 장구균vancomycin-resistant enterococci : VRE, 다제 내성 세균E.coli, Klebsiella pneumoniae, Pseudomonas aeruginosa은 특히 아주 중요하다. 이들 세균이 일으키는 질병에는 폐렴, 요로 감염, 패혈증, 국소 피부 감염, 심부 조직 감염 등이 있다. 병원성 감염 환자 세 명 중 약 한 명은 메티실린 내성 포도상구균 감염자이다. MRSA는 세균 이름 자체처럼 메티실린에만 내성을 가진다는 의미가 아니라 메티실린을 포함하여 모든 항생제에 내성이 있다는 의미이다. 최근까지 메티실린은 항생제 내성균을 치료하기 위한 유일한 무기(항생제)였기 때문에 이름이 그렇게 붙여진 것이다. MRSA의 첫 사례는 1968년에 나타났다. 오늘날 매년 독일에서 4~5만 명의 환자가 MRSA 감염에 시달린다. MRSA 패혈증 환자의 생존율은 단 25퍼센트에 불과하다. 모든 포도상구균 건수의 5분의 1 이하가 메티실린 내성을 보이기 때문에, 이 관점에서 보면, 독일은 지금까지 다른 국가에 비해 상대적으로 순조로웠다. 포도상구균의 경우, 그리스에서는 50퍼센트, 영국에서는 40퍼센트 이상, 이탈리아에서는 40퍼센트 이하, 프랑스에서는 약 30퍼센트가 메티실린 내성균이다. 2007년 미국에서는 거의 10만 명이 MRSA에 감염되었고 그 결과 2만 명이 사망했다. 스칸디나비아 반도 국가들과 네덜란드에서는 대부분 MRSA 문제를 해결했다. 이들 나라에서 MRSA는 0.2퍼센트에 불과하다. 이들 나라에서 MRSA 환자는 즉시 격리되어 병원 전체로

MRSA균이 퍼지지 못하도록 엄격한 위생 조치를 통해 MRSA균을 성공적으로 박멸했다.

두 번째로 흔한 병원성 감염 세균인 반코마이신 내성 장구균VRE 의 상황 역시 심각하다. VRE 세균은 사람과 애완동물, 그리고 가축에서 장내 정상 세균총의 일부를 차지한다. 중증 환자에서 이들 세균은 생명을 위협하는 요로 감염, 패혈증, 뇌염을 일으킬 수 있다. VRE는 아마도 동물에서 사람으로 전염된 것으로 보인다. 최근까지 가축의 생산성을 높이기 위해서 반코마이신 유사 항생제를 동물 사료에 첨가하여 먹였다. 대장균은 사람과 가축에서 장내 정상 세균총이다. 그러므로 다제 내성을 나타낼 충분한 기회를 가졌다. 3개의 항생제 그룹에 동시에 저항성을 가지는 침습성 대장균Invasive E.coli이 점점 증가하고 있다. 또 다른 병원성 감염 세균은 녹농균 Pseudomonas aeruginosa이다. 이 균은 사람의 정상 세균총은 아니지만 세면기, 인큐베이터, 꽃병, 타월, 행주에 많이 서식한다. 미국에서의 병원성 세균 감염의 10퍼센트 이상이 녹농균 감염증이다. 폐에 점액이 지속적으로 축적되는 낭포성 섬유증 환자들은 특히 민감해서 녹농균 감염으로 다수가 폐렴으로 발전한다.

페니실린 5킬로그램! 동물 사료 첨가 항생제

대부분의 선진국에서는 항생제 사용량의 절반 이하가 사람에게 사용되고 있다. 나머지 절반은 가축 사육과 축산물 가공공장에서 사용된다. 일부 지역에서 가파르게 증가하고 있는 가축 사육 두수는 도저히 상상할 수 없는 정도이다. 미국의 경우 가축 사육 두수가 인구수보다 다섯 배나 많다. 중국의 경우 가금 가축(오리·거위·닭) 사육 두수(140억 마리)는 인구수보다 열 배나 많은 것으로 추정된다. 네덜란드의 경우 닭 사육 수가 인구수보다 여섯 배가 많다. 새로운 식품산업(수산양식 산업)이 출현하고 있다. 전 세계 수산양식 산업은 연간 10퍼센트씩 증가하고 있고 2010년에 이르러서는 쇠고기 산업을 초월할 것으로 예상된다.

전 세계적으로 가축 사육에서 항생제를 사용하는 이유는 세 가지로 요약할 수 있다.

- 수의사는 병든 가축에게 항생제를 처방하고 투여한다. 그러나 이와 같은 수의학적 용도(질병 치료)로 사용되는 항생제 양은 전체 사용량의 15퍼센트 이하로 추산된다.
- 항생제 전체 사용량의 약 3분의 1은 전염병을 예방하기 위하여 사용한다.
- 항생제 사용량의 절반 이상은 생산성 향상을 위한 성장 촉진제로 동물에 투여한다.

성장 촉진제performance enhancer란 무엇인가? 성장 촉진제는 송아지, 황소, 칠면조의 성장을 촉진하는 데 사용하는 사료 첨가제이다. 성장 촉진제는 낮은 농도로 사용되는 항생제이다. 항생제 사용은

2005년 말까지 유럽연합에서 흔한 사육 방식이었다. 성장 촉진제의 작용 기제는 완전하게 알려져 있지 않다. 성장 촉진제를 투여한 가축은 그렇지 않은 가축보다 빨리 성장하기 때문에 조기에 도축할 수 있다는 것(그래서 경제성이 있다는 것)은 사실이다. 유럽에서 최후의 비밀 무기인 반코마이신에 내성을 가진 포도상구균이 출현한 것은 아마도 성장 촉진제 때문일 것이다. 이와 같은 내성 획득은 가축 사육과정에서 생긴 내성pen-bred resistance의 대표적인 사례로 자주 언급된다. 반코마이신은 또 다른 항생제인 아보파르신avoparcin과 교차 반응을 보인다. 아보파르신에 내성을 보이는 세균이 있다면, 그 세균 역시 반코마이신에 내성이 있다는 것을 의미한다. 아보파르신은 사료 첨가제로 널리 사용되고 있다. 아보파르신을 사료 첨가제로 사용하면서 아보파르신 내성 장구균이 나타나게 되고, 그러한 세균은 반코마이신에도 내성을 보이게 된다. 포도상구균이 반코마이신 내성을 획득하는 단계는 유전자 전이를 통하여 쉽게 이루어졌다. 2003년 이후 반코마이신과 기존 항생제에 내성을 가진 포도상구균이 출현했다. 급기야 유럽 인구의 최대 10퍼센트가 반코마이신 내성 장구균을 보균하는 상황에 이르게 되자, 1997년 유럽연합은 아보파르신을 가축에 사용하지 못하도록 금지 조치를 취했다. 1998년 유럽연합은 4개의 다른 성장 촉진제가 불법이라고 선언했다. 2006년 이후 이들 항생제의 사료 첨가 금지 조치가 취해졌다. 어떤 항생제는 가금과 토끼 농장에서 콕시듐과 흑두병 등의 질병 감염을 예방하기 위한 목적으로만 사용하도록 허용되었다.

1995년 아보파르신의 사용을 금지했던 덴마크는 항생제 사료첨가 금지 조치의 선두주자로 알려져 있다. 초기에는 덴마크에서 도축된 칠면조, 닭, 오리의 82퍼센트에서 내성 세균이 발견되었다. 아보파르신 금지 조치가 취해진 이후 반코마이신 내성 장구균 빈도는 급격히 떨어졌다. 3년 후 그 빈도는 12퍼센트까지 떨어졌다. 그러나 아보파르신 금지 조치 효과는 돼지에서 나타난 만큼 뚜렷하게 나타나지는 않았다. 그래서 가축들은 항생제 내성 세균의 숙주 동물로 작용할 수 있고, 그러한 내성 세균은 간혹 사람에게 전염될 수 있다.

내성균 온상지, 축사

전염은 한 방향으로만 나타나지 않는다. 가축을 밀집 사육하는 지금의 축사는 병원처럼 내성 세균의 이상적인 번식처이다. 서로 밀집한 축사 울타리 안에서 세균들이 무더기로 서식하고 있다. 항생제 또한 많이 사용된다. 출입하는 사람, 설치류, 조류, 곤충, 축사에 새로 들어온 가축이나 애완동물, 차량, 사료 운반차, 물 등을 통하여 새로운 미생물이 유입된다. 그렇게 유입된 세균은 축사나 오수에서 서식한다. 몇 번이고 계속해서 끔찍한 내성이 생긴다. 그러면 그 세균은 사람, 설치류, 곤충을 통해서뿐 아니라 차량, 동물 사체, 고기, 오수 등을 통하여 농장 바깥으로 나간다. 세균은 고기나 계란에 달라붙고, 세균이 가득한 가축 분뇨는 논밭에 뿌려진다. 그래서 야채, 강물, 심지어 식수를 오염시킨다. 단 몇 가지 가능한 전염 경로만 언급한 것이 이 정도이다. 특히 밀집 사육하는 돼지우리에서는 공기 전염도 가능하다.

7 자기방어: 예방접종

> 과학자도 인간인 이상 실험실에서 고통을 줄이는 지식이
> 잠자고 있는 것을 내버려둘 수는 없다.
> ─소아마비 생백신 개발자, 앨버트 브루스 세이빈(1906~1993)

> 글쎄, 특허권은 없어요.
> 여러분은 태양을 특허 낼 수 있나요?
> ─소아마비 사독 백신 개발자, 요나스 에드워드 소크(1914~1995)
> 소아마비 백신 특허권이 없는 당사자에게
> 백신 특허권을 소유하고 있지 않느냐는 질문을 받고

들어가는 말

아프리카나 아시아를 여행하는 동안 어린아이와 10대 청소년에

둘러싸여 있을 때마다 가장 고통스러운 광경은 다리를 절거나 불구인 녀석을 대할 때이다. 항상 그런 것은 아니지만 소아마비의 경우 대개 후유증을 낳는다. 1950년대 어린 시절 학교 친구 발터Walter를 떠올린다. 발터는 소아마비로 끔찍한 고통을 겪었다. 철제 보조 호흡 장치를 하고 수주간 누워 있었다. 허파 근육이 마비되어 더는 숨을 쉴 수 없었기 때문이다. 그다음 그의 다리는 마비되기 시작했고 잔인하게도 운동경기 때마다 소외당했다. 50년 전의 일이다. 1992년 네덜란드에서 종교적 이유로 백신 접종을 거부했던 지역에서 다시 모습을 드러내기는 했지만, 오늘날 유럽에서 소아마비는 자취를 감추었다.

의학계는 다른 질병과 유사하게 소아마비 근절에 성공을 거두었다고 자부한다. 실제로 소아마비 백신 예방접종 사업이 광범위하게 이루어졌던 지역에서 소아마비는 대부분 퇴치되었다. 소아마비뿐 아니라 홍역, 풍진, 유행성이하선염(볼거리), 백일해, 디프테리아, 파상풍도 마찬가지이다.(그림 18 참조) 이들 기본적인 백신 예방접종 이외에도, 독일에서는 b형 헤모필루스 인플루엔자(Hib 백신), B형 간염, 수두, 수막염균, 폐렴구균 백신 예방접종 사업도 시작되었다. 그리고 최근 어린 소녀에게 실시하는 자궁경부암 예방접종 사업도 시작되었다. 미국에서는 A형 간염, B형 간염, 독감, 로타바이러

그림 18 예방접종 사업 실시 후 소아 질병 발생 빈도
홍역, 소아마비, 독일 홍역, 유행성이하선염, 백일해, 디프테리아 예방접종 사업이 이루어진 후 발생 건수가 급격하게 감소하고 있음을 보여준다.

예방접종 사업 실시 후 소아 질병의 발생 빈도

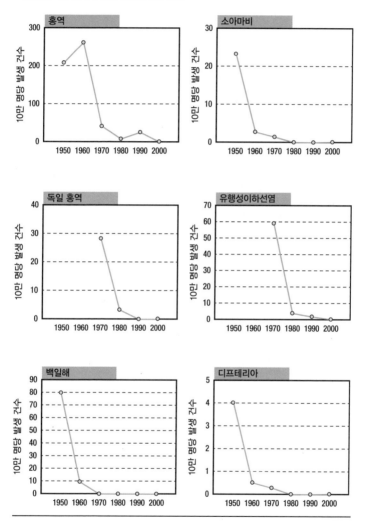

스 백신 예방접종도 권장하고 있다. 한편, 서부 유럽에서 결핵 백신 예방접종 사업은 대부분 중단되었다. 결핵 예방 효과가 어린아이에서만 제한적으로 나타나기 때문이다. 고위험군과 상재 지역 여행자를 보호하기 위한 콜레라, 황열, A형 간염, 광견병, 장티푸스 예방 백신이 개발되어 있지만, 불행하게도 가장 흔한 수막구균 B군을 예방할 수 있는 백신은 아직까지 개발되지 않았다.

백신 예방접종 사업의 성공은 역설적으로 예방접종 사업이 차질을 빚는 이유로 작용한다. 일단 질병이 정복(근절)되면, 사람들의 기억에서 사라진다. 그러면 백신 예방접종을 피부로 직접 느끼지 못하기 때문에 근절된 질병에 대한 예방접종의 정당성을 주장하기가 어려워진다. 최근 홍역이 발생한 독일, 영국, 미국의 사례에서 보는 바와 같이, 상당수 질병은 표면상으로만 사라졌다. 어떤 경우에서든 비용 편익 계산cost-benefit calculation상 백신 예방접종은 항상 유리하게 나온다.

백신 부작용이 나타날 위험성이 매우 낮다는 것을 감안한다면, 일단 백신 예방접종을 받기만 하면 심각한 질병 피해(심한 병증, 심한 경우 사망)를 사전에 예방하므로 누구에게나 이롭다. 공중보건 서비스는 경제적으로도 유익하다. 홍역, 풍진, 유행성이하선염 백신 예방접종에 투입된 비용 1유로당 (예방접종을 받지 않아서 질병에 걸린 개인에 대한) 질병 치료 비용 10유로를 절약할 수 있다. 디프테리아, 파상풍, 백일해 백신 예방접종의 경우 투입 비용 1유로당 (질병 치료 비용) 20유로를 절약할 수 있다. 물론 이들 수치는 어림 계산한 것에 불과하다. 질병이 확산된 국가일수록 비용 편익 효과는 높아진다. 반면 전염병의 발생이 드문 선진국에서는 예방접종 사업으로 인한 재정적 이득은 한눈에 보기에는 미미해 보인다. 그러나 그런 질병이 재발하여 유행한다면 백신 예방접종을 받지 않은 집단은 큰 위험에 처하게 된다. 그로 인해 초래되는 경제적 비용은 천문학적이다. 전염병이 만연한 지역의 경우, 예방 차원에서 백신 예방접종을 실시한 다면 그 효과는 훨씬 더 명확하다. 소아마비와 홍역같이 거의 근절된 전염병의 경우, 발생 건수는 계속 떨어지더라도(자국에서 발생하지 않더라도) 전 세계적으로 백신 예방접종을 계속해야 하기 때문에 비용 편익 관계는 바뀐다. 그 성과는 이들 질병이 완전히 박멸되고 예방접종 프로그램이 중단될 때에만 명확하게 나타난다. 지금까지 성과를 이룬 것은 수년간의 끈질긴 노력 끝에 질병 퇴치에 성공한 천연두뿐이다. 세계보건기구는 1980년 5월 8일 천연두가 박멸되었다고 공식 선언했다. 이 같은 성공이 다른 질병에서도 반복될 수 있을지는 의문이다. 다음으로 박멸될 전염병 후보는 소아마비와 홍역이다. 1988년 이후 전 세계에서 소아마비 예방접종 캠페인이 시작되었다. 홍역 캠페인의 경우 2001년 이후 시작되었다. 2006년 전 세계적으로 소아마비로 사망한 어린이는 2,000명 이하이다. 세계보건기구의 최근 자료에 의하면, 2006년 홍역으로 인한 사망자는 25만 명 이하이다. 소아마비 박멸 사업은 처음에 생각했던 것보다는 복잡하게 돌아가고 있다. 소아마비 유행의 불길이 반복해서 타오르고 있기 때문이다. 최근의 소아마비 유행 사례는 니제르와 나이지리아 국경 지역에 나타났다. 세계보건기구가 지구상에서 근절될 것으로 예측했던 2005년이 지났는 데도 소아마비는 여전히 근절되지 않고 있다. 2006년 아프가니스탄, 나이지리아, 인도, 파키스탄 등 4개국에서 소아마비 발생 사례가 보고되었다. 반대로 홍역 퇴치 노력은 목표치를 능가하는 탁월한 성과를 거두고 있다.

경제적 관점에서 천연두 박멸 사업은 세계가 지금까지 경험했던 보건투자 사업 중 가장 성공적인 예방 사업으로 꼽힌다. 그렇게 멋지게 성과를 낸 보건 분야 투자는 찾아보기 힘들다. 현재 이 사업에 투입되는 전체 비용은 고작 3억 달러 정도이다. 천연두가 박멸되기 전에는 백신 예방접종, 진단 검사, 검역 조치, 의료 등으로 매년 20억 달러가 들었다. 1980년 이후 그만큼 비용이 절감되었다. 미국에서만 매달 3200만 달러의 총 투자 비용을 되찾았다. 다른 나라도 비슷한 수치를 보인다. 유사한 혜택이 소아마비 박멸 사업 덕분에 나타나기 시작했다. 일단 소아마비 박멸 목표가 달성되면 전 세계적으로 매년 30억 달러의 소아마비 백신 예방접종 비용을 절약할 것이다. 그 이상의 논쟁도 고려해 볼 가치가 있다. 즉 천연두 박멸은 시기적으로 때맞추어 이루어졌다. 천연두 박멸 사업을 더 일찍 착수할 수도 없었을 것이고, 더 오랜 기간이 걸렸을 수도 없었다. 천연두 박멸 직후 HIV/AIDS 유행이 바로 뒤따라오고 있었고 천연두 백신이 생백신이고 부작용이 없는 것이 아니기 때문이다. 사소한 부작용 사례는 제외하고, 당시 천연두 백신 예방접종자 100만 명당 치명적인 합병증 10~20건과 사망자 두 명 정도의 백신 부작용이 있었다. 이런 백신이 새로 개발된다면 아마도 부작용 문제로 결코 승인받지 못할 것이다. HIV/AIDS 환자에서 천연두 백신을 접종한다면 그 부작용은 훨씬 심각할 것이다. 그런 환자는 면역체계가 취약해서 천연두 백신 바이러스는 (정상인과 달리) 병원성을 발휘하고, 심한 합병증을 야기할 것이다. 그래서 천연두 백신은 HIV/AIDS 환자에게는 접종하지 못했을 것이다. 천연두 예방접종 사업이 지연되어서 HIV/AIDS가 유행하던 시대까지 지속되었다면, 십중팔구 천연두를 박멸할 수 없었을 것이다. 발전도상국, 특히 아프리카는 답답한 짐을 하나 더 지게 되었을 것이다. 이런 이유로 우리는 전염병을 근절하는 데 지체할 여유가 없다.

집단 예방접종

천연두 박멸 사업은 집단 예방접종 사업을 수행하는 데 이루 말할 수 없는 고귀한 경험을 제공했다. 세계보건기구 천연두 박멸 부서가 소아질병 백신 예방접종 사업 권고를 이슈화한 것은 우연이 아니었다. 1974년 세계보건기구와 유엔아동기금UNICEF은 지구상에 있는 모든 어린이에게 출생 직후 기초 백신 예방접종의 제공을 목표로 한 확대예방접종계획Expanded Program on Immunization : EPI ▪을 세웠다. 선진국 어린이들은 당연히 백신 예방접종을 받겠지만, 발전도상국 어린이들은 국가 보건 의료의 혜택을 제대로 받지 못한다. 백신 예방접종만 제때 받더라도 살 수 있는 사망자는 주로 아프리카 사하라 이남 지역에 집중되어 있다. 전 세계 백일해 사망자의 약 60퍼센트, 전 세계 파상풍 사망자의 40퍼센트 이상, 홍역 사망자의 약 60퍼센트 정도, 황열 사망자의 대부분이 이들 지역에서 발생했다. B형 간염의 경우에는 사망자의 대다수(60퍼센트)가 동아시아와 태평양 지역에서 발생했다.

1970년대 초 전 세계 어린이 스무 명 중 단 한 명이 소아마비, 디프테리아, 결핵, 백일해, 홍역, 파상풍 백신 예방접종을 받았다. 1990년 이후, EPI 덕분에 신생아의 80퍼센트(연간 약 1억 명)가 출생 직후 이들 질병에 대한 기초적인 예방접종을 받았다. 그 결과 신생아 사망률이 1700만 명에서 1200만 명으로 떨어졌다. 지난해만 최대 350만 명의 어린이가 목숨을 건졌다. 많은 어린이가 이들 질병으로 인한 끔찍한 결과를 피할 수 있었다. 그럼에도 불구하고 오늘날에도 기초 백신 예방접종을 제대로 받지 못하고 있는 어린이가 3400만 명이나 된다.

디프테리아, 파상풍, 백일해를 예방할 수 있는 3종 혼합 백신(DTP 백신)이 개발되었다. 이 백신은 4주 간격으로 3번의 예방접종을 받는다. BCG 결핵 백신은 태어난 직후 바로 맞는다. 비록 이상적인 해결책은 아니지만, 결핵 백신 접종 사업으로 어린이에서 어느 정도 결핵이 예방되었다. 발전도상국에서 경구용 소아마비 생백신이 사용되고 있다. 이 생백신은 주사용 사독 백신에 비해 저렴하고 안전하다. 더구나 결핵 생백신은 소화 장기에서 소아마비 바이러스 증식을 억제하지만 결핵 사균 백신은 단지 병증만 예방한다. 그래서 생백신은 소아마비 바이러스의 확산을 멈추게 한다. 어린이들은 이상적으로 4번, 최소한 3번은 백신 예방접종을 받아야 한다. 예방접종은 BCG 백신과 DTP 백신을 같이 받을 수 있다. 어린이들은 태어난 해 말에 홍역 예방접종을 받는다. 이들 기초 예방접종 비용은 어린이 한 명당 약 20달러 정도로, 비싸지 않은 편이다. 그러므로 발전도상국 모든 어린이를 예방접종하는 데 10억 달러 정도 소요될 것이다.

필요한 곳이라면 이들 기초 백신 외에도 다른 백신도 상당히 큰 비용을 감수하고 접종받을 수 있다. B형 간염 예방을 위하여 3번에 걸친 간염 백신 예방접종을 받을 필요가 있다. 공중보건 의료활동을 통하여 최근 예방접종 비용이 낮아졌기 때문에 B형 간염 예방접종을 쉽게 받을 수 있게 되었다. 황열이 만연하고 있는 아프리카와 라틴아메리카에서 황열 백신 예방접종이 주로 이루어지고 있다. 폐렴구균과 수막구균 감염증을 예방하기 위한 뇌수막염 백신(Hib 백신)은 여전히 가격이 높음에도 불구하고 점점 일반화되고 있다. 자궁경부암 백신은 너무 비싸서 발전도상국에서는 폭넓게 사용할 수 없는 실정이다.

1999년 백신면역국제연맹Global Alliance for Vaccines and Immunization : GAVI ■이 창설되었다. GAVI의 재정적 후원으로, 2000~2005년 약 1300만 명의 어린이가 DTP 백신(디프테리아, 파상풍, 백일해 3종 혼합 백신) 예방접종을, 9000만 명의 어린이가 B형 간염 백신을, 1400만 명의 어린이가 Hib 뇌수막염 백신을, 1400만 명의 어린이가 황열 백신 예방접종을 받았다. 이들 백신 예방접종은 12억 개의 일회용

주사기 덕분에 안전하게 진행되었다. GAVI는 무엇보다도 유엔아동기금과 세계보건기구, 빌게이츠재단, 일부 선진국과 발전도상국, 일부 백신 제조회사에게서 후원을 받았다. 유럽 11개 후원국 중 일부는 덴마크, 프랑스, 아일랜드, 룩셈부르크, 네덜란드, 노르웨이, 스웨덴, 영국이다. GAVI에 대한 기금 후원은 2015년까지 보장받았다. 그때까지 약 1000만 명이 5억 명분의 백신 예방접종으로 목숨을 구할 것이다.

백신 예방접종: 오해와 진실

부작용 위험이 없는 백신은 없다. 심각한 합병증 가능성은 10~100만 명당 한 명 정도이다. 합병증의 빈도와 심각성은 백신에 따라 다르다. 독일에서 추정(확진은 아니다.)되는 합병증 발생 빈도는 10만 명당 약 세 명이다. 그래서 2005년 합병증 추정 건수가 1,400건이 조금 안 된다. 그중 900건은 심각하다. 영구 불구 환자가 서른네 명, 사망자가 스물세 명이었다. 그러나 이들 사례를 철저히 조사한 바에 의하면, 추정 발생 건수 대부분은 합병증 발생이 백신 접종과 연관성이 높다기보다는 우연하게도 백신 접종 시기에 합병증이 동시에 발생한 것으로 나타났다. 2004년과 2005년에 보고된 2,630건의 추정 건수 중 단 두 건의 성인 발생 건수만이 백신 예방접종과 합병증 간 연관성을 배제할 수 없었다. 그중 하나는 인플루엔자 백신 예방접종을 받은 전립선암 환자에서 나타난 길랭바레 증후군 사례였다. 다른 하나는 마흔네 살의 남성이 간염과 소아마비 예방접종을 받고 나서 수막염으로 사망한 사례였다. 1988년과 2008년 사이 20년 동안, 미국 국가백신상해보상사업 National Vaccine Injury Compensation Program에 1만 2500건 이상이 접수되었다. 그중 약 2,200명이 보상 가치가 있는 것으로 인정받았다.

아이의 부모들이 백신 예방접종과 관련한 우려를 심각하게 받아들여 논란거리가 되고 있다. 그러나 이와 동시에 백신 부작용으로 인한 합병증 문제는 예방접종으로 심각한 질병 피해를 예방하는 긍정적인 부분과 동시에 비교 · 검토되어야 한다. 실제 나타날 합병증 문제를 예방접종과 상관성이 있다고 오해하는 경우가 많다. B형 간염이 다발경화증을 유발한다든가, MMR 백신(유행성이하선염-홍역-풍진 백신)이 자폐증을 유발한다든가 하는 소문들이 바로 그런 사례이다. 잘못 믿고 있는 사례가 많다. 즉 Hib 백신(뇌수막염 백신)과 B형 간염 백신이 제1형 당뇨병을 유발한다든가, 풍진 백신이 관절염을 일으킨다든가, 인플루엔자와 수막구균 백신이 길랭바레 증후군을 유발한다든가, DPTH 백신이 영아돌연사증후군 Sudden Infant Death Syndrome ; SIDS을 유발한다든가 등이 그런 사례들이다. 심층 연구를 통해서 조사한 바로는 위에서 언급한 어떤 사례도 백신 예방접종과 합병증 간 상관성이 없었다.

이러한 사례와 관련하여, 1998년 저명 의학 저널 『란셋』The Lancet 에 실린 한 연구 논문으로 인해 광적인 소동이 일어났다. 연구 논문의 저자들은 3종 백신(MMR 백신) 접종과 장 질환Bowel disease, 발달

장애developmental disorder, 자폐증autism 간에 연관성이 있다고 주장했다. 그 후 발표된 많은 후속 논문은 그 주장은 신빙성이 없다고 주장했다. 결국 제1저자를 제외한 모든 저자는 자신들의 논문을 철회했다. 제1저자는 자신의 발견을 끝까지 옹호했고 나중에 심각한 이해관계 충돌로 고발까지 당했다. 제1저자는 자폐증을 앓고 있는 자녀를 둔 부모 단체(백신회사를 상대로 법적 조치를 원했다.)로부터 넉넉한 재정 지원을 받았기 때문이었다. 그 의사는 심각한 직업윤리위반professional misconduct 혐의로 영국일반의학위원회British General Medical Council에 의해서 적합성 심사 재판을 받고 있다.〔그 논문은 조작된 것으로 2011년 최종 판명났다.— 옮긴이〕

가끔 백신에 대한 비판은 목표를 너무 빗나가 심지어 문제의 백신에 들어 있지도 않은 성분을 가지고 부작용이 있다고 비난한다. 티메로살thimerosal은 방부제 성분으로 백신에 들어가는 수은 성분이다. 이 성분은 디프테리아, 백일해, 파상풍, B형 간염 백신에 사용된다. 유행성이하선염, 홍역, 풍진과 같은 생백신에는 절대 첨가하지 않는다. 티메로살은 신경성 발달장애를 유발할 수 있다고 억지 주장한다. 생백신에 대한 티메로살 부작용에 대한 주장은 성분 자체가 들어 있지도 않기 때문에 터무니없다. 더구나 사독 백신에서도 티메로살의 양은 너무 미미해서 입증할 수 있는 수준의 어떤 부작용도 나타나지 않는다. 그럼에도 불구하고(부작용이 거의 없음에도 불구하고) 지금 유럽 전역에서는 티메로살이 들어 있지 않는 백신으로 기본 예방접종을 하도록 하고 있다. 2001년 이후 미국에서 생산하고 있는 통상적인 예방접종 백신에는 티메로살이 들어 있지 않다. 티메로살은 비강 접종용 새로운 독감 백신이 사용되면서 자주 안면마비 사례가 보고되면서 부작용을 의심받고 있다. 그 백신은 즉시 회수되었다. 원인은 티메로살 성분 때문이 아니라 백신에 들어 있는 새로운 면역 보강제 때문인 것으로 밝혀졌다.

나와 다른 사람들

해당 질병이 더 이상 발생하지 않는다 해도 모든 자국민에게 기본 백신 예방접종을 권고한다. 예방접종의 목적은 단지 개인을 보호하는 것뿐 아니라 사회집단 전체를 보호하기 위함에 있다. 백신 예방접종률이 90퍼센트 이상만 되더라도 자국에 유입(예, 테러리스트나 이민자에 의한 유입)된 어떤 병원균도 피해를 입지 않을 것이다. 혹자는 백신 예방접종을 받지 않은 10퍼센트가 고위험 지역을 여행하지 않는 한 문제 되지 않을 것이라고 생각할 수 있다. 물론 극단적인 경우, 심지어 전체 예방접종률이 99퍼센트 이상이더라도, 예방접종을 받지 않은 단 한 명의 감염 환자가 가족(이들도 예방접종을 받지 않았다는 가정하에)에게 전염시킬 수 있다.

미국의 모든 주에서는 유치원이나 학교에 입학할 때 예방접종 증명서를 요구한다. 그리고 정해진 접종 계획에 따라 반드시 예방접종을 받아야 한다. 미국과 반대로, 독일이나 영국은 예방접종이 권장 사항이기는 하지만 의무 사항은 아니다. 개인, 특히 그러한 결정은 아이의 부모가 전적으로 내리고, 그에 대한 책임을 져야 한다는 이유에서다. 사회집단에서의 높은 예방접종률로 인하여 집단 내 면역 장벽이 생겨서 미접종 개인(예, 면역 결핍 환자와 신생아)에게도 예방할 수 있는 집단 면역이 필요하다. 정확하게 말하면 단지 지구촌 특정 지역만이 아니라 전 세계적으로 일치단결하여 집단 예방접종으로 집단 면역을 형성하는 것이 필요하다. 내가 적극적으로 예방접종 정책에 찬성하는 이유이다. 집단 면역 덕분에 선진국에서 많은 질병이 근절되었거나 더 이상 발생하지 않는다. 어느 정도 백신의 합병증 위험은 있다. 그러나 부작용 문제는 질병에 걸릴 위험보다 10~100만 배 정도 낮다. 심지어 번개에 맞을 확률이 (백신 부작용 확률보다) 더 높다. 매년 백신 예방접종을 실시하기 때문에 500만여 명이 질병으로부터 목숨을 구한다는 사실을 잊지 말라. 예방접종 사업을 중단해야 할지를 고민하는 날은 천연두 사례처럼 문제의 질병을 완전히 박멸한 바로 그날이다.

8 빈곤과 전염병

도움을 필요로 하는 자를 도와라.

—콩고 속담

구호품은 후원자와 수원자의 정신을 파괴시키고
가난한 자를 더 가난하게 만들므로 그 목적에도 맞지 않다.

—표도르 도스토옙스키

들어가는 말

전염병 에피데믹(지역적 소유행)은 국경을 초월한다. 즉 전염병 유
행에서 국가 간 경계는 무의미하며, 어느 나라도 국경선에서 전염병
유입을 막을 수 없다. 가난, 사회적 불평등, 질병이 악순환의 사슬을
형성한다는 인식은 여러 국제기구가 상당한 전염병 퇴치기금을 제

공하는 데 동기를 부여했다. 금세기에 들어와 400억 달러 이상을 원조했다. 이들 기금 대부분은 전염병 퇴치 사업, 특히 소아 질병 퇴치를 위한 예방접종 사업과 주요 전염병(HIV/AIDS, 결핵, 말라리아) 퇴치 사업에 들어갔다. 이들 활동의 초점은 지금 아프리카 사하라 이남 지역으로 옮아가고 있다. 이들 지역은 질병 문제를 가장 심하게 앓고 있다. 가난이 전염병 확산에 기여했다는 데 의심의 여지가 없다. 더러운 물과 열악한 위생 환경은 설사병을 확산시킨다. 많은 지역에서 고작 모기망이 부족하다는 이유로 말라리아의 거침 없는 확산을 막지 못하고 있다. 치료약과 예방접종 사업만으로 주요한 질병의 유행을 퇴치하기에는 역부족이다. 더구나 전염병은 빈곤한 국가의 취약한 재정을 더욱 악화시키며 가난한 사람들을 더욱더 빈곤의 궁지로 몰아넣는다.

돈, 보건, 교육

빈곤poverty에 대한 정의는 다양하다. 가장 축약된 정의는 경제학적 관점에서의 빈곤이다. 유럽에서 가난한 사람은 그 나라 개인 평균 소득의 60퍼센트 이하를 버는 계층을 일컫는다. 발전도상국의 경우, 세계 극빈층은 일반적으로 하루 1달러 이하의 소득으로 생활하는 사람을 말한다. 전 세계적으로 10억 명이 극빈층 범주에 속한다. 가난한 사람이란 하루 2달러 이하의 소득으로 생활하는 계층을 말한다.(비교, 유럽연합에서는 소 한 마리당 2유로의 기금을 보조한다.) 이

기준을 적용하면 세계 인구의 약 절반, 즉 약 30억 명이 가난한 범주에 속한다. 지구상에 사는 열 명 중 아홉 명이 연간 5,000달러 이하의 가처분소득으로 생활한다.

선진국의 아프리카 원조는 제2차 세계대전 이후 6250억 달러로 증가했다. 엄청난 액수이다. 그러나 이 금액은 수십억 달러 단위의 다른 비용의 맥락에서 바라보아야 한다. 즉 선진국들은 이 금액의 절반을 매년 농업 보조금 지원 사업에 쏟아붓는다. 이러한 방법으로 투입된 돈은 발전도상국의 빈곤을 가중시키는 데 한몫한다. 또한 유럽이나 미국이 엄청난 보조금 지원 사업으로 생산한 자국 농산품을 발전도상국에 원조하는 행위는 (발전도상국 자체 농산품 소비를 줄이게 되므로) 오히려 발전도상국의 농업 기반을 약화시키는 결과를 초래한다. 발전도상국에 대한 보다 나은 개발 지원을 조직할 필요가 있을 뿐 아니라 선진국의 보조금 정책을 다시 생각해야 한다. 제발 오해가 없기를 바란다. 재난 지역에 국고 보조 식품을 보내는 것 자체는 의로운 일이다. 단 불공평한 것은 발전도상국의 농부와 선진국의 국고 보조금을 받고 있는 농업 간 일방적인 경쟁이다. 사실 이 부분에 대하여 근본적으로 재고하고자 하는 움직임이 있다. 캐나다는 발전도상국 지역 농민 또는 재난 상황에 처한 농민에게서 식품을 구입하고 지역 주민들에게 돈을 직접 배분하여 그 돈으로 그 지역의 식품을 구입하도록 지원한다. 유럽연합도 새로운 방침을 취하고 있다. 식품 구호품의 단 10퍼센트만 유럽 비축분에서 나온다. 현재 최대 식품 공여국인 미국도 이러한 방침을 따라야 한다.

경제학적 기준은 빈곤을 정의하는 데 유용하지만, 매우 복잡한 그 문제를 공평하게 다루지 못한다. 예를 들면, 경제학적 기준은 영양, 건강, 교육과 같은 요소를 빈곤의 범주로 간주하지 않는다. 전 세계의 약 10억 명이 굶주림과 영양실조로 고통받고 있다. 그로 인해서 매년 3000만 명이 목숨을 잃는다. 매년 2000만 명의 신생아가 표준체중에 미달한 채 저체중으로 태어난다. 그로 인해 평생 후유증을 안은 채 살아가고 있다. 도시에서 살지 않는 인구의 3분의 1은 깨끗한 물을 공급받지 못한다. 사하라 이남 지역에서 시골 인구의 절반 이하가 깨끗한 물을 공급받지 못한다. 반면 도시에 사는 사람들의 80퍼센트 이상이 깨끗한 물을 공급받는다.

인간의 본성이라고 들릴지 모르지만 진실은 남아 있다. 우리는 둘로 갈라진 세상에 살고 있다. 인류의 20퍼센트는 풍요를 즐기고 국내총생산의 80퍼센트를 창출한다. 반면 나머지 80퍼센트는 절대 빈곤 속에서 살고 있다. 그래도 빼놓지 않고 유엔 헌장이 보장해야 할 보편적인 인권은 먹을거리와 보건이다.

원조 기구

원래 개발 지원금은 납세자들이 해결해야 할 문제였다. 납세자들은 정부와 정부 간 국제기구들이 관리하고 외국 정부에 제공하는 기금을 내는 수입원이었다. 그러나 오늘날 가장 성공적으로 활동하고 있는 기구는 정부기구GO, 정부 간 기구IGO, 비정부기구NGO,▪ 시민 단체, 개인 단체 등으로 구성된 다국적 혼성 조직multinational hybrid이다.

정부기구와 정부 간 기구는 공무원 또는 기관이 참여한다. 반면 비정부기구, 시민 단체, 사기업은 정부와는 별개이다. NGO는 금전적 이해관계가 있는 기구, 예를 들면 제약 협회도 포함한다. 개인 단체는 빌게이츠재단처럼 개인 재단이거나 제약회사와 같은 상업적 단체일 수 있다. 시민 단체는 공공 이익을 제공하는 NGO이다. 마지막으로 민관 협력 파트너십Private-Public Partnerships : PPP ▪은 공공 부문과 민간 부문이 공동으로 공공 이익을 추구하는 협력 체제이다.

경제 전략

경제학자들은 개발 지원에 대한 핵심 동기를 세계 시장경제에 끼치는 효과 측면에서 바라본다. 질병을 주로 경제적 요소, 즉 질병 퇴치 노력을 경제력에 대한 기여로 본다. 지금 이러한 관점은 인류 보건을 경제적 요소로 이해하는 데 기울고 있고, 현재의 상황을 타개하기 위하여 자원(백신, 치료약 등)을 동원하도록 도와준다. 그러나 시장 중심적 관점 또한 문제, 특히 특허법과 발전도상국에서 저렴한 가격으로 인명 구호약을 보급하는 문제를 야기한다. 순전히 경제적이지만 아주 흥미로운 관점이 「자선사업가처럼」에 기술되어 있다.

자선사업가처럼

'생태학계의 앙팡테리블(무서운 아이)' 또는 '세상에서 가장 영향력 있는 사상가.' 두 별명은 젊은 덴마크의 통계학자 뵈외른 롬보그(Bjørn Lomborg)를 두고 한 말이다. 2001년 롬보그 교수는 자신의 저서 『세상의 종말은 없다』를 출간하면서 대중의 관심을 받았다. 그는 예언가들이 자주 들먹이는 대재앙이 실제적으로는 그렇게 지독한 것이 아니어서 아마겟돈(지구의 종말에 펼쳐지는 선과 악의 대결)은 임박하지 않다고 계산했다. 그리고 사실 인간성에 대한 부분이 날로 꾸준히 개선되고 있다고 계산했다. 환경 그룹은 탄식했다. 2004년 롬보그는 세계적인 경제학자 여덟 명, 노벨상 수상자 네 명, 다양한 분야의 전문가 서른 명이 원탁에 마주 앉아 단일 주제에 대해 토의하는 자리에 초대를 받았다. 주제는 '어떻게 하면 500억 달러로 세계를 개선(향상)시키는 데 효율적으로 사용할 수 있는가?'였다. 답은 간단했다. 우선순위를 정하는 것이다. 그러나 정확하게 어디에? 과학자들은 비용 편익을 계산해서 추천 목록을 작성했다. 코펜하겐 컨센서스는 상대적으로 돈이 거의 들어가지 않는 주요 전염병 퇴치 운동에서 많이 이루어질 수 있다는 것을 확인했다. 비용 편익 비율 측면에서 추천한 우선 순위 사업은 다음과 같다.

1. AIDS 퇴치 운동: 270억 달러 투자는 2010년까지 거의 3000만

명의 신규 감염자를 예방할 수 있다. 전문가들은 비용 편익 계수를 40으로 계산했다. 이것은 투자된 1달러당 40달러가 되돌아온다는 것을 의미한다.

2. 기아와 영양 결핍 퇴치: 철, 주석, 요오드, 비타민 A 결핍은 전염병, 특히 어린아이에게 전염병에 대한 감수성을 높인다. 코펜하겐 그룹은 이 분야에서 120억 달러를 투자한다.

3. 무역자유화: 비용이 거의 들지 않지만 상당한 혜택을 가져다줄 수 있다고 전문가들은 결론을 내렸다. 논쟁거리로 남아 있다.

4. 말라리아 퇴치: 130억 달러가 살충 모기망 공급에 든다.

비용 편익 비율은 지구 온난화 추진 사업에 대하여 호의적이지 않다. 환경론자들은 입에 거품을 문다. 이러한 접근법은 인간의 고통을 돈으로만 환산하고, 복잡한 문제를 극도로 단순화한다고 주장한다. 대부분 코펜하겐 컨센서스는 본질을 피해 갔다. 실제 문제를 해결하는 명확한 해답을 찾는 시도밖에 없었다.

2006년 두 번째 회의가 열렸다. 유엔 대표단과 다른 외교관들도 초대되었다. 발전도상국, 중진국, 선진국에서 온 참석자 대표단은 결론을 내렸다. 그들이 생각하기로, 우선순위 1은 기본적인 보건 의료를 개선하는 것이다. 우선순위 2는 기본적인 위생과 깨끗한 식수를 제공하는 것이다. AIDS와 말라리아 퇴치는 6번째와 7번째로 순위가 매겨졌다.(비용이 너무 많이 들기 때문에 기후 변화 제안은 한참 후순위로 밀렸다.) 다음 회의는 2008년에 개최되었다. 5일 동안 패널 간 의견이 분분했던 문제는 다음과 같다. '만약 여러분이 750억 달러를 좋은 일에 사용한다면 어디에 사용할 것인가?' 1억 4000만 명의 영양실조에 걸린 어린이가 이를 치료하는 데 사용되는 미량 영양소와 식품 첨가제는 1순위와 3순위로 올랐다. 2순위는 발전도상국에 혜택이 돌아가도록 국제무역 규제를 실행하는 것이다. 4순위는 소아 예방접종 프로그램을 개선하는 것이다.

세계무역기구(WTO)

세계무역기구WTO의 목적은 국가 간 무역과 경제 관계를 증진하는 데 있다. WTO는 최고 수준의 사영화와 함께 무역 정책의 자유화와 규제 완화를 강조한다. 현재 WTO는 발전도상국, 중진국, 선진국 등 다양한 경제적 영향력을 지닌 150개 회원국을 거느리고 있다. 선진국과 발전도상국 간 빈부 격차가 확대되고 있다는 자각은 발전도상국에 예상되는 혜택이 항상 명확한 것이 아니라 하더라도 WTO가 불평등 이슈를 제기하도록 유도하고 있다.

국제통화기금(IMF)

국제통화기금IMF은 185개 회원국을 대표한다. 그러나 투표권은 인구학적 원칙에 따르지 않고 자본의 지분 할당에 기초한다. 예를 들면, 미국·일본·독일·프랑스·영국은 거의 40퍼센트에 이르는 투표권을 할당받는다. 유럽연합 회원국은 모두 30퍼센트 이상의 투표권을 가지고 있다. IMF는 환율을 안정시키고 통화정책을 규제함으로써 국제무역을 증진하는 데 목적이 있다. 엄격한 대출 규제는 채무국의 보건 의료 체계의 악화를 초래한다. 소련 연방의 해체 이후, 동유럽 국가와 구소련 회원국은 경제적 상황을 호전시키기 위해 IMF에서 자금을 대출받았다. IMF의 요청으로 이루어진 결핵 사업 재정 축소는 이들 국가에서 결핵 부담을 현저하게 악화시켰다. 2002년부터 2004년까지 호르스트 쾰러Horst Köhler 독일 대통령이 IMF 총재를 지냈다.

세계은행

세계은행은 IMF보다 더 경제발전을 촉진시킴으로써 가난을 극복한다는 정해진 목표를 추구한다. 가장 중요한 목표는 교육, 의료, 농업, 환경 보호를 개선하고, 부패와 싸우는 것이다. 세계은행은 1993년 세계은행 보고서 「보건 투자」를 통해 지구촌 문제로서 보건 문제를 인식시키는 데 중요한 역할을 했다. 2007년 5월, 세계은행 전임 총재인 폴 월포위츠Paul Wolfowitz는 개인적 사유로 사임했다.

부시 미국 대통령은 월포위츠 후임자로 자신의 오랜 친구인 로버트 졸릭Robert Zoellick을 추천했다. 발전도상국에게는 경쟁, 성과, 투명성을 요구하면서 정작 세계은행 최고위직은 이런 메커니즘을 교묘하게 피하면서 채워진다는 것은 흥미로운 일이다.

세계은행의 중요한 기능은 경제 위기에 처한 국가들에 차관을 제공해 주는 것이다. 세계은행은 매년 200억 달러를 대출해 준다. 흔히 엄격한 차관 조건이 붙는데, 많은 경우 폐해를 낳는다. 예를 들면 코스타리카는 경비 절감 조치를 도입한다는 단서조항이 붙은 차관을 받았고, 그에 따라 보건 의료 사업 예산을 삭감했다. 그 결과 코스타리카에서 전염병과 소아 사망률이 급증했다. 세계은행이 요구하는 차관 조건에 응하다 보니 중국은 결핵 환자에게 치료비를 부담시킬 수밖에 없었다. 그 결과 150만 명의 결핵 환자는 치료를 포기해야 했으며 1000만 명이 추가로 결핵에 감염되었다.

전면적인 경비 절감 조건을 부과하는 대신에, 세계은행과 IMF는 보건 의료 향상 사업을 추진하는 것을 조건으로 하는 채무 구제 조치를 취할 수도 있었을 것이다.

무역 관련 지적재산권에 관한 협정(TRIPs): 특허권 대 치료권

전염병을 퇴치하는 데 핵심적인 경제 이슈는 발전도상국에서 사용하는 치료약과 백신에 대한 특허권 보호이다. 세계무역기구에 가입하고자 하는 국가는 1995년 무역 관련 지적재산권에 관한 협정 TRIPs ▪에 동의해야 한다. TRIPs 제27항은 회원국에게 '지적재산권과 특허권 보호'를 강조한다. 동시에 제8항에서는 회원국이 자국민의 건강을 유지하도록 하는 조치를 취할 권리가 있다고 명시하고 있다. 이들 조항으로 인하여 가난한 국가들이 특허와 판매권을 회피하여 저렴하게 약을 제조해서 판매하는 것을 허용할 것인지에 대한 논쟁으로 이어졌다. 이 점을 명확히 하기 위하여, 2001년 카타르 도하에서 회의가 열렸다. 1차 라운드는 명확한 해결 방안 없이 끝났지만, 도하 선언의 틀은 잡혔다. 모든 회원국은 감당할 수 있는 저렴한 비용으로 약을 제공할 것을 포함하여, 자국민의 건강을 보호할 책임을 가진다. 그래서 그 약이 특허에 걸려 있다 하더라도 외국으로부터 제네릭(복제약)의 수입이 가능하다. 도하 라운드▪가 TRIPs 협정을 개정하지 않았더라도 특허권 보호는 계속 모든 약에 적용된다. 도하 선언 덕분에, 이제 발전도상국은 특허권을 보류하고 강제 실시권▪이 가능해졌다.

남아프리카공화국은 도하 선언 이전인 1997년 (병행 수입, 복제약, 가격 통제를 통하여) 부담 가능한 저렴한 비용으로 HIV/AIDS 치료약의 판매를 보장하는 법을 통과시켰다. 그러자 39개 제약회사들은 남아프리카공화국 대법원에 소송을 제기했다. 그러나 대법원이 판결을 내리기 전에, 고소인들은 자신들의 행동이 오판임을 깨달았다. 국제적으로 항의가 너무 거세게 일어나 제약회사들은 2001년에 상고를 취하하고 남아프리카공화국 정부와 협정을 맺었다. 그 합의문 조건에 의하면, 남아프리카공화국은 HIV/AIDS 복제약의 수입 및 판매를 허용하지만 당국은 TRIPs가 전반적으로 유효함을 인정한다고 명시하고 있다.

2007년 5월, 브라질 룰라 다 실바Lula da Silva 대통령은 도하 선언을 들먹이며 머크사 AIDS 치료제에 대하여 강제 실시권을 명령했다. 브라질은 HIV/AIDS 환자에게 오랫동안 치료약을 무료로 제공하여 상당한 성과가 있었다. 머크사가 HIV/AIDS 치료약의 가격을 인하할 준비가 되었다고 선언했음에 불구하고, 여전히 복제약보다 훨씬 비쌌다. 2007년 1월, 태국 정부가 아보트사의 AIDS 치료약에 대하여 강제 실시권을 발동했을 때, 아보트사는 태국에서 7종의 AIDS 치료약의 허가 신청서를 철회했다. 미국 정부는 지적재산권의 무시에 대하여 태국 정부에 경고를 보냈다. 스위스 제약회사 노바티스는 부담 가능한 저렴한 수준의 에이즈 복제약 생산과 관련하여 현재 인도 정부와 분쟁에 휘말려 있다. 이들 사례는 심지어 도하 선언 이후에도 TRIPs 협정이 여전히 딜레마에 빠져 있음을 말해 준다. 한편으로는 남아프리카공화국, 태국, 브라질은 인명 치료약의 강제 실시권을 명령하도록 권리를 부여하고 있다. 다른 한편으로 TRIPs 협정은 가능한 어디에서든지 지적재산권의 보호를 요구하고 있다. 다국적 제약회사들은 신약 개발에 엄청나게 많은 비용이 들었다는 사실을 들먹인다. 제약회사들은 엄청난 금액을 세금으로 지원한 대가로 정부(특히 미국 정부)의 지원을 받는다.

누가 옳은가에 대한 논쟁에서, 일부 제약회사가 칭찬받을 만한 선례를 남기고 있다는 사실을 언급할 필요가 있다. 예를 들어, 길리어드사는 가난한 100개국에 대해서는 5퍼센트 이윤 정도의 저렴한 가격으로 HIV/AIDS 치료약을 공급하고 있다. 브리스톨 메이어스 스퀴브사는 사하라 이남 지역 국가와 인도에 복제약 제조사에 대하여 허가권 없이 생산권과 판매권을 양도했다. 결론적으로 말하면 TRIPs 협정은 현실에 맞게 적용할 필요가 있다는 것이다. 특허법은 긴급하게 필요로 하는 인명 구조약의 경우에 한하여 완화되어야 한다.

이 모든 것은 2001년 미국 탄저 테러의 여파를 연상시킨다. 당시 독일의 바이엘사는 미국에서 승인한 유일한 탄저 치료약인 시프로바이Ciprobay를 즉각 공급하지 않았다. 미국 정부는 제약회사로서의 의무를 다하지 않는 것에 대해 과감한 조치를 내렸다. 미국 정부는 시프로바이 특허권 보호를 중지시키고 미국에서 그 약을 제조하겠다고 위협했다. 그 위협은 바로 먹혀들었다. 시프로바이는 곧 원가의 절반 가격으로 구입할 수 있었다. 정부가 강제 실시권의 정당성을 주장한 데에는 그 약이 시민을 보호하는 데 매우 중요하다는 명분이 있었다.

보건 의료의 선봉대

유엔기구(UN/UNO)

유엔￭은 192개 회원국으로 구성된 국제 공동체이다. 유엔의 목표는 세계 평화, 국제법, 인권 향상에 있다. 21세기가 시작되자마자 유엔은 새천년발전목표Millennium Development Goals : MDGs￭를 착수하기로 선언했다. 이 사업은 유엔 사무총장 코피 아난Kofi Annan이 추진했으며, 그 목표들은 제8장 빈곤과 전염병의 「야심찬 목표」에 개요가 기술되어 있다.

세계보건기구(WHO)

유엔의 전문 기구로, 193개 회원국이 있고 연간 예산이 18억 달러이다. 이 예산은 뉴욕 시의 연간 거리 청소 예산보다도 적다. WHO의 목적은 모든 사람이 사회적 · 경제적으로 생산적인 삶을 살아갈 수 있도록 최대한 높은 수준의 건강을 보장하는 데 있다.

WHO의 주된 임무는 전염병 퇴치에 있고, 수많은 예방접종 사업을 실시하고 있다. 예방접종 사업의 대부분은 민간 부문과 공공 부문의 후원자들이 공동으로 후원하고 있다.

유엔아동기금(UNICEF)

유엔아동기금UNICEF은 구호를 필요로 하는 어린이들에게 초점을 맞추고 있는 보조 기구이다. 원래 제2차 세계대전으로 황폐해진 나라의 어린이들을 돕기 위하여 마련되었다. 이 기구는 어린이들을 위한 활동을 펼쳐왔는데, 이러한 공로를 인정받아 1965년 노벨 평화상을 받았다. 세계보건기구와 협력하여 많은 보건 의료 사업, 특히 예방접종 사업을 추진하고 있다.

야심찬 목표

2000년 9월 8일, 유엔 회원국은 새천년발전목표 사업을 채택했다. 이 사업은 빈곤과 불평등을 없애고, 건강을 향상시키며, 지속가능한 청결한 환경을 보증하며, 더 공평하고 더 평화로운 세상을 촉진하는 데 목표가 있다. 구체적인 목표의 대부분은 빈곤과 전염병에 관련되어 있다.

새천년발전목표 사업은 사회 경제적 여건과 기본적인 의료를 제공할 뿐 아니라 기아의 주요 원인을 밝히고 불평등과 질병을 근절하는 데 목표가 있다. 불가능한 일을 시도하는 것으로 보일지 모른다. 회원국들은 모두 그 선언에 서명했을 뿐 아니라 2015년까지 그 목표를 달성하기로 약속했다. 그 약속이 대담한 것인지 무모한 것인지에 대하여 논란의 소지가 있다. 어떤 경우에서든 그동안 하지 못했던 것을 바로잡기 위해서 모든 노력을 기울이지 않는다면 새천년발전목표 사업은 달성될 수 없을 것이다. 1990년 상황을 기준으로 2015년까지 달성해야 할 새천년발전목표 사업의 주요 목표는 다음과 같다.

목표 1: 절대 빈곤과 기아를 퇴치한다. 구체적으로, 하루 1달러 이하의 소득으로 살아가는 세계 절대 빈곤층의 비율을 절반으로 줄인다. 굶주림으로 고통받는 인구수를 현재 6억 명으로 보고, 절반으로 줄인다.(절대 빈곤과 기아 퇴치)

목표 2: 2015년까지 전 세계 소년소녀들에게 동등하게 보편적인 초등교육을 실시한다.(보편적 초등교육 달성)

목표 3: 남녀평등을 촉진하고 여권 신장, 특히 교육 수준을 강화한다.(남녀평등과 여권 신장)

목표 4: 홍역 예방접종률을 현저하게 높여 유아(5세 이하) 사망률

을 현재의 2/3 수준으로 줄인다.(유아 사망률 감소)

목표 5: 임신 · 출산 여성의 보건 의료를 개선함으로써 산모 사망률을 75퍼센트 낮춘다.(산모 사망률 개선)

목표 6: AIDS, 말라리아, 결핵, 그리고 인류에게 고통을 주는 다른 주요 전염병의 창궐을 막아내고, 가능하다면 감소 추세로 돌려놓는다.(AIDS, 말라리아, 결핵 등 전염병 퇴치)

목표 7: 지속 가능한 환경을 보전한다. 안전한 음수와 기본적인 위생을 갖추지 못하고 살아가는 최소 1억 명의 빈민가 거주자를 2020년까지 절반으로 줄인다.

목표 8: 국가 간의 국제적 동맹 관계를 발전시킨다. 이 관점에서 중요한 목표는 무역과 재정 체계를 개선하고, 채무변제 사업을 향상시키며, 근로 여건을 개선하고, 새로운 기술 접근을 보장하는 것이다. 꼭 필요한 치료약을 합당한 가격으로 발전도상국에 제공하는 것은 전염병을 퇴치하는 데 아주 중요하다.

이론적으로는 문제없다

단순히 새천년발전목표 선언을 넘어 사업이 정한 목표를 달성하기 위하여 당시 유엔 사무총장 코피 아난은 거시경제 및 보건위원회 Commission for Macroeconomics and Health ▪를 설치했다. 위원회 업무는 발전 목표를 2015년까지 어떻게 달성할 수 있을까를 검토 · 조사하는 것이다. 위원회는 가난한 국가의 보건 문제를 해결하기 위해 부유한 국가의 투자가 직접적인 경제적 혜택(예, 자금이 제대로 투자되고 있는지)이 되고 있는지 결정하는 책임이 있었다. 위원장은 미국 뉴욕 컬럼비아 대학 지구연구소Earth Institute 소장인 제프리 D 삭스 Jeffrey D. Sachs 교수였다. 삭스는 코피 아난 사무총장의 새천년발전목표 사업 특별자문관이 되기 전부터 이미 수많은 행정부와 비정부 기구에서 자문 역할을 맡고 있었다. 그러나 러시아 대통령 보리스 옐친Boris Yeltsin의 자문관으로 활동하면서 러시아에서의 자유 시장 경제를 촉진하려 했던 그의 시도는 비참하게 실패했다.

2001년 12월 20일 삭스는 그로 할렘 브룬틀란Gro Harlem Brundtland WHO 사무총장에게 보고서를 제출했다. 그 보고서에서 언급한 문제의 어린이는 사하라 사막 이남에 살고 있었다. 이 지역에서 보건 의료 개선은 경제 발전의 필수적인 전제 조건이다. 현안 문제의 대다수는 공중 보건 의료 체계를 개선하는 데 장애물로 작용하고 있다고 지적했다. 삭스는 가난한 국가들이 자국의 재원 수준에 따라 기여해야 한다고 제안했다. 그러나 재원의 대부분은 선진국에서 나와야 한다. 총 투자비로 선진국 국내총생산 총합의 0.1퍼센트에 상당하는 300억 달러가 필요하다. 여기에는 심지어 HIV/AIDS 현안 문제도 포함하고 있지 않다. HIV/AIDS 현안 문제를 포함하면 20억 달러가 추가로 필요하다. 이 금액은 800만 명의 목숨을 구하고 3억 3000만 년의 DALY(장애보정수명년수)를 보상할 수 있는 금액(1인당 2,500달러)이다. 전문가들은 이렇게 할 경우 최대 3600억 달러의 재정적 예상 이득expected financial return이 발생할 것으로 계산했다.

업데이트 1: 데자부

새천년발전목표 사업은 세계 보건 문제를 해결하기 위하여 국제 사회가 처음 시도하는 사업은 아니다. 1978년에도 134개국 대표단이 카자흐스탄 알마아타(지금의 알마티)에 모여 회의를 하고 전 세계 보건과 복지를 2000년까지 보장하라고 세계보건기구와 유엔아동기금에 호소했다. 천연두의 박멸은 의료 개입의 잠재성을 확인한 증거로 거의 기정사실화되었다. 전쟁, 기아, 불평등, 빈곤은 전염병의 중요한 원인으로 여겨졌다. 알마아타 선언은 기초 보건 의료에서 개인의 권리를 강조했고, 정부에게 자국민의 보건 책임을 지도록 했다. 2000년까지 모든 사람은 건강하고 사회 경제적으로 생산적인 삶을 이끌 수 있도록 했다. 그러나 그 목표는 조금도 실현되지 않았다.

1986년, 캐나다 오타와에서 열린 보건증진국제회의International Conference on Health Promotion에서도 똑같은 길을 택했다. 대부분의 참가자들은 어렴풋이 보이는 HIV/AIDS 대재앙의 실체를 여전히 깨닫지 못했다. 많은 사람들은 알마아타 선언에서 만들어낸 목표가 실현될 수 있기를 희망했다. 건강한 삶을 만들어주는 사회 여건social condition, 즉 평화, 안전, 교육, 신뢰할 수 있는 식품 공급, 안정된 소득, 생태계 안정, 자원의 합리적 이용, 평등과 정의에 다시 초점이 맞추어졌다. 아마도 이 시점에서 토론 방향을 잃었다. 병원균, 생활방식, 개인의 유전적 기질도 질병을 발생시키는 요소라는 사실을 잊어버렸다. 질병 퇴치 그 자체가 충분하지 않은 것처럼, 단지 사회 여건만 바꾸는 것 또한 부적절한 대응이다.

1993년, 세계은행은 「보건 투자」라는 제목의 보고서를 발표했다. 이 보고서에서 제시한 보건 문제를 세계은행 경제 계획에 반영했다. 이 보고서는 중요한 문서였다. 의사 결정권자 마음속에 빈곤과 질병의 상호작용에 관한 생각이 확고하게 자리를 잡게 만든 계기가 되었기 때문이다.

오타와 회의 후 7년째인 1997년 네 번째 보건증진국제회의가 인도네시아 자카르타에서 열렸다. 자카르타 회의에서 지난번 회의의 기조는 그대로 유지되었지만 질병특이 요소disease-specific factor(질병에만 관련한 요소)는 훨씬 두드러져 보였다. 사상 처음으로 전문가들은 지구촌 보건동맹Global health alliance이 지구촌 보건 전략을 마련하고 재원을 조달하라고 요구했다. 선진국들마저도 지구촌에서의 유동성은 상품과 노동에만 적용되는 것이 아니라 병원균에도 적용되어야 한다는 것을 깨달은 것으로 보인다. HIV/AIDS는 전 세계적 위협 요인으로 발전했고, 항생제 내성균은 지구촌 곳곳에서 확산되고 있고, 결핵과 말라리아 퇴치 노력은 진전을 보이지 않고 있다.

업데이트 II: 중간 점검

2005년은 새천년발전목표 사업(2000~2015년) 실행 기간의 1/3 지점이다. 중간 점검을 할 시점이었다. 유엔 거시경제 및 보건위원회의 제프리 삭스 위원장은 여전히 말을 아꼈다. "2005년 국제사회는 열심히 노력해서 스스로 약속한 의무를 지켜야 하며, 목표를 향하여 즉각 실행 단계를 이행하지 않는다면 목표 달성은 요원해질 것이다. 우리가 지금 실행하지 않는다면 우리들은 새천년발전목표 달성 없이 불행하게 살아갈 것이다. 3000년 차기 새천년 정상회의까지 가야 할 길이 너무 멀다."

2년 6개월이 지난 2007년 7월, 새천년발전목표 사업은 이제 반환점을 돌았다. 사업 진행 성과는 거의 변한 게 없었다. 7월 2일, 유엔은 그게 그거인 것처럼 마구 뒤섞은 기록을 제시했다. "그동안의 사업 추진 결과는 세계의 많은 지역에서 여전히 성공할 수 있다는 가능성을 보여준다. 또한 그 결과들은 우리가 해야 할 일이 얼마나 많이 남았는지를 지적하고 있다." 반기문 유엔 사무총장은 비록 외교적 표현을 사용했지만 명확한 결론을 이끌어냈다. "세상은 어떤 새로운 약속을 원하지 않는다." 반기문 사무총장은 서두에서 밝혔다. 대부분의 선진국들은 자신들의 재정적 이행 의무를 지키지 않았다. 2005년 스코틀랜드 글렌이글스 정상회의에서 선진국 선도 그룹들은 2010년까지 원조금을 두 배로 늘리겠다고 약속했다고 회의 요약서에 명시되어 있다. "그러나 2005년과 2006년 사이 공식 원조금은 5.1퍼센트 줄어들었다." 단 5개 공여국만이 유엔이 정한 목표치를 달성했고, 지금은 새천년발전목표를 달성하기 위하여 국내총소득의 0.7퍼센트를 할당하고 있다.

각 발전 목표에 관하여 유엔은 다음과 같이 중간 평가를 내렸다.

목표 1: 극빈층 인구를 절반으로 줄인다는 유엔의 목표를 달성하는 데 상당한 진전이 있었다. 하루 1달러 이하의 소득으로 살아가는 인구수는 1990년 12억 명에서 2004년 9억 8000만 명으로 줄어들었다. 그러나 그 목표는 사하라 이남 지역에서는 제대로 달성한 것 같아 보이지 않는다.

목표 2: 아동 취학률은 향상되었으나 질적 개선이 필요하다. 2005년 모든 어린이의 88퍼센트가 초등교육 절차를 밟았다. 그러나 시골에 있는 소녀와 어린이는 거의 학교에 다니지 않는 것 같다. 사하라 이남 지역은 이 목표 달성에서 문제 지역으로 남아 있다.

목표 3: 평등에 대해서는 진전이 없다. 여성 취업률은 미약하지만 증가 추세에 있다. 여성의 정치 참여도 매우 느리지만 많은 지역에서 증가세를 보이고 있다.

목표 4: 어린이 사망률은 감소하고 있다. 2005년 1010만 명의 어린이가 다섯 살 이전에 사망했다. 예방 가능한 질병, 특히 AIDS와 말라리아는 어린이 사망률의 주요 원인으로 남아 있다.

목표 5: 산모 사망률의 3/4을 줄이려는 목표는 현 상태로는 불가능해 보인다. 매년 50만 명의 산모가 임신 혹은 출산 시에 사망하고 있다.

목표 6: 결핵 발병 빈도는 낮아지고 있다. 그러나 새로운 발병 건수는 인구 증가와 함께 여전히 증가하고 있다. 질병은 감소 추세에 있다. HIV 상황은 심각하게 진행되고 있다. AIDS 사망자는 2006년 290만 명으로 증가했다. HIV 유행은 발전도상국에서 안정되었으나 사하라 이남 지역에서는 계속 증가하고 있다. 예방 조치는 AIDS 확산 속도를 따라잡지 못하고 있다. 말라리아 퇴치 사업은 성과를 보이기 시작했다. 그러나 살충 모기망 보급률의 목표치 60퍼센트를 달성한 나라는 거의 없다.

목표 7: 전 세계 인구의 절반이 기본적인 위생 시설이 갖추어지지 못한 곳에서 살고 있다. 도시의 급속한 발전은 빈민 거주자의 생활 여건을 개선시키는 데, 심지어 위압적인 도전으로 작용하고 있다. 덧붙여 기후 변화의 영향은, 특히 빈곤 지역에서 피부로 실감하고 있다. 기후 변화는 새천년발전목표를 달성하는 데 심각한 장애물이다.

목표 8: 일부 국가의 채무 변제는 확실히 지구촌 공동 연대를 이끄는 데 도움을 주고 있다. 그러나 대다수의 공여국들은 약속한 할당량을 채우지 못하고 있다. 약속과 달리, 세계은행은 2007년까지 발전도상국에 혜택을 줄 수 있는 긴급 통상 문제를 명확하게 해결해주지 못하고 있다. 많은 나라에서 경제성장 이익은 공평하게 배분되지 못했다. 청년 실업자 수는 2006년 8600만 명으로 증가했다.

다른 그룹들은 새천년발전목표 사업에 대한 진전을 유엔 보고서보다 훨씬 더 비판적으로 평가한다. 『르몽드 디플로마티크』 *Le Monde Diplomatique*에 실린 질병 퇴치에 관한 수치를 참고하기 바란다.(그림 19~22 참조)

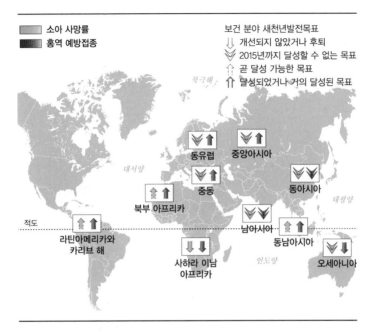

그림 19 유엔 새천년발전목표 사업 보건 분야의 2005년 중간 성과: 소아 사망률과 홍역 예방접종(출처 Atlas of Globalization, 르몽드 디플로마티크, 2006)

정책 입안자

경제협력개발기구(OECD)

경제협력개발기구OECD ▪ 는 경제 발전을 증진하기 위해 설립한 기구이다. OECD 회원국(30개국)이 거의 모두 선진국이라는 사실은 OECD의 정책 관점을 반영한다. 즉 OECD는 주로 선진국 회원국의 이익을 대변한다. OECD는 질병 관련 문제로 골머리를 앓고 있는

그림 20 유엔 새천년발전목표 사업 보건 분야의 2005년 중간 성과: 산모 사망률과 말라리아(출처 Atlas of Globalization, 르몽드 디플로마티크, 2006)

발전도상국의 경제 발전의 부흥을 원한다. 현재 OECD는 발전도상국의 경제발전을 위하여 1000억 달러 이상을 지원하고 있다. 새천년발전목표는 OECD 보고서 「국제발전목표사업」International Development Goals을 토대로 만들어졌다.

G8 ▪

OECD 중 선도 그룹 국가라는 의미에서 G8은 선진 7개국(독일,

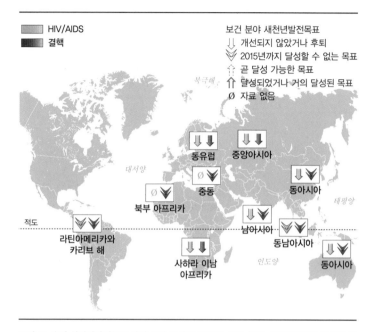

동유럽   중앙아시아

중동   동아시아

북부 아프리카

라틴아메리카와 카리브 해

사하라 이남 아프리카

남아시아

동남아시아

동아시아

북극해   대서양   태평양   인도양   적도

그림 21 유엔 새천년발전목표 사업 보건 분야의 2005년 중간 성과: HIV/AIDS와 결핵(출처 Atlas of Globalization, 르몽드 디플로마티크, 2006)

프랑스, 영국, 이탈리아, 일본, 캐나다, 미국)과 러시아로 구성되어 있다. 이들 국가는 전 세계 인구의 15퍼센트 정도를 차지하지만 전 세계 무역과 총소득의 2/3를 차지한다. G8은 재정과 금융 문제를 조율하고 계획한다. 그러나 최근 회원국들은 보건 문제와 전염병 문제를 포함한 글로벌 이슈에 대하여 점점 관여하고 있다. 2005년 스코틀랜드 글렌이글스 정상회의에서 G8은 아프리카에 만연한 전염병을 효과적으로 퇴치할 경우 엄청난 경제적 잠재력을 현실화할 수 있

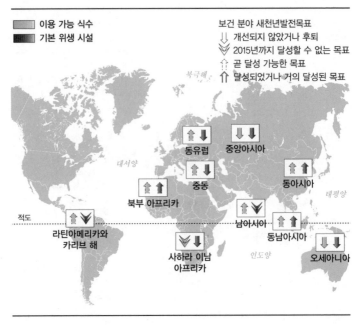

다음 표시:

이용 가능 식수
기본 위생 시설

보건 분야 새천년발전목표
⇊ 개선되지 않았거나 후퇴
⇛ 2015년까지 달성할 수 없는 목표
⇑ 곧 달성 가능한 목표
⇑ 달성되었거나 거의 달성된 목표

북극해

동유럽   중앙아시아

대서양

중동   동아시아

북부 아프리카

태평양

적도   라틴아메리카와   남아시아
        카리브 해   동남아시아

사하라 이남   인도양   오세아니아
아프리카

그림 22 유엔 새천년발전목표 사업 보건 분야의 2005년 중간 성과: 이용 가능 식수와 기본 위생 시설(출처 Atlas of Globalization, 르몽드 디플로마티크, 2006)

다는 데 인식을 같이했다. 2006년 러시아 상트페테르부르크 정상회의에서 전염병 문제는 광범위하게 토의되었다. 앙겔라 메르켈Angela Merkel 독일 총리가 주최한 2007년 독일 하일리겐담 정상회의에서는 아프리카 성장 및 책임성과 연계한 전염병(HIV/AIDS, 결핵, 말라리아) 퇴치와 보건 의료 체계 개선을 강조했다. 정상회의 말미에, 독일 총리는 AIDS, 결핵, 말라리아 퇴치를 위하여 G8 회원국들이 600억 달러를 지원할 것이라고 약속했으나, 지원 기한에 대해서는 언급을 회피했다.

불행하게도 G8 선언은 구속력이나 강제성이 없었다. 대개 G8 선언은 발표되는 수준에서 흐지부지되고, 정상회의가 지나고 나면 환멸감마저 생긴다. 글렌이글스 정상회의에서 아프리카에 2010년까지 매년 500억 달러를 원조하기로 약속했다. 그러나 지금까지 단 10퍼센트만 제공됐다. 아프리카 진보패널Africa Progress Panel 의장 코피 아난이 2007년 4월 G8 정상회의를 준비하던 메르켈 독일 총리를 만났을 때 강조했던 것처럼, 새천년발전목표에 관한 2007년 업데이트에서 반기문 유엔 사무총장이 강조했던 바와 같이 실질적인 채무는 차드와 카메룬만이 면제받았다. 2008년 일본 홋카이도 도야코 정상회담에서 실행이나 돌파구를 거의 마련하지 않은 채 그들의 약속만을 반복해서 언급했다.

지금까지 공여국들은 상대적으로 좋은 수치를 제시할 수 있었다. 채무 탕감은 비용으로 보고되었지만 그 탕감은 이미 서명해 놓았고 매년 재정 예산에 영향을 주지 않는다. 부채 탕감을 제외하면, OECD의 아프리카 재정 지원은 2006년에는 오히려 감소했다. 빈곤과 치열하게 싸우고 그래서 전염병 위협에 대처하기를 진심으로 바란다면 발전 지원금의 목표는 국내총소득의 0.7퍼센트가 되어야 한다. 독일은 현재 국내총소득의 약 0.36퍼센트를 부채 탕감에 지원하고 있다. 2007년 독일 하일리겐담 정상회의에서 독일은 향후 3년간 국내총소득의 0.5퍼센트, 2015년까지 0.7퍼센트를 발전 원조 기금으로 제공하겠다고 내비쳤다. 독일 경제협력부의 예산을 75만 유로까지 확대하겠다는 확고한 약속은 독일의 발전 원조 기금이 최소한 독일 국내총소득의 0.5퍼센트에 도달할 것이라는 기대감을 갖게 했다.

2006년 미국은 단지 자국 국내총소득의 0.17퍼센트, 호주는 0.30퍼센트, 영국은 0.52퍼센트를 발전도상국에 대한 발전 원조 기금으로 내놓았다. 모범적인 사례는 자국 국내총소득의 1.0퍼센트를 사용한 스웨덴, 0.89퍼센트를 사용한 룩셈부르크와 노르웨이, 0.81퍼센트를 사용한 네덜란드, 0.80퍼센트를 사용한 덴마크이다.

구원의 손길

DATA(Debts, AIDS, Trade, Africa) 기구

DATA는 부채Debt, AIDS, 통상Trade, 아프리카Africa를 나타내는 약어로, 음악인 밥 겔도프Bob Geldof, 보노Bono, 헤르베르트 그뢰네마이어Herbert Grönemeyer가 주도하여 설립한 사회운동기구이다. DATA에 따르면, G7 선진국(러시아는 거부)은 개발 원조 기금을 23억 달러까지 늘렸지만 여전히 54억 달러가 부족하다. DATA는 부채 지원을 지원금 계산에 포함시키지 않는다.

그러므로 DATA는 G8 정상회담에서 독일이 약속한 개발 원조 기금을 2007년도에 60억 달러 이상 증액하도록 메르켈 독일 총리에게 촉구했다. 영국과 일본은 가장 많은 증액을 약속했고, 미국과 캐나다는 중간 정도 범주의 증액을 약속했으며, 독일·프랑스·이탈리아는 거리를 두고 그 뒤를 따라오고 있다.

두말할 필요 없이, 보건 부문은 원조 기금 부족으로 영향을 받는다. 특히 미국이 AIDS와 말라리아 퇴치에 앞장서고 있지만, 모든 AIDS 환자에게 치료약을 제공한다는 목표는 요원하다.

국경 없는 의사회

최근 몇 가지 진전으로 활기를 띠기 시작했다. 개발 원조 활동은 상당한 금액이 소요되므로, 영세한 단체는 세상의 이목을 받지 못하는 경향이 있다. 그러나 반복적으로 대중의 관심을 받는 비정부 단체가 '국경 없는 의사회'Médecins Sans Frontières ; MSF이다. 1971년 프랑스 파리에서 창설된 MSF는 지구상에서 도움을 절실히 필요로 하는 사람들을 돕는다. 베르나르 쿠슈네르Bernard Kouchner는 창립 회원으로, 프랑스 사회당원이면서도 2007년 5월 이후 사르코지Sarkozy 프랑스 대통령 행정부의 외무부 장관으로 기용되었다.

원래 MSF는 재난 지역과 무력 충돌에 휩싸인 지역에서 활동했으나 지금은 AIDS, 결핵, 말라리아, 그리고 열대 소외 질병으로 고통받고 있는 사람들에게 의료 활동을 펼치고 있다. 이 기구는 '발전도상국 소외 질병 치료제 개발계획'Drugs for Neglected Diseases Initiative ; DNDI 사업에 착수했다. 이 사업의 목적은 긴급하게 필요로 하는 열대 소외 질병 치료약 개발 노력을 증진시키기 위한 것이다. 다른 기구와 함께, 이 사업은 수면병, 샤가스병, 흑열병 치료를 위한 신약 개발에 2억 5000만 달러를 투자하고 있다. MSF는 인명 구조약의 특허권 철폐 활동을 강화하고, 거대 제약회사들이 그런 약들을 발전도 상국에 저렴한 가격으로 공급해 주기를 원한다. MSF는 그동안 비상 난국과 폭력 희생자를 구호해 왔는데, 1999년 이러한 활동을 인정받아 노벨 평화상을 수상했다.

전문가 집단

유엔에이즈전담기구UNAIDS는 HIV/AIDS 위기에 모든 노력을 집중하는 유엔 기구로, 여러 HIV/AIDS 퇴치 사업을 조율하고, 최신 역학 자료를 수집하여 경제 사회적 관점에서 평가한다. 덧붙여 UNAIDS는 정치 단체와 기업, 그리고 사회를 동원한다. UNAIDS의 목표는 지구촌 HIV/AIDS 퇴치 전략을 세우는 것이다.

가장 큰 규모의 국영 전문가 집단은 '대통령 산하 AIDS 구제 긴급안' the President' Emergency Plan for AIDS Relief ; PEPFAR과 '아프리카 말라리아 퇴치 계획' Anti-Malaria Initiative in Africa ; AMIA이다. PEPFAR은 전적으로 미국 정부에게 기금을 받는다. PEPFAR과 AMIA는 2004년과 2005년에 각각 설립되었고, 예산은 150억 달러와 12억 달러로 선정된 국가에 실제적인 기금을 제공한다. 2007년 G8 정상회의 직전, 부시 미국 대통령은 향후 5년간 PEPFAR 사업의 지속을 위하여 추가적으로 300억 달러를 약속했다. PEPFAR 사업은 2008년 말 종료하기로 했다. 2008년 초 부시는 아프리카 순방 중 열대 소외 질병 퇴치를 위하여 추가적으로 3억 5000만 달러를 제공한다고 발표했다. 많은 비판에도 불구하고 부시는 HIV/AIDS와 다른 보건상 위협과 싸우는 데 선두에 서 있다. 심지어 미국 의회는 2008년 7월 PEPFAR 예산을 480억 달러(AIDS 390억 달러, 말라리아 50억 달러, 결핵 40억 달러)로 증액했다.

민관 협력 파트너십(PPP)

20세기 말, 그동안의 질병 퇴치 전략에 문제점이 많다는 데 많은 사람이 공감하고, 이를 극복하기 위하여 수원국recipient의 현안 문제에 유연하고 투명하게 대처하는 동시에, 수원국도 자신의 현안 문제 해결에 의무감을 갖도록 하는 새로운 형태의 기구가 필요하다고 생각하게 되었다. 그때까지 재정 지원은 국가 정부에 직접 제공했다. 몇 차례나 되풀이되면서 그 돈은 가난한 사람들을 돕는 데로 흐르지 않았다. 대신 부패한 통치자의 수중으로 들어가거나 관료들이 가로챘다. 아예 실행조차 되지 않은 사업도 있었다. 대부분 그런 상황은 충분히 고려되지 않았다. 대부분의 경우 직접적 성과물에만 너무 많은 주안점을 두었다. '물고기를 주면 하루를 살 수 있다. 물고기 잡는 법을 가르쳐 주면 평생을 먹고살 수 있다.' 우리가 직면한 딜레마의 본질을 담아낸 속담이다. 관례적인 발전 지원은 너무 자주 물고기를 주는 데 그치고 물고기 잡는 요령을 가르쳐 주는 데는 너무 인색했다.

백신면역국제연맹(GAVI)

2001년 유엔아동기금, 세계보건기구, 산업 파트너, 세계은행, 개인 단체는 서로 힘을 모아 백신면역국제연맹GAVI을 결성했다. 목적은 전염병에 관한 문제에 대처하고 특히 백신 예방접종 사업을 개선하고, 예방접종률을 높이기 위해서이다. GAVI는 진정한 의미의 민관 협력 파트너십PPP으로, 72개국에서 소아 백신 예방접종 사업의 주역으로 남아 있다.

AIDS, 결핵 및 말라리아 퇴치 국제기금

AIDS, 결핵, 말라리아 퇴치 국제기금■은 2001년에 창립되었다. 창립은 유사한 방법으로 이루어졌다. 각종 재단과 사기업뿐 아니라 국제기구와 국가기구가 연합하여 기금을 조성했다. 기금의 목적은 주요 질병(AIDS, 결핵, 말라리아)을 퇴치하는 데 있다. GAVI처럼 현 지원 체계를 개선하려 노력하고 있다. 예를 들면 해야 할 일을 수원국에 요구하는 것이 아니라 반대로 수원국의 요구를 수용하는 방식이다. 발전도상국은 사업 기금을 신청할 수 있다. 그러면 지원서의 실행 가능성과 중요도를 평가하고, 승인된 사업에 수년간 기금을 지원한다. 지원한 기금에 대하여 주기적으로 검토·평가한다. 신청 자금은 투명하고 번거로운 절차가 거의 없이 지원되어야 한다. 세계기금 수입의 99퍼센트 이상은 발전도상국 수원자에게 돌아간다. 그 돈의 거의 절반은 비정부기구에 주어진다.

오늘날 국제기금은 136개국의 AIDS, 결핵, 말라리아 퇴치 사업에

110억 달러가 투자되었다. 140만 명 AIDS 환자에게 ART(항레트로
바이러스 치료법) 치료약을 제공했고, 330만 명 결핵 환자에게 DOTS
(단기 직접 관찰 치료)▪ 전략에 기반한 치료를 해주었으며, 460만 가
족에게 살충 모기망을 공급했다. 또한 230만 말라리아 환자에게 치
료약을 나누어주었다. 국제기금은 2010년까지 매년 60~80억 달러
를 제공하기를 희망한다. 독일 하일리겐담 정상회의 폐막 문서에서,
G8은 60~80억 달러를 추가로 지원하기로 약속했다. 2007년 9월
말 베를린 후속회의에서 70억 유로가 실제적으로 세계기금으로 모
아졌다. 그래서 몇 년간의 국제기금의 재정적 기반을 확고하게 구축
했다.

재단

가난한 나라에서 질병 퇴치 사업에 상전벽해와 같은 변화를 몰고
온 가장 큰 영향력을 지닌 기구는 개인 재단인 빌게이츠재단이다.
300억 달러를 기부한 이 재단은 향후 수년간 600억 달러까지 기부
금을 꾸준히 올릴 예정이다. 지금까지 이렇게 큰 규모의 재단은 없
었다. 재단 설립자인 멜린다와 빌 게이츠Melinda & Bill Gates는 마이
크로소프트사를 통하여 억만장자가 되었다. 2008년 빌 게이츠는 회
사 실무에서 은퇴한 후 재단에 상근직으로 근무하고 있다. 빌 게이
츠가 2000년 1억 달러를 기부하면서 설립된 재단은 기부금의 규모
를 점차 늘려나가 300억 달러가 되었다. 2006년 세계에서 가장 큰

부자 중 하나인 일흔다섯 살의 금융 투자자 워런 버핏Warren Buffett
은 자신이 소유하고 있는 버크셔 해서웨이 투자회사 주식을 5개 재
단에 기증한다고 발표했다. 그로 인해 그 수치는 밤새 두 배(600억
달러)가 되었다. 당시 워런 버핏은 300억 달러의 가치를 가진 큰 몫
의 주식을 빌게이츠재단에 양도했다.(「역대 최대 기부」 참조) 빌게이
츠재단에 건넨 버핏의 서한은 단 2쪽 분량이었다. 한 단어당 6000만
달러의 가치에 해당한다. 빌게이츠재단의 3개 사업 중 2개 사업은
국제발전 사업이고, 나머지 하나는 미국에 제한된 사업이다. 미국
사업은 우선적으로 미국 극빈층의 재앙적인 교육 여건을 개선하기
위한 것이다. 국제발전 사업은 무엇보다도 농업 부문 사업을 지원한
다. 국제보건 사업은 (대부분 가난해서) 빈부 간 불평등에 대한 감각
이 없는 지역의 질병을 퇴치하는 데 주력한다. 따라서 주요 전염병
과 소아 질병 백신 예방접종 사업이 우선적으로 이루어진다. 그래서
빌게이츠재단은 백신 예방접종 사업을 통하여 소아마비 퇴치에 집
중적으로 전념한다. 즉 빌게이츠재단은 GAVI와 소아 백신 사업
Children's Vaccine Program의 주요 후원자이다. 빌게이츠재단은 보건
문제에 매년 약 10억 달러를 지원한다. 백신 예방접종 사업 이외에
도, 빌게이츠재단은 최근 장기 접근 전략을 모색하기 시작했고, 지
금은 새로운 연구 분야를 후원하고 있다.

　2007년 1월 7일자 『로스앤젤레스 타임스』Los Angeles Times에 실린
한 기사는 초일류 재단(빌게이츠재단)의 깨끗한 이미지에 의문을 표
시했다. 이 기사는 빌게이츠재단이 재단 사업과 적대적인 회사들의

역대 최대 기부

"기운 내요." 워런 버핏이 2006년 봄 한 모임에서 『포춘』(Fortune) 편집장 캐럴 루미스(Carol J. Loomis)에게 한 말이다. "난 내가 무엇을 해야 하는지 압니다. 그리고 그렇게 하는 게 이치에 맞고요." 버크셔 해서웨이사의 CEO 워런 버핏은 역사상 가장 큰 기부를 계획했다. 2006년 6월 26일, 그는 이 기부 계획을 서면으로 남겼다. 공개된 2쪽짜리 서류에서, 그는 재산 300억 달러를 빌게이츠재단에 기부했다.(아래 진문 참조)

존경하는 빌과 멜린다 씨,

저는 빌앤멜린다(Bill & Melinda, BMG)재단(일명 빌게이츠재단)이 재단 기금을 확보하고자 하는 노력에 대해 존경을 표합니다. 따라서 저는 이 서류를 통하여, 평생 모은 버크셔 해서웨이 B주식을 BMG재단에 연례적으로 기부하고자 하며, 이 서약을 취소할 수 없게끔 서면으로 약속하고자 합니다. 첫해는 BMG 연간 기부를 15억 달러로 할 것입니다. 그 이후에도, 매년 나의 기부 주식의 가치가 오르락내리락하겠지만 결국 실제적으로 높아지기를 기대합니다.

메커니즘은 이렇습니다. 저는 버크셔 해서웨이 B주식 1000만 주를 BMG 기부금으로 배정할 것입니다.(저는 현재 A주식만 가지고 있으나 곧 이 주식의 다수를 B주식으로 전환시킬 것입니다.) 매년 7월 또는 여러분들이 선택한 시기에, 배정 주식의 5퍼센트를 BMG재단에 직접 기부하거나 자선 중개인에게 기부할 것입니다. 설명하자면, 2006년에 50만 주의 주식을 기부할 것입니다. 2007년에는 47만 5000주(2006년 기부 후 남은 주식 950만 주의 5퍼센트)를 기부할 것입니다. 그런 방식으로 또 남은 주식의 5퍼센트를 매년 기부할 것입니다.

이 평생 서약에는 세 가지 조건이 있습니다. 첫째, 여러분 중 최소한 한 명은 살아 있어야 하고, BMG재단의 정책 결정과 행정 업무에 적극적이어야 합니다. 둘째, BMG재단(또는 그 중개인)은 나의 기증 주식을 자금으로서 법적으로 자격을 갖추도록 하고, 선물이나 세금 납부용으로 사용해서는 안 됩니다. 그리고 마지막으로, 연 기증 주식만큼의 가치는 재단 순자산의 최소 5퍼센트 이상 지출하는 데 추가적으로 들어가야 합니다. 2년의 실행 준비 기간이 있기를 기대합니다. 이 기간 동안은 그 조건이 적용되지 않습니다. 2009년에 시작해서, BMG재단의 연례 기부 예산은 나의 전해 기증한 주식 가치에 BMG 순자산의 5퍼센트를 더한 금액의 합보다는 최소한 같거나 이상이어야 합니다. 그러나 이 금액이 어떤 해에서든 초과한다면, 초과 금액은 이월되고 다음 해에 부족분에 대해 상쇄합니다. 그해에서의 부족분은 다음 해에서 보충받아야 합니다.

버크셔 주식의 가치는 물론 매년 달라질 것입니다. 그리고 기증할 주식 수는 매년 5퍼센트씩 감소할 것입니다. 그런데도 제가 기증한 버크셔 주식의 주가는 기증 주식 감소분을 상쇄하고도 남을 만큼 주가가 올라갈 것이라고 기대합니다.

BMG재단은 이 서약을 믿고 재단 활동을 지속적으로 확대할 수 있습니다. 주치의는 제가 매우 건강하다고 말합니다. 저도 제가 건강하다고 생각합니다. 그러나 만약 제가 정상적인 활동을 하지 못하고 업무를 처리할 수 없다면, 저는 직접 저의 업무를 책임지는 누구에게라도 이 서한에서 한 약속을 지키도록 지시할 것입니다. 덧붙여 제가 사망한 후에도 이 약속을 이행하기 위하여 남아 있는 배정 주식의 기증 또는 다른 방법으로 기부금을 제공할 새로운 의지를 담아 문서로 곧 작성할 것입니다.

저는 버크셔 기증 주식을 재단의 장기간 안정적인 운영을 뒷받침하는 이상적인 자산이라고 생각합니다. 그 회사는 강력하고 다양한 많은 소득, 지브롤터 요새 같은 탄탄한 재력과 주주의 최고 관심을 행하는 깊이 뿌리박힌 문화를 가지고 있습니다. 탁월한 경영자들이 저를 뒤이을 것입니다. 저는 버크셔가 새로운 기업을 인수하고 현재의 사업을 확장시킴으로써 지금까지 어느 것보다 가장 강력하고 이윤이 높은 회사가 될 것이라고 기대합니다.

나의 주식 기증이 BMG재단에게 양적 확대보다는 질적 확대이기를 희망합니다. 여러분은 매우 중요하지만 자금 조달의 어려움을 겪고 있는 현안을 해결하는 데 모든 열정을 쏟아붓고 있습니다. 저는 여러분이 추구하는 목표가 훌륭한 성과를 보여줄 것이라고 믿습니다. BMG재단이 (저의 기부로) 현재 비용 지출을 두 배로 늘린다면 지금 초점이 되고 있는 사회문제를 훨씬 더 효율적이고 탁월하게 해결해 나갈 것입니다.

이 재단을 통하여 여러분 모두는 진정으로 비범한 지성과 정열, 그리고 정성으로 우리 셋만큼 행운이 따르지 않았던 수백만 명의 삶을 개선시키는 데 헌신해 왔습니다. 여러분은 인종, 성, 종교나 지역을 따지지 않고 해왔습니다. 여러분이 이 일을 하는 데 제가 도움을 줄 수 있어 기쁩니다.

그럼, 안녕히 계십시오.

워런 버핏

주식을 소유하고 있다고 폭로했다.(재단은 기부금 지원에 1달러, 주식 투자와 같은 기부금 증액에 19달러를 사용한다.) 그래서 재단은 재단 성격과 정반대인 회사들에 85억 달러 이상(재단 자본금의 41퍼센트)을 투자한다. 애봇연구소, 셰링프라우사, 머크사와 같은 다국적 제약회사에 각각 1억 달러 이상 투자한다. 그 기사에 따르면, 재단은 거대 석유회사 ENI, 쉘, 엑손모빌의 주식도 상당량 보유하고 있다. 이들 모두 니제르 델타Niger Delta 석유공장에서 가스를 뿜어냄으로써 환경을 오염시키는 회사이다. 니제르 델타에서 수많은 어린이가 호흡기 질환으로 고통받고 있다. 한편(국제 구호 지원)에서는 소아 질병 퇴치 운동을 벌이고, 다른 한편(석유회사 투자)에서는 어린이들이 호흡기 질환으로 고통받고 있는데, 이 상황을 받아들일 수 있는가?

물론 다른 여러 회사에도 빌게이츠재단의 의심스러운 투자가 있다. 대부분 선진국에서, 이런 회사들은 전적으로 비난을 상쇄할 만큼 엄청난 세금을 납부함으로써 국가의 금고를 채운다. 그럼에도 불구하고 세상에서 가장 큰 자선단체(빌게이츠재단)가 모범적인 역할을 하지 못하는 것에 대하여 의문을 표하는 것은 당연하다.

제약회사에서 연구 재단까지

웰컴트러스트사는 유럽에서 가장 규모가 큰 의학 연구 재단으로, 자산 규모는 120억 파운드(180억 유로)에 달한다. 웰컴트러스트사는 일처리를 다르게 한다. 1936년 제약업계의 거물 헨리 웰컴Henry Wellcome의 유산으로 설립된 재단은 동물과 인간의 건강을 증진하기 위한 목적으로 바이오 의학 분야의 연구를 하는 독립 기구이다. 이 재단은 사회적 원칙을 존중한다. 투자에서뿐 아니라 재단이 주요 주주로 있는 회사의 일반 주주의 모임에서 강한 사회적 양심을 발휘한다.

9 시류 역행

미래는 현재에 달렸다.

―마하트마 간디

20세기 마지막 분기에, 제약회사들은 약 1,400종의 신약을 출시했다. 환산하면 연평균 50종 정도 된다. 이 중 약 180종은 심혈관계 질환 치료약이다. 그러나 결핵약은 단 3종, 말라리아약은 4종, 열대 소외 질병 치료약은 모두 13종에 불과하다. 항생제 시장을 보자. 출시된 신약 제품 수가 하향세를 보인다. 오늘날 단지 약 20개 정도의 제약회사가 항생제 신약을 생산하고 있다. 1990년대 초(약 70개)와 비교하면 생산 회사가 상당히 줄어들었다. 1983년에서 1992년까지 10년간 제약회사들은 약 20종의 항생제 신약 제품을 내놓았다. 그 다음 10년간은 17종을, 2003년 이후에는 단 4종의 항생제 신약을 출시했다. 이러한 상황이 압축된 것이 바로 보건 의료 부문 개발 투자이다. 보건 의료 부문 연구 개발에 매년 약 1000억 달러가 투자되고 있다. 이 투자 자금 중 단 1/10이 발전도상국에 영향을 주는 질병, 즉 전 세계 질병 부담의 90퍼센트를 차지하는 전염병으로 흘러들어간다. 신약 개발에서 경제학적 고려 사항이 결정적 역할을 하는 한 상황은 변하지 않을 것이다.

블록버스터 추구

무엇이 문제인가? 국제 제약 시장은 연간 6000억 달러 정도로 현재 가장 매력적인 시장 중 하나이다. 제약회사의 이윤은 제약회사가 아닌 500대 기업 이윤의 합보다도 무려 세 배나 많다. 평균적으로, 이들 제약회사는 15퍼센트의 이윤을 남긴다. 『포춘』이 선정한 미국 500대 기업에 제약회사 10개가 포함되어 있다. 이들 제약회사는 나머지 490개 기업 전체보다 더 많은 돈을 벌어들인다.

연간 10억 달러 이상 판매되는 블록버스터* 약은 제약회사에게는 매우 매력적이다. 이들 블록버스터 약은 전체 제약 판매액의 3분의 1 이상을 차지한다. 2005년 94종의 약이 블록버스터 약으로 등재되었다. 대부분 엄청난 사람들이 만성적으로 앓고 있는 질환의 치료약이거나 치료 예방에서 획기적인 돌파구를 열어놓은 약이다. 알약, 점적약, 캡슐 형태의 블록버스터 약의 대다수는 질병의 원인을 찾아 치료하는 것이 아니라 병증의 증세를 완화시키는 데 그친다. 일반적으로 블록버스터 약은 대부분의 사람들이 장기간에 걸쳐 처방받는 약들이다. 이런 약에는 심혈관계 질환을 예방하기 위한 콜레스테롤 약인 스타틴statin이 있다. 대다수의 경우 의사들은 예방 차원에서 스타틴을 처방한다. 심지어 영국에서는 먹는 물에 타서 먹으라고까지 권장한다.

2005년 최고의 블록버스터 약은 콜레스테롤 약 리피토Lipitor®인데, 이 약만으로 화이자는 120억 달러를 벌어들였다. 그다음이 글락소스미스클라인사의 천식약 애드베어 디스쿠스Advair Diskus®로 약 55억 달러의 판매 실적을 올렸다. 그다음이 44억 달러의 판매 실적을 올린 머크사의 콜레스테롤 약 조코Zocor®이다. 나머지 약으로는 항우울제 치료제 프로작Prozac®과 졸로프트Zoloft®가 있다. 이들 약은 환자의 삶의 질을 개선하는, 이른바 웰빙약의 특성이 있다.

이러한 사업은 대단히 수명이 짧다. 즉 블록버스터 약은 빨리 현금을 회수할 필요가 있다. 배타적 독점권은 1년 또는 2년으로 제한된다. 일단 특허가 만료되면 그 약은 제네릭 회사가 공짜로 복제하여 생산한다. 예를 들어, 항우울제 프로작이 특허권 보호 아래 있을 때는 캡슐약 한 알에 약 2.5달러이지만, 특허가 만료되자 제네릭 회사가 생산하면서 캡슐약 한 알 가격이 그 전의 10분의 1(0.25달러)로 떨어졌다.

물론 이들 약은 말할 수 없을 정도로 많은 사람의 삶의 질을 개선시켜 주었거나 목숨을 구했다. 예외없이 블록버스터 약은 선진국에서만 처방된다. 모든 제조약의 90퍼센트는 전 세계 인구의 단 7분의 1만 이용한다. 미국과 캐나다의 약품 판매대에서만 팔린 약이 전체의 절반 이상이다. 부자 나라가 관심이 있는 만성질환에서만은 경제학자와 의사의 관심이 대개 일치한다.

경제적 실행 가능성

만성질환과 달리, 선진국에서는 거의 발생하지 않지만 발전도상국에서는 큰 문제로 남아 있는 질병의 경우 상황은 다르다. 항생제와 백신 제품에서 블록버스터 약은 거의 나오지 않는다. 항생제와 백신 시장 규모는 작다. 2005년 백신 시장은 단지 100억 달러에 불과했는데, 이는 콜레스테롤 약 리피토 한 제품의 시장보다도 규모가 작다. 블록버스터 약으로 기대되는 항감염제 신약이 단 하나 있다. 바로 자궁경부암 백신(HPV 백신)이다. 자궁경부암은 사람유두종바이러스에 의해 유발되는 전염병이다. 모든 소녀(최소한 선진국의 모든 소녀)에게 HPV 백신을 정기적으로 예방접종을 받도록 권고하기 때문이다. 3회에 걸친 백신 접종 비용이 500유로이다. 백신 접종 비용이 낮아지지 않는다면, 여성에게 두 번째로 흔한 자궁경부암의 발병 빈도도 전 세계적으로 낮아지지 않을 것 같다. 자궁경부암 위험에 처한 여성의 80퍼센트가 발전도상국에 살고 있기 때문이다.(이들 국가에서는 백신을 구입할 수 없다.)

전염병 연구 개발 사업을 평가할 때, 질병 유행은 크게 세 가지 타입으로 구분한다. 제1타입은 선진국과 관련한 질병으로 제약회사의 연구 개발 포트폴리오에 다소 잘 맞아떨어진다. B형 간염과 자궁경부암이 이에 해당한다. 제2타입은 선진국에서도 발생하지만 발전도 상국에서 훨씬 많이 발생하는 전염병이다. HIV/AIDS, 결핵이 대표적이다. 제2타입은 제약회사들이 약간의 관심을 보이고 있다. 제3타입은 가난한 나라에서만 대부분 발생하는 질병이다. 열대 소외 질병이 대표적이다. 제3타입은 제약회사들이 관심을 가지지 않는다. 필요로 하는 사람들에 대한 시급성이 있지만 정반대로 생산·판매로 인한 이윤 기대감이 없기 때문이다.

누구도 포기하길 원치 않는다

신약은 시장에 출시되기 전 오랫동안 엄청난 돈이 소요된다. 대부분 신약 후보들은 승인 절차를 밟는 과정에서 중도에 탈락한다. 승인받은 모든 약은 환자 치료에 처음 사용하기까지 8억 달러 정도의 비용이 소요되는 것으로 제약업계는 보고 있다. 이 수치가 얼마나 현실적인지에 대해 논쟁할 수 있지만, 엄청난 개발 비용 규모만 보더라도 신약 개발에 얼마나 엄격한 선발 기준이 적용되는지를 알 수 있다. 제2타입의 경우 신약 개발을 할 것인지에 대한 결정은 긍정적일 수도 있고 부정적일 수도 있다. 사실 HIV 치료약 AZT azidothymidine, 상품명 Retrovir®는 블록버스터 약이 되었고, ART 치료요법의 한 부분을 차지했다. 원래 AZT는 1960년대에 항암 치료제로 개발되었다. 이 경우 연구 개발 투입비는 오래전에 회수했다. 그러므로 (이미 벌 만큼 벌었으니) 발전도상국에 저렴하게 내놓아야 한다.

반대로, 제3타입의 경우 재정적 인센티브와 의학적 필요성 간의 간극이 있어 불가피하게 딜레마에 빠진다. 일부 제2타입 약을 제3타입 약으로 재분류할 수 있다는 결과와 더불어, 특정 약에 대해서만 특허를 철회하는 부분에 대한 토의가 진행되면서 제약업계를 (제3타입의 신약을 개발하는 데) 더욱더 주저하게 한다. 이 같은 사례가 이미 결핵약으로 드러났다. 결핵약은 모두 3년 이상 지났고, 특허권 보호를 상실한 지 오래되었다. 극소수의 회사만이 결핵약을 제조하는 데 관심이 있다. 결핵약 가격이 더 떨어지면 공급에도 문제가 발생할 수 있을 것 같아 보인다. 새로운 결핵약의 개발은 완전히 멈추었다. 그 결과 오늘날 광범위 내성 결핵을 치료할 약이 없다.

백신 시장의 경우는 훨씬 더 까다롭다. 백신 신제품의 판매를 위해 통과해야 할 사전 승인 장벽이 항생제보다도 훨씬 높다. 그뿐 아니라 백신 제품 판매로 인한 이윤은 낮다. 연구와 백신 생산은 백신 시장에서 다르다. 일반 합성약과 달리 백신의 주성분은 살아 있거나 죽은 미생물이거나, 또는 유전적으로 변형시킨 미생물의 일부분이다. 전 세계적으로 약 10개 회사 정도만이 백신 생산에 필수적인 전문성을 갖추고 있다. 이들 제약회사는 대부분 서부 유럽과 미국에 위치해 있다. 백신 생산량은 현재의 수요량에만 맞추어져 있다. 그래서 갑작스러운 수요 급증 사태가 발생하면 백신 부족 사태가 빚어질 수 있다.

백신회사가 항감염제 신약을 개발하는 데는 인센티브가 필요하다. 이 목적을 달성하기 위하여, 공공 부문과 민간 부문의 연구 간에 시너지 효과가 강화되어야 한다. 항감염제 개발은 특별 인센티브를 제공해야 개선의 여지가 있다. 특허법 개정도 필요하다.

관련 특허

TRIPs(무역 관련 지적재산권에 관한 협정) 제8조에 따르면, 회원국은 자국민의 건강을 유지하기 위하여 허가 의무 규정을 채택할 수 있다. 이 조항이 적용되는 약을 개발하는 데는 거의 인센티브가 없다. 향후 개발되더라도 투자 값어치가 없다고 판단되는 항감염제 후보 물질이 제약회사 서랍에 그냥 처박혀 있다. 특허법을 개정하자는 제안들이 많다. 예를 들면, 특정 산물의 신규성뿐 아니라 국제 보건상 중요성도 특허를 승인하는 데 기초 여건이 될 수 있다. 그다음 특허의 두 번째 모델을 도입할 수 있다. 치료약과 백신은 제품 연관성(사망자 수와 장애보정수명년수로 측정)과 불균형 인자(발전도상국과 선진국 간 상이한 질병 중요도)에 의거하여 평가할 수 있다. 백신 제조사는 약의 판매 이윤에 의존하기 때문에 판매약에 대한 배타적 권리를 포기하는 대신 개발 보상금을 줄 수 있다. 개발 보상금은 진척도와 연결시킬 수 있다. 즉 특허를 등록할 때, 임상 실험을 시작할 때, 그리고 판매 허가를 승인할 때 부분적으로 지불한다. 그 개발 보상금은 PPP(민관 협력 파트너십) 설립 기금에서 제공할 수 있다. PPP 기금 재원은 공공 부문과 제약업계, 그리고 재단 공동 출자에서 마련한다.

잠재성 있는 장점이 분명히 있다. 제약회사와 신규 바이오테크 업체는 이들 신약을 개발하는 데 일정 이윤만 보장된다면 더 많은 에너지를 쏟아부을 것이다. 그다음 단계별 보상금 지급을 통하여 신약 개발 목적에 따라 개발 절차의 진행을 보장받게 된다. 마지막으로, 그 제품은 저렴하게 팔릴 수 있다. 만약 발전도상국에서 그 제품의 판매가를 저렴하게 책정할 준비가 되어 있다면 제약업체가 언제든지 통상적인 특허 절차로 되돌아갈 수 있도록 접근 방법이 개선된다. 두말할 필요 없이, 제약업체에 이미 지불된 개발 자금은 기금으로 재투자할 수 있다.

빈곤과 연관된 질병을 연관성(사망자 수와 장애보정수명년수로 측정)과 불균형 인자(발전도상국과 선진국 간 상이한 질병 중요도)에 가중치를 두어 평가하는 것처럼 연구 기금을 책정할 때에도 이들 인자에 가중치를 두어 평가해야 한다.

희귀 약품 개발 지원

한 광고판 배너에 이렇게 적혀 있다. '연구 기반 제약업체의 메시지: 우리는 어떤 질병도 도외시하지 않습니다. 심지어 그 질병이 인구의 0.00625퍼센트만 걸리는 희귀 질병이라 하더라도 말입니다.' 독일의 연구 기반 제약업체협회가 착수한 3년짜리 3000만 유로 캠페인의 슬로건 중 하나이다. 이 슬로건을 내건 목적은 업체의 추락한 이미지를 개선하기 위한 데 있다. 유능한 로비스트들이 특허 문제를 해결하기 위하여 활발히 활동하고 있다. 이 슬로건에 적혀 있는 0.00625퍼센트라는 수치는 독일에서의 폐고혈압pulmonary hypertension 환자의 유행 빈도를 말한다. 독일에 있는 연구 기반 제약회사들은 부자 나라에 관련한 질병을 예로 들면서 희귀 약품에 적용된 특정 규정의 원칙을 설명하려 든다.

정부는 희귀약 개발과 시장 판매에 대한 인센티브를 주고 있다. 경제적으로 철저하게 계산하면 희귀약은 경제적 가치가 있는 것 같지는 않다. 1983년 이후, 미국 정부는 환자 수 20만 명 이하의 희귀 질병에 대해서는 세금을 면제시켜 주면서 백신과 치료약 개발을 장려하고 있다. 제약회사들은 7년 동안 그 약에 대한 독점권을 보장받는다. 1999년 12월, 유럽연합은 미국과 유사한 지침을 통과시켰다. 그 지침은 환자 수가 2,000명 이하인 질병에 대한 치료약과 백신의 경우 최대 10년간 독점 판매권을 부여하고 있다. 인센티브 없이는 시장에서 팔릴 것 같지 않은 약에 대해서도 환자 수와 관계없이 그 규정들을 적용할 수 있다. 덧붙여, 투자자들은 유럽의약평가청 European Medicines Evaluation Agency ; EMEA이 부과한 라이선스 비용을 면제받을 수 있다.

심지어 희귀약으로 분류하여 인센티브를 준 약 중에서 블록버스터 약으로 대박이 나는 사례도 간혹 있다. 예를 들어, 1989년 미국 암젠사는 희귀약품법■의 규정 아래 에포젠Epogen®의 생산 허가 승인을 받았다. 에포epo로 잘 알려져 있는 에포젠은 적혈구의 생성을 촉진하는 일종의 호르몬이다. 자전거 경주 선수들이 도핑약으로 사용하여 최근 세간의 주목을 받았다. 원래 암젠사는 에포젠을 신부전 말기 환자의 빈혈 치료용으로 판매했다. 그러나 에포젠이 AIDS 약을 복용하거나 화학요법으로 암 치료를 받는 환자들과 같은 골수 기능 장애 환자에게도 약효가 있음이 밝혀졌다. 2001년 에포젠과 관련 에포약은 판매 약의 6위와 7위를 기록했다. 에포젠만 해도 2003년 이후 24억 달러어치나 판매되었다.

미국식품의약국FDA에 따르면, 1983년 희귀약품법이 발효된 이후 200종의 약품이 희귀약품으로 판매되었다. 그 10년 전만 해도 10종도 되지 않았다. 그러므로 만연하고 있는 소외 질병에 대해서도 유사한 규정의 도입을 검토할 만한 가치가 있다. 희귀약품은 질병의 희귀성뿐 아니라 선진국 제약회사의 낮은 관심도에 기초하여 정의해야 한다. 이 경우 배타적 권리는 오히려 장애가 되므로 다른 인센티브로 보상해 주어야 한다.

최근 미국에서 흥미로운 제안이 있었다. 소외 질병 치료약으로 승인받은 모든 약에 대하여 양도성 신속심사제도transferable review voucher를 제공하고 있다. 이 특혜권은 미국 FDA 서류 심사 기한을 단축시켜 준다.(8~12개월에서 6개월로 단축) 이 특혜권은 어떤 종류의 약에 대해서도 유효하고, 심지어 다른 회사로 양도할 수도 있다. 이베이eBay가 제공하는 특혜권을 상상해 보라! 나중에 블록버스터약이 될 경우 수억 달러의 가치가 있다.

새로운 인센티브

이중 가격 시스템은 동일한 약을 선진국에서는 비싸게 판매하고 발전도상국에서는 저렴하게 판매하는 것이다. 이 시스템은 가끔 자유경제 시장 원칙에 위배된다고 비판받는다. 오래전부터 많은 지역에서는 동일 서비스에 대해 서로 다른 가격을 매기고 있었다. 사실, 그 지역에서 요청받은 바로 그 가격이 감당할 수 있는 비용이다.

제조회사가 발전도상국에서 이윤을 포기하고, 제네릭 회사에 (가능하면 특허권과 판매권 소송 없이) 생산권을 양도할 때, 그 약의 가격은 판매 규모가 클수록 그만큼 하락할 것이다.

이 제도의 반대론자들은 가끔 역수입의 위험성이 있다고 지적한다. 그러나 저렴한 가격으로 발전도상국에서 사서 선진국에 되파는 역수입을 차단하기 위하여 발전도상국 판매용 약에 상품 코드를 부착하거나 약을 물들이는 등 대응 조치를 취할 수 있다. 어쨌든 발전도상국의 수원자들은 통제 조치와 수반되는 의무 사항을 통합 · 운영해야 한다.

정찰 가격 구매 보증purchase guarantee at a fixed price 아래에서 국가 기구와 재단은 치료약이나 백신을 제약회사와 합의한 가격에 일정 물량을 사전 예약 구매하는 방식으로 미래 판매 시장을 보장한다.

이 제도는 과거에도 실행되어 왔다. 영국 정부는 수막구균 백신 개발을 장려하기 위하여 그 백신을 처음 생산하는 제조회사에 판매 시장을 보장했다. 미국과 독일 정부는 생물 테러의 위협 가능성에

흉내쟁이

제네릭(generic)은 이미 등록상표가 있는 약과 동일한 약효가 있는 복제약이다. 제네릭은 제법과 용량에서 원래 제품과 다를 수 있다. 많은 회사가 제네릭을 제조한다. 이들 제네릭은 발전도상국에서 TRIPs 협정 제8조를 거론하며 강제 실시권을 채택함으로써 점점 더 중요해지고 있다. 대부분의 제네릭 회사는 저렴하게 약을 생산할 뿐 아니라 양질의 제품을 생산하고 있다. 예를 들면, 이들 회사는 서로 다른 제조 회사의 약을 사용하여 복합 제품을 만든다. 그러나 불법적으로 약을 모방하고, 특허권 보호 아래 있는 약을 위조하는 등 골칫덩이 약도 있다. 간혹 품질에 문제가 있는 것도 있다. WHO는 이들 제네릭 약의 최대 50퍼센트가 부실한 것으로 결론을 내렸다. 이들 약이 약효 성분을 전혀 함유하고 있지 않기 때문이다. 제네릭의 17퍼센트는 성분에 문제가 있다. 그리고 10개 중 1개 제품이 약 내용물에서 불충분하다. 값싼 약을 생산하는 공장에서의 재앙적 사건이 중국에서 발각되었다. 2005년에만 10만 개를 훨씬 초과하는 무허가 영세 공장과 400개가 넘는 불법 약 생산 공장이 폐쇄되었다. 2006년 1만 4000개 약이 고작 3개월 동안 새롭게 허가를 받았다. 이중 옳지 않은 것도 상당하다. 2006년 최소한 열 명 이상의 환자가 오염된 항생제의 부작용으로 사망했다. 2007년 중반 중국 정부는 중국 식품약품감독국 청장과 총서기에게 사형선고를 내리고 여러 명의 동업자에게 부패 혐의로 종신형을 선고했다. 청장은 뇌물로 80만 달러 이상을 착복했다. 총서기는 뇌물을 받은 대가로 270개 이상의 약을 승인해 주었다. 이들 승인된 약 중 최소한 6개 이상은 효과가 전혀 없는 제네릭이었다.

대처하기 위하여 천연두 백신을 구매했다. 그리고 개발 전의 경우는 아니지만 최소한 생산하기 전에 그렇게 했다. 그렇지 않으면 어느 회사가 이미 퇴치된 질병에 대한 백신을 생산하려 들겠는가?

2007년, 영국 · 이탈리아 · 캐나다 · 노르웨이 · 러시아는 빌게이츠재단과 함께 새로운 폐렴구균의 백신을 개발하는 데 15억 달러를 제공하겠다고 약속했다. 이들 공여자들의 예약시장이행Advanced Market Commitment ; AMC 제도는 발전도상국에서 정해진 수량과 일정 연수 동안 보장된 정찰 가격으로 제품을 구입해 미래 백신 시장을 창출하는 데 목적이 있다. 제조사들은 정찰 가격으로 백신을 공급하면 된다. AMC 제도가 앞으로 자주 활용되기를 바란다.

제약회사에 대한 목적세 면제targeted tax relief는 가능성 있는 접근 방식이며, 이미 일부 나라에서 시행하고 있다. 물론, 그렇게 해서 절약된 자금이 목적하는 사업에 실제로 투입되도록 보장해야 한다. 회사는 재단 모델 방식의 독립 연구소를 설치할 때 도움이 될 수 있다. 그러면 그 회사의 실험실은 주요한 물질을 제공하는 식의 방법으로 재단 연구소와 공동으로 개발한다. 덧붙여, 재단 연구소와 공공 연구소의 과학자와 임상 의사 간의 협력이 수월해진다. 동시에, 재단 유사 연구소와 후원하는 제약회사 간에 명확한 구분이 있어야 한다. 스위스의 거대 제약회사 노바티스는 이미 이 제도를 시행하고 있다. 2002년 노바티스는 싱가포르 정부와 함께, 싱가포르에 노바티스 열대질병연구소Novartis Institute for Tropical Disease : NITD를 설립했다. 거기서 결핵과 뎅기열 치료약을 개발하고 있다. 이 개념은 노바티스의 기대에 부합해 보인다. 노바티스는 같은 모델 방식으로 이탈리아 시에나에 빈곤 연관 질병(특히 설사병)의 백신을 개발할 목적으로 노바티스 국제보건백신연구소Novartis Vaccine Institute for Global Health를 설립했다.

마지막으로, 발전도상국 보건 의료 사업에서의 부채 교환 방식 trading of debt을 고려해야 한다. 이 제도는 발전도상국이 채무 면제를 받는 대신 채무 일부를 보건 의료 사업에 투자하는 것이다. 세부적으로 말하면 세계은행, 국제통화기금, 선진 기부국에게 봉사를 부탁하는 것이다. 제11장에서 이 부분을 자세하게 거론할 것이다.

전문 지식 통합

공공 분야 연구소와 민간 기업 간의 파트너십은 항감염제를 개발하는 데 필요한 투자 비용을 효과적으로 절감할 수 있다. 그러한 민관 협력 파트너십PPP은 특히 유럽연합, 빌게이츠재단, 웰컴트러스트, 미국국립보건원 National Institute of Health; NIH 후원 사업을 통하여 이미 구체적으로 지원하고 있다. 각 파트너는 자신이 가장 잘할 수 있는 부문을 맡는다. 공공 연구소는 기초 연구와 사전 임상 연구를 수행하고, 민간 부문은 임상 실험과 생산 개발에 책임을 진다. 계획 단계에서는 특허, 판매권, 발전도상국 판매망에 관한 협의가 이루어져야 한다. 가능하면 그 약품들은 제네릭 생산회사의 도움으로 가격을 낮출 수 있다. 이것은 국제보건계획의 거대한 도전 Grand Challenge in Global Health Initiative 사업에서 빌게이츠재단이 국제 접근 전략으로 취한 접근 방식이다.(「해결 방안 동기 부여: 국제보건계획의 거대한 도전」 참조) 발전도상국은 신약에 대한 특허료와 판매 실시료를 포기하고, 선진국에서는 여전히 판매권을 가진다.

　PPP는 주요 질병에 대한 신약 개발을 위하여 10억 달러 이상의 예산을 이미 마련했다. 이들 신약 개발 물질의 대다수는 공공 연구소에서 기초 연구를 통하여 특허를 받았으며, 그 물질에서 유래한 모든 약을 발전도상국에서는 사용료 없이 팔 수 있도록 허용했다. 제약회사들은 엄청난 규모의 화학물질을 공개함으로써 신약 물질을 찾아내는 데 도움을 주고 있다. 그렇게 함으로써 최근 제2타입과 제3타입 질병에 대한 약 40종의 신약 후보가 개발되었다.

해결 방안 동기 부여: 국제보건계획의 거대한 도전

1990년, 독일 수학자 다비트 힐베르트(David Hilbert)는 수학자들을 초청해서 자신들의 규율의 질을 조사했다. "여러분이 수학이 어디로 향하고 있는지 알기 원한다면, 여러분은 미래에 해결해야 할 현재의 문제를 알아야 합니다." 힐베르트는 23개의 핵심 문제를 제시한 후 이 문제를 동료 수학자들에게 풀도록 했다. 이들 중 18개는 문제가 풀렸다. 단 두 문제는 미해결로 남아 있다. 그중 하나는 너무 막연하게 작성되었고 나머지 두 개는 부분적으로만 풀렸다. 빌과 멜린다 게이츠는 '국제보건계획의 거대한 도전' 사업 계획을 수립하면서 힐베르트의 접근법에서 영감을 얻었다. 재단은 과학자들에게 세상이 불공평에서 일어서는 가장 중요한 보건 이슈의 목록을 달라고 요청했다. 전 세계 1,500명의 전문가들이 답해 왔다. 과학 위원회는 제안서를 검토했고 세계 보건이 직면한 가장 중요한 이슈의 우선순위를 정했다. 그 문제들 대다수가 주요 전염병, 예방 백신에 의한 질병 예방, 새로운 치료법, 조기 검출 등과 관련이 있었다. 그다음 문제 발견을 목표로 하는 사업을 제출하도록 호소하기 시작했다. 재단으로부터 45개 사업이 승인받아 지원금을 받았다. 그 계획은 가장 필요로 하는 곳에 사업을 집중하도록 사업 방식을 혁신적으로 개선하는 데 목적이 있다.

2007년 10월, 재단은 1억 달러의 값어치가 있는 새로운 혁신 사업을 발표했다. 그 사업은 1,000개 사업에 각각 10만 달러의 거금을 후원하는 데 목적이 있다. 지원서는 단 2쪽이어야 하고 즉각 수락 또는 거절된다. 어떠한 예비 작업도 필요로 하지 않는다. 이 혁신적인 접근법은 발전도상국과 중진국의 젊은 과학자들에게 용기를 불어넣어 그들의 창의력에 기초하여 새롭고 대담한 제안서를 내도록 했다. 이들 제안서는 재단 기금을 제공받아 시험적으로 연구해 보도록 했다.

분명한 메시지의 국제기금

새천년발전목표 사업(제8장 참조)에 관한 해설에서, WHO 거시경제 및 보건위원회는 AIDS, 결핵, 말라리아, 그리고 소외 질병에 대한 연구 후원을 제안했다. 그 위원회는 AIDS, 결핵, 말라리아 퇴치 국제기금을 모델로 해서, 2007년 10억 달러에서 2015년에는 최대 20억 달러까지 확보하는 세계보건연구기금fund for global health research을 제안했다. 다른 사업과 연계하여 이 기금은 빈곤층 보건 문제 연구에 노력을 기울여 항감염제 신약 개발이 활성화되도록 한다. 주요 목적은 발전도상국에서의 연구 역량을 집중하고 확장하여 선진국과 발전도상국 간 연구원 교환을 촉진하는 것이다.

사업 추진 방식

대부분 지원금 제도는 푸시 방식push principle을 따른다. 사업 지원자는 사업 계획과 목표를 정하고 지원금을 받아서 사업을 진행한다. 이같은 방법으로 연구자들은 자신이 옳다고 믿는 방식을 자유롭게 선택한다. 그러나 후원자는 실패에 대한 위험을 전적으로 부담한다. 푸시 방식은 기초 연구에서 가장 중요한 후원 도구이다. 그러나 이들 사업은 개선할 필요가 있다. 생물 의학 분야의 많은 기초 연구자는 문제점을 스스로 재단하고 정해진 기간 내에 그 해답을 제공하는 가장 쉬운 실험 모델을 추구한다. 이것은 많은 기초적 질문에 대하여 효과적임이 판명되었다. 그러나 그 성과물이 손쉽게 양도할 수 있는 것이 아니라는 데 문제가 있다. 연구자들은 자신들이 사용한 모델에만 맞다. 푸시 방식을 통한 빠른 성과 도출(예, 직접적인 사회 관련 문제 조사)은 사회적 시각에서 보면 과학을 훨씬 복잡하게 만드는 단점이 있다.

선진국과 관련한 보건 문제의 경우, 이 문제점은 공공 분야 연구소와 제약 산업의 세부 맞춤형 증진 사업을 통하여 피해갈 수 있다. 그러나 빈곤 관련 질병의 경우는 다르다. 제약업계는 거의 관심이 없고 공공 부문은 자신의 사회와 무관하다고 본다. 세계적으로 연구비의 5퍼센트 이하가 이들 문제를 조사하는 데 투입된다. 이를 해결하기 위하여, 연구 지원은 연관 요소에 가중치를 두어야 하며, 그러한 토대(특허를 부여하기 위하여 제안된 방법과 유사하다.)로 평가할 수 있다.

덧붙여, 풀방식 사업pull program은 연구 교착상태를 극복하는 데
도움이 된다. 기금 제공은 성공을 기초로 해야 하기 때문이다. 재정
후원자는 현안 연구 또는 프로세스나 산출물 개발에 대하여 일종의
연구 경쟁 체계를 구축한다. 프로세스를 진행하거나 문제를 해결하
기 위한 첫 번째는 경쟁을 통하여 지원금을 따내는 것이다. 이때 지
원금도 연구 진척 단계별로 지급함으로써, 풀방식 사업에 의한 개발
성공률을 점차적으로 높일 수 있다. 이것은 경쟁자들이 기초 작업에
스스로 재원을 마련해야 한다는 것을 의미한다. 그래서 풀방식 사업
은 생물 의학 분야에서 기초 연구를 배제한다. 선행 재원 조달advance
financing이 필요하기 때문이다. 그러나 기금 제공이 임상 실험에 투
입되는 시점부터는 풀방식 사업은 매우 유용하다. 필수적으로 희귀
약품법은 풀방식 사업이다. 특정 약에 대하여 구매가 보장되는 경우
도 풀방식 사업의 한 형태로 볼 수 있다.

그러나 그러한 절차적 결정과는 별개로, 성공으로 가는 핵심은 기
금 우선권을 규정하는 것이다. 주요 질병(AIDS, 결핵, 말라리아) 사
업비의 할당도 질병별로 현저하게 사업비가 차등 적용된다. 그래서
2001년과 2002년, AIDS 퇴치 사업에 20억 달러 이상, 결핵 퇴치 사
업에는 AIDS 퇴치 사업의 단 5분의 1이, 심지어 말라리아 퇴치 사업
에는 더 적은 금액이 지원되었다. 그 경향은 세계 최대 의학 연구소
인 미국국립보건원NIH에서 훨씬 더 냉혹하다. 2005년 NIH는
HIV/AIDS 퇴치 사업에 거의 30억 달러, 결핵 사업에 1억 5800만

달러, 그리고 말라리아 사업에 단 9000만 달러만 사용했다. 잠재적인 생물 테러 무기인 천연두와 탄저 사업비는 결핵 사업비를 능가했고 기금 조성에서도 훨씬 앞질렀다. NIH와 EU 모두 빈곤 관련 질병 사업이나 질병의 사회적 중요도에 따라 기금을 제공하지 않는다.

연구 인큐베이터

민관 협력 파트너십 PPP을 강화하기 위해서는, 민간 부문 방식에 따라 작동하는 유연한 구조가 필요하다. 유연한 구조는 기초 연구에서 협력 파트너들(신생업체와 다국적 제약업체)이 공동으로 사용할 수 있다. 이들 연구 인큐베이터(벤처기업 지원 사업)는 다양한 전문 분야의 과학자들이 주요 질병과 소외 질병 분야에서 협력 연구를 수행하는 접속망으로서의 역할을 할 수 있다. 주된 임무는 항감염제의 개발과 사전 임상 실험, 그리고 새로운 진단 물질의 개발이다. 그들은 게놈의 기능 분석뿐 아니라 광범위한 화학물질 라이브러리 스크리닝과 같은 대규모 서비스 단위에서 지원을 받는다.

이러한 접근 방식은 연구 작업을 간소화할 뿐 아니라 서로 다른 분야에서 일하는 과학자 간 의사 교환을 원활하게 해준다. 마지막으로, 그러한 기관들은 초기 단계에서 혁신적인 병용요법과 관련한 문제(예, 백신과 치료약으로 구성된 개입 연구)를 취급할 수 있다. 이상적으로 이들 기관은 지적재산권, 판매권, 국제적 이용, 사회 경제적 결과, 윤리 등과 같은 문제를 다룬다.

이들 인큐베이터에 대한 착수금은 공공 부문, 제약업체, 재단이 합동으로 지원해 주어야 한다. 재정적 지원은 사업별 지불 방식 project-specific payment으로 보강되어야 한다. 공공 연구 기관 연구자의 경우, 그 일은 각 공공 부문 지원 사업을 통하여 금융 지원을 받을 수 있다. 개인 부문의 경우, 연구 작업은 업계 파트너에 의해 금융 지원을 받을 수 있다. 연구 성과물은 특허와 판매권 없이 발전도상국에 제공할 수 있다. 수익은 선진국에서의 판매에서만 나온다. 선진국에서 발전도상국으로의 과학과 기술, 그리고 혁신의 전수는 필수적 요소이다. 발전도상국의 파트너 기관은 그러한 네트워크 안에 통합되어야 한다. 이것은 특히 사하라 이남 지역의 경우에 중요하다. 이 지역은 1인 기준으로, 모든 발전도상국 특허권의 단 5퍼센트를 차지한다. 그리고 그 지역에는 100만 명당 과학자와 기술자가 스무 명도 채 되지 않는다. 특히 생물 의학 분야에서, 아프리카 대륙은 두뇌 유출로 시달리고 있다. 남아프리카에서 교육을 마친 의대생의 최대 절반이, 짐바브웨에서는 3분의 2가 해외로 나가고 있다.

선봉에서

연구 성과가 연구실에서 현장으로 가능한 한 부드럽게 이행하기 위하여, 발전도상국에서의 임상 연구와 의학 실험 능력을 향상시키는 것이 중요하다. 치료약과 백신을 개발한 나라나 지역에서 사람에 대한 안전성 검사가 선행되어야 한다는 데에는 이의가 없다. 그다음 질병이 만연해 있는 나라에서 동일한 질적 표준을 가지고 임상 실험을 거쳐야 한다. 현재 질적 표준을 가지고 임상 실험을 할 수 있는 기관이 발전도상국에는 거의 없다. 탄탄한 능력을 창출하기 위해서는 착수금이 필요하다. 많은 임상 실험 센터가 기금 제공의 혜택을 받아야 한다. 명문 연구 기관도 필요하지만, 생물 의학과 임상 연구 또한 많은 지역에서 강화되어야 한다. 그렇지 않으면 신생 이중 등급 시스템dual-class system이 발전도상국에 출현할 것이다. 발전도상국에서 약물 실험의 질과 관련하여 어떠한 절충(타협)도 없다. 즉 발전도상국도 선진국에서처럼 동일하게 높은 수준의 표준을 적용해야 한다. 선진국과 발전도상국에서 비슷하게 유행하는 질병(예, 만성심혈관 질환)에 대한 치료약은 선진국에서 임상 실험을 실시해야 한다. 그다음, 극빈국의 임상 실험 센터들은 자국 지역에만 발생하거나 만연하고 있는 질병에 대한 임상 실험에 집중해야 한다. 발전도상국에서 그렇게 하기에는 (기술적으로) 따라잡아야 할 일이 많다. 특히 전염병 예방약 탐색과 백신에서 그렇다.

일급 임상 실험 센터 설립과 관련하여, 임상 실험 참여자들의 사전 동의는 중요한 고려 사항이다.(「새로운 개발 백신의 허가에 관한 미묘한 문제」 참조) 임상 실험 대상 국민은 가능하다면 무료 또는 최소한 부담 가능한 저렴한 가격으로 그 치료약을 나중에 이용할 수 있어야 한다. 개발되더라도 그 약을 실제로 이용할 수 있다는 확신이나 서구 과학에 대한 신뢰가 없을 수 있다. 궁극적으로, 그런 사업을 어떻게 받아들이는가 하는 문제는 각 나라의 정치적 리더십에 달려

새로운 개발 백신의 허가에 관한 미묘한 문제

1998년, 어린이에게 가장 흔한 설사병의 원인으로 꼽히는 로타바이러스 백신 도입 후, 일부 미국 의사들은 예방접종을 받은 어린이에서 장이 서로 꼬이는 장중첩 소견을 발견했다. 예방접종과 질병(장중첩)과의 연결고리는 입증되지 않았지만 그 가능성을 배제할 수 없었다. 결국 1999년 시장에서 백신이 회수되었다. 이것은 미국 공중 보건 업무상 합당한 결정이었다. 미국에서 로타바이러스 감염은 그다지 치명적이지 않다. 그러나 백신 판매 차질은 발전도상국에서 그 백신의 도입을 지연시켰다. 발전도상국에서 로타바이러스는 연간 최대 100만 명의 어린이 목숨을 앗아간다.

이 사례는 딜레마를 잘 설명해 준다. 해당 질병이 창궐하는 나라와 해당 질병이 거의 발생하지 않는 나라에서 똑같은 기준이 적용되어야 하는지에 대한 문제가 있다. 나라마다 다른 백신 허가 기준이 설정되어야 하는가?

로타바이러스 예방접종에 관한 한, 그 문제에 답이 되었다. 앞에서 언급한 부작용이 없는 새로운 두 개의 백신이 2006년 이후 새로 승인을 받았다. 그러나 문제는 특히 AIDS와 결핵 백신에 남아 있고, 또 반복되고 있는 실정이다. 극히 일부 사람들이 질병에 걸리는 나라에서는 아무리 미약한 부작용이더라도 배제할 수 있는 토대(근거)가 된다. 그러나 서너 명 중 한 명이 HIV에 감염되고 1,000명 중 한 명꼴로 결핵에 걸리는 나라에서는 어떤가? 수용(허용)할 수 있는 수준의 미미한 부작용 때문에 이들 나라에서 백신의 승인이 거부되어야 하는가? 언젠가 백신 사용 승인이 날 테지만 언제가 될지는 예측할 수 없다.

있다. 남아프리카공화국에서 자유선거로 선출된 최초의 대통령 넬슨 만델라Nelson Mandela는 AIDS와 결핵 퇴치에 열정적으로 응했고, 그의 후임 대통령 타보 음베키Thabo Mbeki는 HIV가 AIDS의 원인이라는 것조차도 오랫동안 부인했다. 보건부 장관은 AIDS 치료를 위하여 생약초, 야채, 과일 혼합물과 비타민을 복용해야 한다고 권고했고, 부통령은 성관계 후 목욕만 하더라도 AIDS 전염은 충분히 막을 수 있다고 믿었다. 이와 유사하게 난감한 상황이 감비아에서 펼쳐지고 있다.

10 전염병 유행 위험 요소

마른 나무는 쉽게 타기 마련이다.

―콩고 속담

들어가는 말

전염병이라는 주제는 공론의 장으로 남아 있고, 아마도 앞으로도 그럴 것이다. 최소한 일 년에 한 번은 지구촌 어디에선가 전염병 에 피데믹이 발생한다. 어떤 전염병은 우리에게 익숙한 병원균이 특성 이 변해서 일어난다. 어떤 전염병은 이미 존재하고 있었지만 검출된 적이 없는 병원균이 갑자기 우위를 점해서 일어난다. 지난 35년간 인간에게 잠재적으로 위험한 신종 미생물이 30종 이상 발견되었다. 이러한 신종 미생물로는 로타바이러스(1973), 에볼라 바이러스

(1977), 레지오넬라(재향군인병 유발균, 1977), 캠필로박터 제주니▪
(심한 설사병 유발균, 1977), 보렐리아 부르그도르페리(라임병 유발
균, 1982), HIV(1983), C형 간염바이러스(1989), 니파바이러스
(1999), SARS 바이러스(2002)가 있다. SARS와 조류인플루엔자 인
체 감염 사례의 발생은 순식간에 세계경제에 영향을 끼쳤을 뿐 아니
라 새로운 판데믹의 망령을 불러냈다. 신종 전염병이 세계 어디에선
가 갑자기 출현할 수도 있지만, 전염병 출현과 확산을 부추기는 유
행 위험 요소가 있다.

유행 위험 요소 1: 가난한 병자, 병에 걸린 빈곤자

"발달 사고development thinking가 지배하던 시절이 있었다. 지금으
로부터 그리 오래된 이야기가 아니다. 그때에는 교육과 보건 같은
공공재에 비용을 지출하는 것 자체가 부질없었다. 양호한 보건은 사
치였다. 어느 정도 수준까지 국가의 물리적 인프라와 경제력이 갖추
어졌을 때에만 그러한 보건 상태가 성취될 수 있는 것이다. …… 지
난 수년에 걸친 경험과 연구에 의하면 그러한 사고방식이 얼마나 단
순화한 논리이며 얼마나 잘못된 것인지 분명하게 보여준다. …… 내
판단으로, 보건은 개인에게만 중요한 관심사가 아니다. 보건은 지속
가능한 경제성장과 자원의 효율적 사용에 중추적 역할을 한다." 그
로 할렘 브룬틀란 전 WHO 사무총장의 말이다. 보건 증진은 악순환
의 고리를 끊을 수 있다. 건강하고 영양 상태가 양호한 사람은 자신

의 생계벌이에 전념할 수 있기에 자신과 국가 경제를 증진시킨다. AIDS 위기는 많은 나라에서 경제활동 인구를 감소시켜 나락 속으로 빠지게 했다. AIDS 문제를 가장 심하게 앓고 있는 국가 중 하나가 보츠와나이다. 이 나라에서는 일자리(직장)마다 한 자리에 세 명 내지 네 명씩 고용하고 있다.(일하던 사람이 수시로 그만두기 때문이다.) AIDS 문제는 가사 비용의 엄청난 증가와 가계소득의 감소를 가져왔다. 어린이들은 특히 농사일을 거들어야 한다. 이들 어린이가 학교 다니는 것 자체가 사치이다. 가족들은 (AIDS로) 아픈 친척을 돌보아야 할 뿐 아니라 (AIDS로 부모를 잃은) 고아와 한부모 아이를 돌봐야 한다. 그래서 그들은 결과적으로 일을 할 수 없다.(돈을 벌 여유가 없다.) 남아프리카에서는 회사들이 이미 휴가 조건을 제한하고 있으며, 배우자, 부모, 아이를 잃은 사람들만 휴가를 낼 수 있다. 여기서도 악순환의 고리는 계속 이어진다. 즉 일을 적게 한 만큼 근로자는 (그만큼 돈을 적게 받기 때문에) 노후를 대비할 여력이 그만큼 부족할 수밖에 없다. 이들 가족의 어린이의 경우 교육을 제대로 받지 못하게 됨에 따라 이것이 가난의 대물림으로 작용한다.

사회 경제적으로 수준이 동일하고 기대수명에서 5년 차이가 나는 두 나라의 경우, 기대수명이 5년 길다는 것은 상대국보다 경제성장률이 0.3~0.5퍼센트 정도 높다는 것을 의미한다. 한 나라의 경제성장은 사회집단의 보건 상태에 직접적으로 좌우된다. 더구나 길어진 기대수명은 더 나은 교육과 더 많은 소득을 위한 자극제로 작용하고, 교육과 소득 모두 경제를 강화하는 방향으로 몰고 간다. 발전도

전염병 유행의 8대 요소

- 종종 전염병은 근절되었다고 발표되곤 하지만, 필요한 경고 시스템이 작동하고 있지 않기 때문에 전염병 유행의 위협은 여전히 남아 있다.

- 존재하는 전염병 유행은 빈곤이 만연해 있는 한 근절되지 않을 것이다. 전염병 유행은 발전도상국뿐 아니라 선진국에서도 계속 위협 요인으로 작용할 것이다.

- 자연 재앙과 무력 충돌, 특히 피난민들이 비위생적인 환경에 처해 있을 때 상황은 악화된다.

- 극단주의자는 미생물학적 깊은 이해도가 없어도 테러 공격을 위해 현존하는 병원균을 무기로 사용한다.

- 특히 지구 온난화는 곤충 매개 질병과 설사병의 확산을 부추긴다.

- 가축과 사람 간 접촉이 잦은 선진국 축산업뿐 아니라 사람과 야생 동물 간 접촉이 불가피한 야생 탐험은 잠재적 전염병 유행을 초래하는 신종 병원균 출현의 위험성을 야기한다.

- 항생제의 부적절한 사용은 내성균의 발전을 가속화한다.

- 전염병 유행이 판데믹으로 휘몰아치는 데 지금보다 더 취약한 적이 없었다. 질병은 동물과 축산품의 국제 교역뿐 아니라 난민과 여행객들에 의해 국경을 초월하고 대륙을 뛰어넘는다.

상국에서 전염병의 유행이 인구 증가에 악영향을 끼치는 요소로 작용한다는 주장이 있다. 이 주장은 냉소적일 뿐 아니라 난센스이다. 사실은 완전히 반대이다. 빈곤과 출생률 간의 상관성은 자료에도 잘 나와 있다. 자신이 낳은 아이가 생존할 확률이 낮을수록 오히려 아이를 더 많이 낳는다. 그중 생존한 자식이 자신의 노후를 돌봐주기를 원하기 때문이다. 신생아 사망률이 5퍼센트에 이르면 어린이 사망률이 15퍼센트, 다섯 살배기 아이의 사망률이 10퍼센트에 이르면 확률적으로 어린이 세 명 중 단 한 명만 살아남는다. 노후에 대비하기 위해, 가난한 부모들은 다섯 명 이상의 아이를 가져야 한다고 판단한다. 사하라 이남 지역에서는 여성 한 명이 평균 5.5명의 아이를 낳는다. 이러한 다산 경향이 출산을 앞둔 산모의 사망 위험성을 높여준다.

상황은 심각하게 돌아가고 있다. 최근 사하라 이남 지역에서 기대수명은 급속히 떨어지고 있다. 대부분이 AIDS 위기로 인한 것이다. 남아프리카공화국에서 1995년 예순 살이었던 기대수명이 2004년 마흔다섯 살로 떨어졌다. 보츠와나에서는 거의 50퍼센트로 곤두박질쳤다. 감비아, 짐바브웨, 시에라리온, 말라위, 모잠비크에서 태어난 아이는 독일에서 태어난 아이보다 기대수명이 절반밖에 되지 않는다. 기대수명이 곤두박질치기 직전, 보건 의료 시스템의 개선으로 발전도상국에서 6년 동안 기대수명이 높아졌다. 대부분의 정부 고위 관리들은 상황이 계속해서 개선되기를 희망한다. 발전도상국 40개국에서의 기대수명이 2010년까지 계속 떨어질 것이다.

또 다른 악순환의 고리가 작동하고 있다. 즉 국가 경제 상황이 악화될수록 보건 의료에 투입하는 비용은 적어지고 개인에게 주어지는 부담은 커진다. 가난한 국가들은 매년 보건 의료에 23달러 정도를 투입한다. 중진국은 그 수치보다 평균 5배 이상, 선진국은 100배 이상 많다. 아프리카에서는 건강보험에 가입한 사람이 인구의 8퍼센트에 불과하다. 이렇듯 대부분의 정책은 외래 환자의 처방약을 감당하지 못한다.

유행 위험 요소 2: 자연재해, 무력 충돌, 그리고 전염병 유행

전 세계 4000만 명은 자신의 생활터전에서 쫓겨나고, 1000만 내지 2000만 명은 피난민 신세이다. 사하라 이남 지역만 하더라도 4000만 명이 생활터전에서 쫓겨난 사람들이거나 난민들이다. 그중 4분의 3은 여성과 어린이들이다. 대부분은 초만원 난민 수용소에서 지내고 있다. 그곳에는 결핵과 다른 호흡기 질환이 만연해 있다. 적절한 위생 시스템과 식수가 부족한 곳에서는, 설사병 특히 콜레라와 로타바이러스 감염증이 만연해 있다. 피부 질환 또한 흔하다. 이러한 곳에서는 단 한 명의 감염자만으로도 질병 유행을 촉발하기에 충분하다. 1997년 파키스탄에 있는 아프가니스탄 난민 수용소에서 단 한 명의 감염 환자로 인해서 응애모기가 매개체인 피부형 리슈마니아병이 유행했다. 수용소에서 지내던 사람의 3분의 1이 감염되었다. 난민 수용소는 모기망을 제공할 여유가 없었다.

소녀와 여성은 위기 상황에, 특히 위험에 더 노출되어 있다. 자주 성적 학대에 시달린다. 기아와 절망적 환경은 많은 이를 매춘으로 내몰고 있다. 성병, 특히 AIDS는 그래서 빨리 확산된다. 이것은 위기 상황에만 한정한 것이 아니다. 미국 세인트루이스 지역 조사 결과에 따르면, HIV 고위험군 중 하나인 여성 마약중독자의 4분의 1이 경찰에 의해 성적 학대를 강요당한 경험이 있다.

자연 재앙

유엔은 20세기의 마지막 10년을 '세계 자연 재앙 감소 기간'으로 선언했다. 불행하게도 이 선언은 자연 재앙에 관한 한 아무런 도움이 되지 않았다. 그 10년 동안 자연 재앙이 줄어들기는커녕 오히려 심해졌다. 그 10년의 말미에 여든 건 이상의 자연 재앙이 발생하여 6000억 달러에 달하는 경제적 손실을 입었다. WHO에 의하면, 2006년 한 해 동안 160개국 이상에서 350건 이상의 자연 재앙이 발생했다. 자연 재앙으로 인해 1억 명 이상의 삶이 엉망이 되었고 5억 명이 생활터전을 잃었다. 아직까지도 우리들 기억 속에 생생히 살아 있는 두 건의 자연 재앙이 있다.

2004년 12월 26일, 쓰나미tsunami가 동남아시아 지역을 덮쳤다. 23만 명 이상이 사망했고, 수백만 명이 집을 잃었다. 쓰나미가 가장 심하게 닥친 지역은 수마트라, 스리랑카, 인도, 태국, 미얀마, 말레이시아, 인도네시아, 방글라데시였다. 쓰나미는 아프리카 동부 지역 해안까지 밀려갔다. 설사병, 특히 장티푸스와 콜레라가 이들 재난 지역을 휩쓸었다. 전염병 유행의 위협에 대처하기 위하여, 인도는 장티푸스와 콜레라에 대한 대규모 백신 예방접종 사업을 시작했다. 쓰나미가 물러나고 미처 빠져나가지 못한 물의 일부가 남아서 저수지와 물웅덩이를 만들었다. 재난 지역에서 이러한 물웅덩이는 모기 번식지로 변했고 말라리아와 뎅기열의 발생을 야기했다. 다행스럽게도, 이들 지역에서 말라리아와 뎅기열이 대규모로 유행하지는 않았다.

2005년 8월, 허리케인 카트리나Katrina가 미국 걸프 해안을 따라 엄청난 면적을 파괴했다. 카트리나는 미국 역사상 가장 심한 자연 재앙이었고 따라서 경제적 피해 규모도 가장 컸다. 카트리나로 인한 경제적 피해가 810억 달러에 달했다. 카트리나로 약 1,800명이 목숨을 잃었다. 콜레라뿐 아니라 이질, 살모넬라, 노로바이러스에 의한 설사병이 창궐했다. 텍사스에서 단 한 명의 노로바이러스 감염자가 발생했는데, 이것이 대규모 유행으로 이어졌다. 카트리나 피해가 가장 컸던 뉴올리언스 지역에는 HIV/AIDS나 결핵에 걸린 환자가 상당히 많이 살고 있었다. 이들 대다수는 허리케인으로 치료약을 공급받지 못했다. 약 8,000명의 AIDS 환자가 상당 기간 동안 아무 의료 혜택을 받지 못한 채 심한 AIDS 증상으로 고통을 받아야 했다.

2008년 두 건의 주요 자연 재앙이 아시아에 몰아쳤다. 하나는 미얀마에서 약 10만 명의 목숨을 앗아간 사이클론 나르기스Nargis였고, 다른 하나는 최대 8만 명의 목숨을 앗아간 중국 쓰촨성 대지진이었다. 미얀마의 경우 외부 세계의 구호 지원을 일절 거절했고, 그로 인해 콜레라와 같은 전염병 발생이 크게 확산되었다.

자연 재앙은 전염병, 특히 설사병과 호흡기 질환의 위험을 증가시킨다. 그러나 대부분의 경우 국제 구호 활동이 신속하게 이루어져 주요한 전염병 유행을 차단할 수 있다.

전쟁터

전문가의 계산에 따라 달라질 수 있지만, 전 세계에서 현재 20~30건의 무력 충돌이 벌어지고 있다. 아프리카에서 1990년 이후 무력 충돌로 인해 총 3000억 달러 또는 연 180억 달러의 경제적 손실을 입었다. 무장 군인의 범죄 행위와 다른 폭력 행위로 인한 피해와 손실을 이 비용에 추가한다면, 아프리카 새천년발전목표 사업과 같은 긴급 현안 문제를 해결하는 데 사용할 수 있는 연간 200억 달러의 돈을 날린 셈이다. 무력 충돌로 인해 500만 명의 어린이가 불구가 되었고 1200만 명이 집을 잃었다. 100여만 명의 어린이가 전쟁 고아가 되거나 부모와 떨어져 지내게 되었다. 수백만 명이 평생 정신적 외상에 시달리고 있다. 피난민들은 어디에서든 전염병 감염에 취약하다.

군인과 용병도 마찬가지이다. 부상자들에게 전염병과 설사병은 흔하게 일어난다. 무력 충돌은 HIV/AIDS 위험을 증가시킨다. 예를 들면, 집단 강간은 전쟁 무기로 활용되는데, 실제로 르완다와 콩고, 전쟁으로 피폐해진 인도네시아 아체 주, 구유고슬라비아, 수단 다르푸르에서 일어난 적이 있다. 르완다의 일부 사례에서, 강간범(군인)

들은 자신이 HIV 감염자라는 사실을 알면서도 뻔뻔하게도 강간을 자행하여 AIDS를 확산시켰다. 그러나 HIV/AIDS와 무력 충돌 간의 관계는 '무력 충돌이 AIDS 확산을 부추긴다'라는 오랫동안 받아들여지고 있는 단순 등식으로는 이해할 수 없다. 사실 일부 상황에서는 오히려 '무력 충돌이 AIDS 확산을 지연시킨다'라는 등식이 성립된다. 이러한 가정은 모잠비크와 앙골라에서 나온 자료가 뒷받침한다. 이러한 AIDS 확산이 지연된 이유는 충돌 지역에서 집단 격리와 수용소에서의 성관계 감소, 그리고 일부 군인 집단의 은밀한 성적 본성 등에 기인한다.

어떤 경우에서든, HIV는 민간 집단보다는 군대 집단에서 유행한다. 1980년대 아프가니스탄 전쟁 동안 구소련 군인들 사이에서 일어난 것처럼, 군인들은 같은 주사기로 마약을 투약하여 HIV를 전염시키곤 한다. 점령기 동안, 아편 문화는 계속되고 심지어 증가하기까지 한다. 헤로인은 소련 군인들의 왕성한 욕구를 꺾기 위하여 제공되었다. 퇴역 군인 대다수는 마약중독자가 되었고, 일부는 주사기의 공동 사용으로 AIDS에 걸렸다.

두 건의 특이한 사례가 있다. 1994년 르완다에서의 종족 집단 학살로 80만 명이 잔인하게 살해되었다. 피난민들은 자이르(지금의 콩고민주공화국)에 있는 수용소에서 지냈는데, 그곳에서 콜레라가 발생했다. 병원균은 일반 항생제에 내성을 보였다. 3주 동안 5만여 명이 설사병으로 사망했다. 정상 여성에 비해 강간당한 여성의 HIV 감염률은 수배 이상 증가했다. 르완다에서 최대 50만 명의 여성이 강간당한 것으로 추산되었다. 그 결과 지금 르완다에 살고 있는 HIV 보균 여성의 80퍼센트는 강간당한 희생자들이다. 르완다에서도 유사하게 HIV 감염률은 강간당한 여성에서 두 배 이상 높다.

미국과 그 연합군의 침공이 있은 후 5년이 지난 지금, 이라크 상황은 암울하다. 공식 수치로는 8만 4000명의 사망자와 350만 명의 피난민이 발생했다. 그러나 비공식적인 수치는 사망자만 수십만 명에 이를 만큼 공식 수치보다 훨씬 많다. 다른 측면에서 이라크에서는 전염병, 특히 설사병, 부상 감염, 결핵으로 고통받고 있다. 전쟁으로 이라크에서 집단 백신 예방접종 사업이 중단된 후 수만 명의 어린이가 홍역과 유행성이하선염에 걸렸다. 심지어 이라크 주둔 미군 3/4 이상이 최소 한 번 이상 설사병을 앓았다. 다제 내성 세균은 부상 감염 문제를 일으키는 주요 원인으로 손꼽힌다. 거의 알려지지 않은 부상 감염균은 높은 내성을 가진 채 (부상자 수송 과정을 통해) 이라크에서 독일 란트슈툴(미군 병원 소재)을 경유해서 미국 병원으로 확산되었다. 이라크에서 복무하던 영국 군인들도 이 세균을 자신들의 나라로 가져갔다.

국가 불안과 전염병

발전도상국의 정치 및 군인 엘리트 집단에서 끔찍한 전염병의 확산은 국가 안정을 해칠 수 있다. 골칫거리 중 가장 큰 문제는 HIV/AIDS이다. HIV 유행 빈도는 일반 집단보다 군대에서 상당히 높다. 콩고 민주공화국의 군인 절반이 HIV 보균자이다. 군대는 AIDS 문제를 극복해야 한다. 군인의 감염은 군사력의 약화를 의미한다. HIV를 취급하는 방법은 통제되어야 한다. HIV 보균 군인들이 부상당한다면 어떻게 치료할 것인가? 대부분의 군인들이 치료받아야 할 때 군대의 경제적 부담은? 그리고 군인들이 사망함으로써 가족들이 떠안아야 할 경제적 부담은? 의무적으로 HIV 검사를 실시해야 하는가? HIV는 다양한 방법으로 그러나 전염병 유행(단기간 집단 사망)보다는 약간 미묘하게 군대를 약화시킬 수 있다.

전염병, 특히 HIV/AIDS는 국가 불안 위험성을 높인다. 설득력 있는 시나리오들이 있다. 어떤 경우든 전염병 문제를 안고 있는 국가는 HIV/AIDS의 극복이 훨씬 어렵다. 국가의 모든 분야가 영향을 받는다. 교육 분야의 경우 어린이들이 학교에 다니지 않을 것이고 교사도 부족해진다. 보건 의료 분야의 경우 전염병 유행으로 의료 시설 수용 능력이 한계에 이르고, 의료진도 병에 걸려서 일을 할 수 없게 된다. 비록 교육받은 사회계층이 나머지 계층보다는 덜 영향을 받겠지만, 소수 집단이기 때문에 엘리트 계층에서 HIV/AIDS 문제를 훨씬 빨리 체감한다.

HIV/AIDS로 인한 가족 해체 문제는 이미 언급한 바 있다. 15～45세 사이의 경제활동인구는 HIV/AIDS에 훨씬 심하게 영향을 받는다. 이들 경제활동인구층 HIV 보균자가 AIDS로 사망하면 남은 가족들은 평생 고아로 살아야 하는 어린아이와 국가 경제에 별로 기여하지 않는 노인층뿐이다. 청소년 고아 또는 한부모 아이들은 거리를 떠도는 아이가 되거나 문제아로 성장한다는 연구 결과가 있다.

그런 아이가 군대에서는 난폭한 공격성을 드러낸다.

국가 안보 관심 사항 중에서 조지 부시 미국 대통령은 PEPFAR(대통령 산하 AIDS 구제 긴급안)을 시작했다. 고맙게도 아프리카가 세계 안보를 위협한다는 증거는 없다. 그러나 그런 상태가 얼마나 오랫동안 그대로 남아 있을지, 아니면 변화가 이미 진행되고 있는지에 대하여 어느 누구도 알 수 없다. 록가수 보노는 이야기했다. "아프리카에는 잠재적으로 아프가니스탄 같은 나라가 10개국이 있다. 불을 끄는 것보다 불이 나지 않도록 예방하는 것이 수백 배 싸게 먹힌다."

유행 위험 요소 3: 미생물 실험실

2001년 9월 11일 뉴욕 세계무역센터의 공격 이후, 미국 동부 해안에 테러리스트 공격이 이어졌다. 편지 속에 미세한 가루 형태로 탄저균 아포가 전달되었다. 이로 인해 스물두 명이 탄저균에 감염되었고 이 중 다섯 명이 사망했다. 3만 명 이상이 예방 차원에서 항생제 치료를 받았다. 대다수의 공공건물은 긴급하게 소독해야 했다. 이들 바이오 테러(생물 테러) 공격은 전염병 유행의 새로운 장을 만들었다.

이러한 공격 결과는 끔찍했다. 생물 테러에 의한 전염병 유행의 위험성에 대한 평가는 나라마다 차이가 있겠지만, 생물 테러에 의한 것이든, 자연 발생에 의한 것이든 간에 전염병 유행 양상은 매한가지이다. 즉 병원균이 일반적으로 세상에 존재하기만 하면, 병원균 확산과 전염 양상은 두 가지 경우 모두 똑같다. 어떤 발생이든 간에 사람들이 중요한 역할을 한다. 즉 질병의 확산은 사람들이 어떻게 행동하느냐에 따라 좌우된다.

생물 안전 조치에 실험실에서의 병원균 취급 문제도 포함되어야 한다. 이 목적을 위하여 취급 규정을 갖추어야 한다. 이 규정은 병원균의 악용을 미연에 방지하기 위한 절차를 규정할 뿐 아니라 위해 미생물을 올바르게 취급하기 위한 안전기준을 정하는 것이다. 그러나 빈발하는 실험실 사고는 안전성의 틈새가 여전히 존재하고, 연구자들 간의 책임 의식을 고취할 필요가 있다는 것이 증명되었다. 2007년 7월, 대중의 관심을 불러일으킨 실험실 안전사고가 발생했다. 처음으로 미국 질병통제센터CDC는 한 대학의 위해 미생물 취급 권한을 철회했다. 2007년 6월 30일, 미국 CDC는 텍사스 A&M 대학에 병원균 실험 금지 조치를 단호하게 내렸다. 경고장에는 그 대학이 생물 안전기준을 충실히 준수하고 있는지, 그리고 책임자가 위해 미생물 취급법에 실제로 익숙한지에 대하여 우려가 있다고 적혀 있다. 무슨 일이 일어났는가?

잠재적인 생물무기로 사용할 수 있는 병원균을 연구하면서 그 대학의 일부 연구원은 인수공통전염병인 큐열Q fever에 감염되었다. 한 여성은 동물 전염병인 브루셀라병에 걸렸다. 모든 규정을 무시하고, 그 대학은 이들 사고를 보고하지 않았다. 미국 CDC만 그 사실을 간접적인 통로로 알게 되었다. 그 후 관계 당국은 120명이 일하고 있는 5개 실험실에 대하여 즉각 폐쇄 조치를 명령했다. 그 대학은 전염성 병원균 연구 권한의 전면 취소를 위협받았다.

SARS 발생이 근절된 이후에도 10곳 이상의 실험실에서 SARS 감염 사고가 발생했다. 다행스럽게 어느 사고도 사회집단으로 확산되지 않았다. 미국의 한 연구실에서 충분히 사멸시키지 않은 탄저균으로 작업한 사례는 있었다. 당시 탄저균이 사멸되어 더는 감염력이 없을 것이라고 잘못 판단했던 것이다. 이 경우에도 탄저 감염 환자가 발생하지 않아 그나마 다행이었다. 2005년 H2N2형 인플루엔자 바이러스 샘플이 실수로 18개국의 수천 개 연구실로 보내졌다. 각국 연구실로 보내진 바이러스 샘플은 1957년 100만여 명을 죽음에 이르게 한 아시아 독감을 유발하는 바로 그 바이러스였다. 다시 한 번 행운의 여신이 찾아왔다. 러시아 노보시비르스크에 있는 매개곤충 연구소Vector Research Institute에서의 에볼라 바이러스 실험실 사고의 경우에는 그렇지 않았다. 최고 등급 안전기준에서 작업하던 한 연구원이 실수로 주사기 바늘에 찔려 에볼라 바이러스에 감염되었다. 일주일이 지난 후, 그 여성 연구원은 출혈열 증세를 보였고 다시 일주일이 지난 후 사망했다. 다행스럽게도 그 바이러스는 일반 대중에게로 확산되지 않았다. 2007년 8월 영국 구제역 발생은 연구실 안전조치 위반으로 인한 것이었다. 사고만큼 우려스러운 것은 이들 사고가 무의식적으로, 그리고 안전조치에 대해 잘 몰라서 일어났다는 것이다. 최악의 시나리오는 연구자 또는 실험실 종사자가 의도적으로 연구 대상을 남용한다는 것이다. 밝혀진 바와 같이, 이러한 행위가 탄저 테러 공격의 원인으로 보인다. 2008년 8월, 『LA 타임스』와 『뉴욕

타임스』를 비롯하여 많은 미국 신문은 미국 FBI가 탄저 공격 용의자를 확인했다고 보도했다. FBI 요원들이 미군 생물방어연구소에 혐의가 있는 한 탄저 연구원을 체포하기 위해 들이닥치자 그 연구원은 자살했다. 자신의 분야에서 많은 관심을 받고자 한 과학자의 갈망으로 인하여 탄저 테러 공격이 있었는가? 만약 그랬다면, 그 용의자가 희망했던 대로 모든 일이 진행되었다. 탄저 테러 공격이 있은 그다음 해 약 500억 달러가 미국 생물 테러 방어 연구에 투입되었고, 그 용의자가 특허를 신청해 놓았던 탄저 백신은 이 예산에서 강력한 재정적 지원을 받으며 개발되었다.

유행 위험 요소 4: 매개 곤충 번식지

지구가 점점 뜨거워지고 있다. 기후 변화가 대중의 논쟁거리를 불러일으킨 방식은 전례가 없다. 지구 온난화는 아마도 전염병 확산에도 영향을 끼칠 것이다. 그중 매개 곤충(예, 진드기, 이, 모기, 흡혈파리 등)에 의해 전염되는 질병은 훨씬 빨리 확산될 것이다. 전반적으로 기온의 상승은 설사병의 확산을 부추긴다. 설사병 유발 세균들은 고온의 식품 잔류물이나 오염된 물에서 아주 빨리 증식하기 때문이다. 그러나 동시에 다른 질병들은 상대적으로 문제가 덜하다. 예를 들면, 겨울이 짧아지고 온화해지면 감기나 인두염, 독감 등은 줄어들 것이다. 다른 상호작용 또한 설득력이 있다. 현재 그런 상호작용을 단지 추정할 뿐이며 너무 복잡해서 어떤 확실성을 가지고 예측할 수는 없다.

온화해진 환경으로 매개 곤충이 확산되는 시나리오를 보자. 말라리아는 지구 온난화로 가장 혜택을 받을 것이다. 기온이 섭씨 2도 상승하면 말라리아 발병 위험은 5퍼센트 상승할 것이다. 약 1억여 명이 말라리아가 상재한 지역에 살고 있다. 21세기 말 고위험 지역에 사는 인구 비율은 40퍼센트에서 60퍼센트로 증가할 것이다. 동시에 세계 인구는 끔찍하게 증가할 것이다. 이 질병은 주로 북쪽 방향으로 확산될 것이다. 그래서 모기는 케냐 고지대에서도, 킬리만자로 주변 고산지대에서도 서식할 수 있다. 더구나 말라리아가 이미 만연해 있는 나라에서 말라리아 유행 기간은 길어질 것이다. 병원균 자체는 섭씨 20도에서 성숙하는 데 26일이 걸린다. 그러나 그보다 더 높은 온도에서는 절반으로 단축된다. 모기가 번식하는 데 최적 온도는 섭씨 28~32도 정도이다. 기온이 올라갈수록, 모기들은 더 자주 흡혈한다. 더 많은 병원균, 더 많은 매개 곤충, 더 빈번한 모기 흡혈 등이 전염병 증가의 위험성을 말해 준다.

또 다른 곤충 매개 열대 질병에 샤가스병, 수면병, 리슈마니아병, 사상충성 실명증, 상피병 등이 있다. 이들 질병도 기온이 올라가면서 확산될 수 있다. 주로 고지대에서 이들 질병의 영향을 받을 것이다. 그러나 이들 질병에 대한 지구 온난화가 영향을 끼친다는 증거는 다소 애매모호하다. 주혈흡충증은 달팽이를 통해 전염된다. 이 부분에서 상반된 시나리오가 있다. 기온이 올라가면 일부 지역에서는 질병이 확산될 수 있다. 반면 수온이 상승하면 (전염 매개체인) 달팽이들이 살 수 없기 때문에 오히려 정반대의 상황이 될 수 있다.

곤충 매개 질병 중에서 지구 온난화로 혜택을 받을 질병으로 모기 매개 질병인 뎅기열이 있다. 모기들은 이미 대도시, 예를 들면 폐타이어나 물이 고여 있는 빈 깡통 속과 같은 곳에서 서식한다. 그래서 기온이 올라가고 습도가 높아지면, 뎅기열 모기의 서식지는 늘어난다.

교훈적인 사례는 미국 뉴욕에서 발생한 웨스트 나일 바이러스에서 볼 수 있다. 이 바이러스는 모기를 통하여 야생 조류에서 사람으로 전염된다. 이들 모기는 도시 근교에 고여 있는 물(공원이나 골프장 물웅덩이)에서 특히 잘 서식한다. 1998년과 1999년 뉴욕의 겨울은 예년에 비해 따뜻했고, 모기들은 대량으로 번식할 수 있었다. 다음 해 건조한 여름이 다가오자 야생 조류들이 물웅덩이 주변으로 몰려들었고, 물웅덩이에서 서식하던 모기들이 조류들을 물어뜯었다. 웨스트 나일 바이러스는 야생 조류 집단 사이에 전염되었다. 그 결과 뉴욕은 뇌염과 뇌막염이 발생하여 여섯 명의 노인이 사망했다. 그사이 웨스트 나일 바이러스는 미국 전체로 퍼져나갔다. 지금까지 2만 건 이상의 발병이 보고되었다. 이 바이러스가 어떻게 미국에 유입되었는지에 대하여 생물 테러리스트 사보타주에서부터 중동 지역 여행자와 외래종 수입 조류까지 여러 가지 추측이 난무했다.

유럽에서 웨스트 나일 바이러스는 자연 숙주인 야생 조류에 제한되어 있고 사람에게는 매우 드물게 감염된다. 아마도 유럽에 서식하는 모기는 사람이나 조류 중 하나만 흡혈하지만 미국에 서식하는 모기종은 사람과 조류 모두 흡혈하는 것 때문이 아닌가 싶다. 인도양에서 발생한 치쿤구니아 바이러스 확산 사례는 흥미롭다.(「치쿤구니아열: 바캉스 천국의 질병」 참조) 우리가 사는 위도에서 기온이 올라가면 진드기가 매개하는 질병의 발생 위험이 높아질 것이다.

그러나 온화한 환경에서는 곤충만 번창하는 것만 아니다. 설치류(쥐, 랫 등)도 따스한 기온을 좋아한다. 설치류는 한탄 바이러스Hantaan virus에서부터 흑사병까지 많은 전염병을 옮긴다. 이들 대부분은 쥐에 기생하는 벼룩을 통해 사람에게 전염된다.

일부 미생물 자체도 기온이 상승하면 혜택을 받는다. 이들 중 으뜸은 수막구균이다. 가뭄이 지속되면 수막구균의 확산을 부추긴다는 사실은 잘 알려져 있다. 바다 수온의 상승과 폭풍 및 홍수의 빈발은 콜레라의 확산을 부추긴다. 왜냐하면 콜레라균은 해조류에 달라붙은 상태로 다른 지역으로 옮아 다닐 수 있기 때문이다. 따스한 기온은 해조류 성장을 촉진하고 그래서 콜레라를 확산시킨다.

지구 온난화는 다양한 메커니즘으로 전염병을 확산시킨다. 확산되는 전염병의 대다수는 중간 매개체인 매개 곤충 활동과 관련이 있다. 그러나 지구 온난화가 예측할 수 없는 방향으로 새로운 전염병을 유행시킬 것이라고 우려할 이유는 별로 없다.

유행 위험 요소 5: 야생 세계 접촉

개간을 위해 매년 130억 헥타르의 삼림이 지구상에서 없어진다.

치쿤구니아열: 바캉스 천국의 질병

- 2005∼2006년, 거의 알려지지 않은 질병이 레위니옹 섬을 포함해서 인도양 여러 섬에서 발생했다. 곧 '치쿤구니아열'로 밝혀졌다. 이 질병은 알파바이러스(alphavirus)로 알려진 RNA 바이러스에 의해 유발되어 모기에 의해 전염된다. 치쿤구니아는 '구부러진'(crooked)이라는 뜻으로, 임상 소견을 적절히 묘사한 단어이다. 희생자들은 심한 관절통을 호소하고, 간 손상과 뇌수막염과 같은 심한 합병증을 수반한다. 준임상적인 사례는 거의 관찰되지 않는다. 즉 감염은 사실상 항상 임상 소견을 명확히 나타낸다. 치쿤구니아열은 1950년대 탄자니아와 우간다에서 처음 보고되었다. 1950년대 말 치쿤구니아열은 동남아시아까지 확산되었다. 2004년 케냐에서 처음으로 신종 전염병(치쿤구니아열)이 발생했다. 2005년에는 코모로스까지 확산되었다. 코모로스에서 여행자 또는 모기가 인도양까지 바이러스를 확산시켰다. 아마도 레위니옹 섬 주민들은 이 전염병에 대한 면역이 전혀 없었던 것 같다. 그래서 이 전염병은 마치 들불처럼 섬 전체로 퍼져나갔다. 2006년 섬 주민 77만 명 중 3분의 1 이상이 감염되었다. 그중 26만 6000명이 병증을 나타냈으며, 이 중 250명이 사망했다. 그 후 이 질병은 인도에까지 번져 130만 명이 이미 보고되었다. 2006년 약 200만 명이 치쿤구니아열에 걸렸다.

2005년, 치쿤구니아 바이러스의 새로운 스트레인이 케냐와 코모로스에서 나타났다. 확실히 이 바이러스는 다른 매개 동물 흰줄숲모기(Asian tiger mosquito)에 훨씬 쉽게 증식했다. 뎅기열과 황열도 전염시키는 이 모기는 이미 레위니옹 섬에 서식하고 있었다. 그래서 치쿤구니아열은 잠재적으로 다른 대륙으로 확산될 수 있었다. 언급한 바와 같이, 치쿤구니아열은 이미 인도에까지 확산되었고, 2007년 9월에는 이탈리아에서도 첫 감염 사례가 보고되었다.

최근 일부 지역에서는 복구 작업이 이루어지고 있지만 대부분이 열대 지역이다. 가장 광범위하게 삼림 손실이 일어나고 있는 지역이 라틴아메리카이다. 이곳에서는 연간 430만 헥타르의 삼림이 자취를 감춘다. 개간의 목적은 농사를 짓기 위해 농지로 조성하는 것이다. 일반적으로 곤충이 서식하기 좋은 운하와 댐도 개간을 위해 만들어진다. 이 때문에 열대 지역에서 삼림 파괴는 말라리아와 같은 곤충 매개 전염병 유행의 전주곡과 다름없다. 역설적으로 삼림 복구도 전염병을 위한 좋은 토양을 제공한다. 미국 뉴잉글랜드 주의 삼림 복구로 붉은사슴red deer이 왕성하게 번식하게 되었다. 사슴과 함께 라임병을 옮기는 진드기도 서식하고 그래서 라임병이 발생했다.

사람들은 특히 나무를 벌목하면서 황무지와 밀접하게 접촉한다. 벌목 대상이 되는 나무들은 대개 고급 목재의 나무종이다. 첫째, 사람들은 야생동물과 밀접하게 접촉한다. 둘째, 사람들은 먹을거리로 야생동물을 사냥한다. 셋째, 사람들은 애완동물로 키우기 위하여 야생동물을 포획한다. HIV, 마르부르크 바이러스Marburg virus, ▪ 에볼라 바이러스도 이런 방법을 통하여 사람에게 전염되었다.

통나무를 수송하기 위하여 만들어놓은 길과 선로는 밀렵꾼의 사냥을 쉽게 해준다. 그러다 보니 벌목꾼은 파트타임 밀렵꾼이 되거나 벌목일을 그만둔 뒤 아예 풀타임 밀렵꾼이 되기도 한다. 예를 들면, 카메룬 남부의 밀렵꾼 네 명 중 세 명은 전직 벌목꾼이었다. 밀렵꾼은 포획한 야생동물을 부시미트bushmeat로 판다. 희소성과는 별개로, 일부 지역에서는 토착민의 중요한 먹을거리이다. 예를 들면 콩고 분지 주민들은 하루 평균 280그램의 부시미트를 먹는다. 이는 연간 450만 톤에 해당하는 엄청난 양이다. 밀렵꾼은 난쟁이 침팬지 bonobo와 고릴라와 같은 멸종위기종 동물만을 대량으로 죽이는 것이 아니다.(「부시미트: 열대우림에서 식탁까지」참조) 인류와 가까운 친척(고릴라, 침팬지 등)을 사냥하는 것은 위험천만하다. 우리 인간과 가까운 친척이기 때문에, 병원균이 이들로부터 사람으로의 전염을 가로막는 종간 장벽 문턱이 낮다.

에볼라 바이러스와 HIV는 급성 질병과 만성 질병이 어떻게 전염되는가를 보여주는 사례이다. 지구촌에서 심지어 가장 깊은 정글 지역이라도 판데믹의 잠재적 전염원이 될 수 있다. 우간다에서 합법적으로 수출한 푸른 원숭이는 1969년 독일 마르부르크 베링Marburg Behring 공장에서 발생한 마르부르크 바이러스 감염 사고의 원인을 제공했다. 감염증은 나중에 프랑크푸르트와 베오그라드에서도 보고되었다. 모두 서른한 명의 사람이 감염되었고, 그중 일곱 명이 사망했다. 1990년대 말 마르부르크 바이러스는 콩고민주공화국에서 출현하여 100여 명이 사망했다. 2004년에서 2005년으로 바뀌는 시점에 에볼라가 앙골라에 출현해서 300여 명 이상이 목숨을 잃었다. 2008년 7월 독일 관광객은 우간다를 여행하고 네덜란드로 돌아온 직후 유럽에서 처음으로 마르부르크 바이러스 감염으로 사망했다.

외래종 동물의 수출은 엄청나게 이루어지고 있다. 애완동물로서 외래종 동물의 시장은 날로 번창하고 있고, 이들 동물이 항상 합법적으로 거래되는 것은 아니다. 잡다한 외래 동물종이 마구 섞여 영국 히드로 공항, 뉴욕 존에프케네디 공항, 암스테르담 스키폴 공항에 도착한다. 이들 동물은 공항에 도착한 후 다른 지역으로 운송되기 전에 공항 센터에 대기한다. 이곳에서 자연 상태에서는 절대 일어날 것 같지 않은 동물종 간 접촉이 일어날 수 있다. 아시아에서 수입된 외래종 조류가 아프리카에서 수입된 원숭이와 남미에서 수입된 파충류들을 공항의 협소한 공간에서 만날 수 있다. 이들 동물에 서식하는 수십억 종의 미생물은 새로운 종에 적응하기 위해 종간 장벽을 허무는 방법을 배울 수 있는 절호의 기회를 가진다.

어류 약 2억 마리, 양서류 5000만 마리, 파충류 200만 마리, 조류 35만 마리, 포유류 3만 8000마리. 이 수치는 2003년 미국에 수입되어 들어온 동물 수이다. 2003년 미국에서 일흔아홉 명이 갑자기 원숭이 천연두monkey pox에 걸렸다. 감염자들은 자신의 애완동물 프

부시미트: 열대우림에서 식탁까지

상대적으로 카니발리즘(동종 포식)은 사람들 사이에서는 매우 드물다. 그러나 인간과 가장 가까운 친척들은, 특히 아프리카에서 자주 식탁에 놓이거나 그릴 위에 놓이는 처지가 된다. 원숭이 고기는 다른 동물의 내장과 함께 시장에서 부시미트(bushmeat)로 팔린다. 오늘날 아프리카 대륙 전체에는 약 20만 마리의 침팬지, 5만 마리의 난쟁이 침팬지, 12만 마리의 고릴라가 살고 있다. 북부 콩고에서만 토종 침팬지와 고릴라의 5~7퍼센트가 매년 도축된다. 보호 중에 있는 그 동물들은 서서히 번식을 하기 때문에, 그 손실은 회복 불가능하다. 현재 속도로 유인원 고기 소비가 이어진다면, 인간의 가장 가까운 친척들은 멸종에 처하게 될 것이다. 동시에 스스로 심각한 보건 위험을 만들어 내고 있다. 유인원은 수많은 병원균을 보균하고 있다. 그리고 이들 유인원은 사람과 매우 유사하기 때문에, 바이러스와 세균이 종간 장벽을 뛰어넘어 인간에게 넘어오기가 쉽다. 잠재적인 질병 리스트는 넘쳐난다. 거기에는 에볼라 출혈열, 백일해, 탄저, 뇌염, 천연두, 간염, 인플루엔자, 홍역, 풍진, 유행성이하선염 등 무서운 질병도 있다. 모든 새로운 전염병의 4분의 3은 동물에서 유래되는 인수공통전염병이다. HIV는 그러한 위협이 B급 공포 영화에 등장하는 상상 속의 이야기만이 아니라는 사실을 깨닫게 해주었다. 십중팔구 그 끔찍한 바이러스들이 원숭이에서 사람으로 전염되어 왔다. HIV-2는 흰목도리망가베이(sooty mangabeys) 원숭이에서 사람으로 직접 전염되어 넘어온 바이러스이다. HIV-1은 침팬지에서 넘어온 것 같다. 그러나 HIV는 대다수 유인원 동물과 원숭이에게는 해가 없다. 20개 이상의 원숭이 면역결핍바이러스(simian immunodeficiency virus)가 지금까지 아프리카에 서식하는 유인원과 원숭이에서 발견되었다. 처음에 HIV의 조상 바이러스는 사람에서 증상을 유발하지 않았을 것이다. 그러나 일련의 돌연변이 과정을 거쳐서 결국에는 끔찍한 HIV 바이러스로 탈바꿈했다. HIV 감염은 독감처럼 한바탕 심하게 앓는 형태로 진행되지 않기 때문에, 지구상 전체에서 검출되지 않고 소리 소문 없이 퍼질 수 있었다. 그런 다음 상상할 수 없는 최악의 유행을 촉발했다.

유인원과 접촉한 후 에볼라 바이러스가 발생하면 전 세계 신문 기삿거리로 바로 등장한다. 1990년 중앙아프리카 가봉에서 세 차례나 끔찍한 바이러스가 사람에게 감염되었다. 이때 142명이 에볼라 바이러스에 감염되어 그중 3분의 2가 사망했다. HIV와 달리, 에볼라 바이러스는 생명을 위협하는 치명적인 질병으로 스스로 병증을 빨리 나타낸다. 그러므로 에볼라 바이러스는 다른 나라로 확산되지 않고 지역적인 문제로만 남는다. 한 사례가 있다. 감염 의사가 가봉에서 남아프리카로 날아왔다. 그리고 최소한 또 다른 한 명에게 전염시켰다. 그 사람은 곧바로 사망했다. 그래서 대규모 발생은 미연에 방지되었다.

그러나 상황은 상당히 다르게 끝날 수도 있었다. 원숭이는 심지어 유럽과 아메리카에 사는 많은 아프리카인에게도 산해진미로 간주된다. 유럽과 북아메리카의 대도시에서는 원숭이 고기를 파는 암시장이 번창하고 있다. 불법적인 시장은 뉴욕, 시카고, 토론토, 몬트리올, 런던, 브뤼셀, 파리에서도 발견된다. 매달 불법 도살한 사냥감 약 6,000킬로그램이 이들 시장에서 팔려나간다. 이들 생산물 중 15퍼센트는 원숭이 고기이고, 침팬지, 난쟁이 침팬지, 고릴라 고기가 1퍼센트를 차지한다. 이들 고기에 에볼라 바이러스가 묻어 있어서 뉴욕 같은 대도시에서 요리사나 식당 보조원을 감염시킨다면 무슨 일이 벌어질까? 리처드 프레스턴(Richard Preston)은 공포 소설 『위험지대』(*The Hot Zone*)에서 무슨 일이 일어나고 있는지 생생히 기술하고 있다.

레리 도그prairie dog에게서 병이 옮았다. 원숭이 천연두의 발생은 바이러스를 보균하고 있던 감비아 자이언트 캥거루쥐giant pouched rat가 미국으로 수입되어 들어와 시작되었다. 그다음 수입산 쥐들은 프레리 도그를 감염시켰고, 감염된 프레리 도그는 다시 자신의 주인을 감염시켰다.

유행 위험 요소 6: 인류와 지구 생명체

지구상에는 약 65억 명의 사람이 살고 있다. 이와 함께 10억 마리의 돼지, 33억 마리의 소, 버펄로, 양, 산양, 그리고 300억 마리의 가금 조류가 있다. 모든 동물은 인간의 먹을거리로 사육된다. 또한 매년 약 2억 톤의 수산, 갑각류, 달팽이, 홍합, 그리고 다양한 조개류가 양식된다. 우리는 너무 많은 축산물을 먹고 있으나, 그렇다고 우리의 먹을거리(축산물)가 사라지지도 않는다. 선진국에서는 축산물 소비가 다소 떨어지고 있지만, 반대로 발전도상국에서 축산물 소비가 현저하게 증가하고 있어 선진국 감소분을 상쇄하고도 남는다. 축산물 소비는 부의 상징이다. 2006년 세계 축산물 소비는 2.5퍼센트 증가했다. 중국은 주요 축산물 생산 국가로 우뚝 섰다. 1980년에는 전세계 축산물의 1/10을 생산했다. 2004년에 그 수치는 전 세계 축산물의 약 1/3 수준까지 증가했다. 유사한 경향이 브라질에서 일고 있다. 브라질은 1980년대에 세계 축산물 생산의 4퍼센트 이내를 차지하고 있었으나 2005년에는 거의 두 배나 상승했다. 동시에 선진국에서의 축산물 소비는 감소했다. 1980년에는 독일, 프랑스, 네덜란드가 세계 식육 생산의 10퍼센트를 차지했으나 2004년에는 6퍼센트 이하로 떨어졌다.

세계의 막대한 축산물 소비는 기업형 대규모 가축 사육 때문에 가능해졌다. 중국에서 140억 마리의 가금 조류가 사육되고 있다. 미국에서도 90억 마리가 사육되고 있다. 네덜란드는 유럽연합 동물 사료의 주된 생산국이다. 인구는 1600만 명인데, 1100만 마리의 돼지, 9000만 마리의 가금 조류를 사육하고 있다. 세계에서 급속히 성장하는 시장 중 하나는 어류와 조개류를 집단 사육하는 수산업이다. 2005년 어류 포획의 60퍼센트 조금 못 되는 수준이 바다에서 직접 잡은 것이다. 2030년쯤에는 수산 어류의 절반 이상이 양식장에서 생산될 것이다. 일부 수산 식품의 경우 양식 비율이 절반을 넘었다. 연어 시장의 4분의 3, 홍합 시장의 10분의 9가 양식장에서 생산된다. 어류는 양식장에서 고밀도로 사육한다. 결국 수산양식은 입체 공간에서 과밀하게 키우게 된다. 과밀 사육으로 인해 전염병 발생률이 높아지고, 전염병 발생에 대처하기 위하여 사료에 항생제를 과도하게 첨가한다.

왜, 걱정되는가? 그 문제는 이미 제5장과 제6장에 요약 설명했다. 선진 농장에서 가축들은 병원균 내성 때문이 아니라 최대한 많은 축산물을 생산하기 위해 과밀 상태로 사육된다. 대부분의 시설에서 위생 수준은 재앙에 가까울 정도이다. 병원균은 흑사병처럼 자유롭게 확산되기 쉽다. 가금 농장에서의 조류인플루엔자 발생이 좋은 예이다. 대부분의 나라에서 가축을 질병으로부터 보호하기 위하여 사료에 항생제를 첨가한다. 수산양식에서도 똑같이 적용된다. 덧붙여 항생제는 가축 사육의 생산성을 높이기 위하여 사용된다. 미국에서 전체 항생제의 70퍼센트는 가축 사육에 사용되고 있다. 매년 생산된 모든 항생제 중 절반은 생산성을 높이기 위하여, 그리고 정도는 덜하지만 가축의 질병을 예방하기 위하여 사용한다. 매년 2500만 파운드의 항생제가 가축 치료를 위하여 사용된다. 이러한 사육 방식의 결과로 항생제 내성균은 급속히 생긴다. 무엇보다도 이 문제는 세균 감염과 관련되어 있다. 그러나 일부 내성 바이러스도 축산 농장에서 생긴다. 중국 양계장에서 사료에 아만타딘과 리만타딘을 첨가하는 것은 이들 약에 내성이 있는 바이러스의 출현을 초래할 수 있다. 아직까지는 가축 사육에서 항생제를 사용하지 않고 그 대가를 소비자가 부담하는 것〔생산성 저하로 인한 축산물 생산량 감소와 그로 인한 가격 급등을 말한다.—옮긴이〕은 힘겨워 보인다. 미국에서 (항생제 사용) 금지 조치를 취한다면 닭 1파운드당 2센트, 돼지고기 또는 쇠고기 1파운드당 6센트 정도를 소비자가 추가 부담(연 약 10달러)해야 한다.

또한 가축 사육으로 인하여 엄청난 양의 가축 배설물이 쏟아져 나온다. 수만 마리의 닭을 키우는 양계장에서 닭 배설물 1톤은 순식간에 만들어진다. 돼지에서도 상황은 마찬가지이다. 단 한 마리의 돼지가 1년에 최대 2톤의 슬러리(배설물)를 생산한다. 돼지 무리가 감염되고 배설물이 제대로 처리되지 않는다면, 질병은 급속하게 확산될 수 있다.

유럽은 가축 사육과 항생제 사용에 관한 엄격한 규정을 두고 있다. 미국에서는 덜 엄격하다. 많은 발전도상국과 중진국에는 규정조차 없다. 축산물 시장은 세계적인 비중을 차지해 왔다. 축산물은 국경선을 들락날락한다. 활발한 축산물 거래가 유럽, 북아메리카, 남아메리카, 아프리카, 아시아에서 일어나고 있다. 산업적으로 사육되는 닭과 산란계는 (국가 간 이동이 잦아서) 큰 범주로 보면 철새가 되어가고 있다. 중국은 서부 아프리카 가금육 시장의 주된 수출국(연간 100만 마리의 닭 수출)으로 등장했다. 불행하게도, 이러한 거래가 항상 합법적으로 이루어지는 것만은 아니다. 2006년 나이지리아에서의 조류인플루엔자는 로스트용 닭으로 비육肥育하기 위하여 어린 닭을 나이지리아로 들여온 밀수꾼에 의해 발생한 것 같다.

가축 사육은 종간 장벽을 뛰어넘어 사람으로 전염되는 신종 병원균의 번식처가 되기도 한다. 이 시나리오는 최근 몇몇 사건에서 이미 전문가들이 관심을 보이고 있다. SARS, 조류인플루엔자, BSE의 세 가지를 예로 들어보자. BSE(일명 광우병)는 사람으로 전염되어 변종 CJD를 유발했다. BSE는 지금까지 30여 개국에서 발생했고, 수만 마리의 소가 도축되었다. 유럽에서 190명 이상이 변종 CJD에 감염되었다.

대부분의 소비자가 할 수 있는 것이라고는 고기나 달걀을 요리할 때 확실하게 삶는 것이다. 이런 방식으로 대부분의 미생물을 죽일 수 있다. 그러나 모든 축산 농장이 전염병 판데믹 병원균의 본거지인 것은 아니다. 그 병원균은 축산 농가에서 일하는 종사자들 사이에서 일어날 수 있을 뿐 아니라 엄청난 수의 농장 유래 가축을 처리하는 도축장과 식육 가공 공장에서도 일어날 수 있다. 가축을 도축·가공하는 동안 작업자들은 미생물과 접촉한다. 가축 한 마리로도 식육 선적분 전체를 오염시키기에 충분하다. 마지막으로, 일부 나라에서 식육 부산물이 부적절하게 처리된다. 혈액과 내장은 물 저장소와 직접 접촉하여 새로운 감염원을 만든다.

다가오는 판데믹

어느 지역에서 가장 심상치 않은 새로운 판데믹의 위협이 존재하는가? 야생이든 선진국이든 동물과 사람 간의 잦은 접촉으로 새로운 병원균의 위협이 놀랄 만큼 증가하고 있다. 그러한 위협 요인 중 하나가 가축 도매상이다. 이러한 일이 멀리 아시아, 아프리카 또는 저편 어딘가 먼 곳에서 일어나고 있다 하더라도 유럽도 안전하다고 느낄 수는 없다. 현재 전 세계적으로 연간 여행객 수는 8억 명이고, 비행기 이용 승객 수는 15억 명에 달하며, 합법적이든 불법적이든 수백만 마리의 동물이 수출되고 있다.

최근 10년간 출현한 약 150개의 신종 질병 중 약 3/4은 동물에서 유래된 인수공통전염병이다. 이들 중 약 40퍼센트는 바이러스, 30퍼센트는 세균, 10퍼센트는 원충, 5퍼센트는 기생충이다. 특히 바이러스는 종간 장벽을 극복할 준비를 잘하고 있는 것으로 보인다. 차기 판데믹 병원균은 RNA 바이러스일 가능성이 아주 높다. 먼저 RNA 바이러스는 증식을 위하여 RNA 형태의 바이러스 유전정보를 DNA 형태로 바꾸어야 한다. RNA에서 DNA로 전환하는 과정이 완벽하지 않기 때문에 돌연변이를 일으킬 여지가 있다. 유사한 바이러스 스트레인 간 유전자 교환은 그러한 위험을 악화시킨다.

아마도 신종 전염성 병원균은 사람 세포 표면 구조에 딱 들어맞는 수용체를 가지고 있을 것이다. 이 같은 방식으로 바이러스는 수용체에 맞는 세포 구조를 가진 낯선 종으로 종간 장벽을 넘어갈 수 있다.

수용체에 맞는 세포 구조를 가진 숙주 동물은 바이러스가 적응하는 이상적인 무대이다. 그러한 병원균은 동물과 사람들이 의기투합하는 유행 위험 요소와 생태 변화, 인구구조 변화, 사회 변화가 이루어지고 있는 지역에서 쉽게 적응할 가능성이 높아 보인다. 이런 일이 일어날 것으로 쉽게 예측할 수 있는 지역은 아시아 중진국의 가축 집단 사육 농장과 중앙아프리카의 삼림 파괴 지역이다. 일단 이들 지역에서 전염병이 출현하면 그다음에 병원균은 사람들(여행, 이민 등)의 이동에 의해 지구촌 전체에 퍼져나갈 것이다.

동물에서 사람으로 미생물이 종간 장벽을 뛰어넘는 시도가 항상 성공하는 것은 아니다. 대부분의 경우 미생물이 종간 장벽을 뛰어넘지 못하고 그 과정에서 사라진다. 그러나 미생물은 종간 장벽을 뛰어넘기를 절대 포기하지 않는다. 일단 미생물에 돌연변이가 일어나서 사람에게 적응하면 그 미생물은 사람 집단에서 교두보를 확보할 수 있을 것이다. HIV-1과 HIV-2는 사람 장벽을 뛰어넘는 데 성공하기까지 최소한 10번 이상의 시도가 있었다. 바로 지금 스푸마바이러스spumavirus와 니파 바이러스nipah virus는 원숭이와 박쥐에서 사람으로 넘어오기 위한 경쟁을 시작했다. 지금까지 이들 바이러스가 종간 장벽을 뛰어넘는 데 성공한 적이 거의 없다. 그러나 이것은 시간의 문제이다. 끔찍한 시나리오는 어떤 병원균이 HIV와 같이 처음에는 사람 집단에게 들키지 않고(감염자가 병증을 나타내지 않고) 슬쩍 들어와 인플루엔자 바이러스와 결핵균처럼 사람 간 공기 전염이 일어나는 경우이다. SARS 바이러스는 이미 이러한 선을 타고 습격했다.

우리의 사고 과정과 행동 대부분은 선상 패턴linear pattern을 따른
다. 그러나 전염병 유행은 모든 단계에서 기하급수적으로 증가한다.
세균은 매 30분마다 이분열 방식으로 증식한다. 세균 한 마리가 배
양 접시에서 3일간 접시 표면적의 절반까지 퍼져 자랐다면, 그로부
터 세균이 배양 접시 표면 전체를 덮는 데 걸리는 시간은 추가로 3일
이 아니라 단 30분이다. 단 한 마리의 바이러스가 세포에 감염되면 1
만 개의 새끼 바이러스를 쉽게 만든다. 이들 새끼 바이러스 각각은
감염 세포에서 빠져나와 다시 새로운 세포(이론적으로는 1만 개 세
포)를 감염시킨다. 전염병 유행도 똑같다. 전염병 유행은 처음에는
보잘것없이 시작할지 모른다. 그러나 일단 미생물이 사람을 장악하
고 다른 사람을 전염시키는 방법을 배우게 되고 일정 수준의 숙주
(사람)들이 감염되면, 그다음에는 숨이 탁 막힐 만큼 놀라운 속도로
병원균이 퍼져나간다. 마치 눈송이가 모여서 나중에는 엄청난 눈사
태로 발전하는 것과 비슷한 이치이다.

지구촌 차원의 대응 문제

세계는 SARS와 조류인플루엔자에 대한 판데믹 두려움으로 잠에
서 깨어났다. 전염병의 조기 검출과 신속한 예방 조치에 관하여, 지
구촌 위협이 지구촌 전체 대응을 부른다는 관점이 우세하다. 2007
년 6월 15일 지구촌 보건 의료 정책에 중요한 이정표가 세워졌다.
그날 세계보건기구WHO 회원국들은 1969년 이후 취해진 보건 의료

규제를 넓혔다. 무엇보다 이러한 움직임의 중요한 목적은 한 국가의 보건 위기가 지구촌 전체 판데믹으로 발전하는 것을 예방하는 데 있다. 인류가 이미 경험했던 콜레라, 황열, 흑사병뿐 아니라 천연두, 소아마비, SARS, 신종 독감이 그 목록에 들어 있다. 그러한 조치에는 판데믹 위협에 가능한 유동적으로 대처하기 위하여 생물학적 · 화학적, 그리고 방사능 위협뿐 아니라 다른 모든 잠재적 발생이 포함되어 있다.

그 조치에 서명한 국가들은 지체 없이 잠재적 발생을 보고하기 시작했고 지구촌 전체 위협에 대처하기 위한 WHO의 조정 기능을 인식하기 시작했다. 전염병 발생의 조기 검출을 위하여 국가적, 그리고 국제적 감시 시스템이 구축 · 확대되었다. 표준화된 안전 대책이 국제공항 입국장에서 이루어졌다. 국가조정센터, 위험평가 표준지침, 대응 조치의 평가는 전염병 위협에 대한 신속한 반응을 촉진했다. 생명과 건강은 무제한 교역보다 우선한다.

지금도 인도네시아는 WHO에 H5N1 바이러스의 시료 제공을 거부하고 있다. 그런 바이러스 시료는 병원균의 진화와 약제 내성에 대한 정보를 제공한다. 이들 시료는 조기 경보 시스템에 대한 지표가 될 뿐 아니라 만약 최종적으로 사람에게 넘어와 사람 간 확산이 이루어질 경우를 대비한 효과적인 백신 개발을 가능케 한다. 인도네시아 당국은 자국에서 발생한 사례에서 분리한 H5N1 바이러스를 WHO에 제공하게 된다면, 미래에 H5N1 인체 감염이 유행하는 최악의 경우 정작 자신들이 제공한 바이러스로 제조한 H5N1 백신에 특허료를 지불하면서까지 비싼 가격(선진국의 백신 개발자가 특허권자가 되므로)으로 공급받아야 할까 봐 우려하고 있다. 인도네시아가 WHO에 바이러스를 제공하지 않는 것은 새로 제정한 국제보건법에 위배되는 행위이다. 그럼에도 불구하고 인도네시아의 그런 행위는 터무니없는 억지가 아니다. 인플루엔자 백신 생산 설비를 갖추고 있는 나라는 10개국도 안 되는 선진국들이다. 이들 국가의 백신 생산량은 한계가 있기 때문에, 판데믹이 일어날 경우 선진국들은 적절하게 백신을 보장받겠지만, 발전도상국과 중진국은 빈손으로 남아 있을 수 있다.

전염병 판데믹 위협이 실제로 일어나면, 국제 보건 규제는 급속하게 이루어지고, 자기 잇속만 챙기는 무역 이익 때문에 보건 의료 규제가 뒷전으로 밀려나지 않기를 바란다. 회원국들은 규제안을 국내법으로 도입하는 기간을 2012년(예외적인 경우 2016년)까지로 부여하고 있다.

11 목표 달성 중?

오늘날 문제는 우리가 우리 자신의 생존을 위하여
인류를 어떻게 설득할 수 있는가 하는 것이다.
—버트런드 러셀(1872~1970) 영국 철학자이자 수학자
1950년 노벨 문학상 수상자

여러분이 너무 작아 차이가 없다고 여긴다면,
모기가 있는 밀폐된 방에서 잠을 자보고 이야기하라.
—아프리카 속담

논쟁거리이나 설득력 있는

캄보디아 시엠리아프 시는 크메르 초기 왕국의 인상적인 사원 가
까운 곳에 위치하고 있다. 앙코르와트, 바용Bayon, 그 외 많은 사원

이 있는 앙코르 고대 유적지는 유네스코 세계문화유산으로 지정되었다. 그러나 나는 다른 이유로 시엠리아프를 찾았다. 자야바르만 Jayavarman 아동 병원을 방문하기 위해서였다. 그 아동 병원은 스위스 태생의 소아과 의사 베아트 리히너 박사Dr. Beat Richner가 운영하는 자선병원으로, 그는 병원의 재정 후원 주선도 담당하고 있다. 리히너 박사는 칸타보파 재단Kantha Bopha foundation을 통하여 개인 후원을 받아서 자야바르만 아동 병원, HIV 보균 산모를 위한 산부인과 병원, 캄보디아 프놈펜에 있는 다른 세 개의 아동 병원을 지원한다. 전체 비용의 90퍼센트를 이 재단에서 지원하고 있으며 나머지 10퍼센트는 캄보디아 정부가 지원한다. 2006년 칸타보파 병원은 심한 질환을 앓고 있는 9만 6000명의 어린이를 치료해 주었다. 외래환자 100만 명이 치료를 받았고 32만 명이 기본적인 예방접종을 받았다. 모든 캄보디아 어린이의 85퍼센트는 이 네 개 병원에서 치료를 받았다. 2007년 초 캄보디아에서 다시 한 번 뎅기열이 유행했다. 그해 중반이 되어서야 병원은 뎅기열 쇼크 증상을 보이거나 보이기 직전의 어린이 1만 4000명을 데려와 치료했다. 뎅기열은 캄보디아에 만연하는 유일한 전염병이 아니다. 20만 명이 HIV에 감염되어 있고, 이들 중 1만 명은 어린아이이다. AIDS로 부모 양쪽 또는 한쪽을 잃은 고아는 6만 명이나 된다. 캄보디아에서는 매년 7만 명이 결핵에 감염된다. 많은 어린이가 매춘을 강요받는다. 그들 중 다수는 메탐페타민약(필로폰)인 야마를 먹는다. 이들은 드물지 않게 아동 상대 성도착 관광객들의 희생양이 된다.

캄보디아에는 극빈자가 많다. 1970년에서 1990년까지, 이 나라는 내전, 군대 점령, 종족 살상에 시달렸다. 잔혹한 공산 크메르 정권 하에서 수백만 명이 목숨을 잃었다. 1990년 초 캄보디아 상황은 호전되었다. 지난 몇 년 동안 경제는 성장의 잠재적 신호를 보이기 시작했다. 지금 시엠리아프를 방문객들이 찾고 있다. 여기에서도 방문객들은 여전히 엄청나게 많은 지체 장애자들을 의식하지 않을 수 없다. 약 4만 명의 캄보디아인들이 지뢰로 불구가 되었다. 오늘날에도 한 달에 20~30명의 사람들이 지뢰로 크게 다치고 있다.

자야바르만 아동 병원 내부는 외부 세상과 극명하게 대조될 만큼 좋은 상황이 아니다. 청결은 상상할 수 없다. 뚫린 지붕 사이로 공기들이 계속해서 재순환된다. 방문객들이 아픈 어린이의 고통을 보고 어떻게 느낄지 모르지만 이곳에는 희망이 가득하다. 여러분들이 사는 지역의 시골 병원에서는 흔하게 볼 수 있겠지만, 발전도상국에서는 보기 드문 최첨단 기술을 이용해서 이곳 병자들을 검진하고 치료한다. 이런 현대적 치료는 무료로 제공된다. 부모들은 자식이 입원해 있는 동안 아이와 함께 지내면서 아이를 돌보며 아이에게 안정감을 줄 수 있다. 캄보디아 가족의 대부분은 병원에서 자식을 돌보기 위해 하루도 머물 여유가 없다. 입원비나 치료비를 받지 않음으로써 리히너 박사는 WHO를 포함한 주요 원조 기구의 의견에 대립하고 있다. 이들 기구는 환자들이 자신들의 건강을 위해 돈을 지불해야 하고 의료 치료는 그 나라의 경제적 상황을 반영해야 한다고 믿는다. 리히너 박사는 병원비를 받는 조치는 최선의 예방 조치나 진단 및 치료받을 권리를 가난한 자(특히 어린이)에게 박탈하는 차별이라고 간주한다. 그는 가난한 자들 또한 보편적인 보건 혜택을 누릴 권리를 제한받아서는 안 된다고 믿는다. 가난한 자들에게 보편적인 보건 혜택을 주려면, 우선 이들 병원 종사자들에게 캄보디아에서 일반적으로 받는 임금보다 높은 봉급을 주어 (환자들로부터) 뒷돈을 받고 치료하는 관행을 차단해야 한다.

사비를 들여가면서까지 병원 의사와 간호사들은 매년 새로운 결핵 환자 2만 5000명을 치료한다. 현대 의학으로는 단지 진단만 할 수 있는 경우가 대다수이다. 돈이 없는 환자로서는 수개월이 소요되는 기간 동안 결핵 치료비를 전적으로 부담할 수 없기 때문이다. 대부분의 환자들이 먼 곳에서 찾아오기 때문에 재단은 여행 경비와 매달 검진비를 떠안는다. 환자의 90퍼센트는 완치될 때까지 치료를 계속 받는다. HIV 환자의 경우 리히너 박사의 판단이 옳다는 것이 입증되고 있다. 병원에서, HIV 보균 임산부는 ART를 받고, 아이는 제왕절개로 태어나 모유 대신에 우유를 먹인다. 그 결과 신생아는 HIV에 감염되지 않은 건강한 상태로 태어난다.

비록 리히너 박사가 논란의 중심에 있다 하더라도, 스위스 시계(그가 스위스 태생임을 지칭한 표현)의 정밀함과 인도주의적 사고, 그리고 자신이 해야 한다고 생각하는 것에 대해 치열하게 싸울 준비를 갖추고 있는 점 등은 존경받을 만하다. 나는 어떻게 후원자를 찾고, 병원을 운영함과 동시에 자선병원을 조직하고, 그토록 힘든 모든 일을 처리해 나갈 수 있는지 등을 서신을 통해 질의했다. 그 주말에 다음과 같은 내용의 답장이 왔다. "쓰라린 시달림을 달래기 위하여, 토요일 저녁 시엠리아프 시내에서 관광객을 대상으로 첼로 연주를 합니다. 그리고 심지어 그들에게 후원금을 기부받습니다."

비싸지만 부담 가능한

수치는 항상 추상적이다. 매년 1500만 명이 전염병으로 목숨을 잃고 있다는 사실을 이해할 수 있을까? 심지어 전염병 사망자가 1만 5000명이라 하더라도 (우리가 살고 있는 사회에서는 그런 불행은 보기 쉽지 않아서) 상상하기 힘든 수치이다. 심지어 이보다 더 이해하기 힘든 것은 질병, 장애, 조기 사망으로 인해 발생하는 엄청난 양의 수명 손실이다. 결국 DALY(장애보정수명년수)는 유용한 것이기는 하지만(그림 23 참조) 인위적인 용어이다. 그러나 판단을 내리기 위하여 수치에 대해 다시 이야기해 보자. 인도주의적 차원을 제외하고, 사람들은 그 비용을 인용하기 때문이다. 사실 수십억 유로가 전 세계 전염병 퇴치 사업에 투자된다. 우리에게 필요한 것은 새로운 전염병의 출현을 초기 단계에서 찾아내 확산을 저지하고, 기존에 유행하는 전염병을 근절하기 위한 역학적 · 기술적 · 의학적 조치들이다. 덧붙여, 현재 예방과 치료 방법을 충분하게 갖추지 못한 전염병을 퇴치할 새로운 조치 방안을 강구하기 위한 연구 개발을 강화할 필요가 있다. 마지막으로 우리는 질병 유행을 일으키는 원인을 찾아내야 하고, 보편적인 원인(예, 빈곤)과 특이적인 원인(예, 병원균 접촉)과

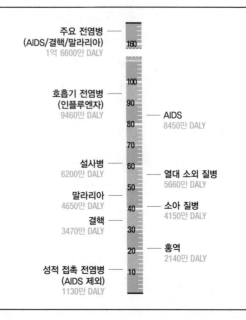

주요 전염병
(AIDS/결핵/말라리아)
1억 6600만 DALY

호흡기 전염병
(인플루엔자)
9460만 DALY

AIDS
8450만 DALY

설사병
6200만 DALY

열대 소외 질병
5660만 DALY

말라리아
4650만 DALY

소아 질병
4150만 DALY

결핵
3470만 DALY

홍역
2140만 DALY

성적 접촉 전염병
(AIDS 제외)
1130만 DALY

그림 23 주요 전염병의 장애보정수명년수(DALY)

싸워나가야 한다. 그 문제는 지구촌 전체 사안에 속하고, 통상적으로 그 비용이 수십억 달러가 될 것이라는 데 있다.

그 비용은 적지 않다. 그러나 먼저 그 비용을 균형 있는 시각으로 바라보아야 한다. 2006년 전 세계는 군사비에 9000억 유로를 투입했다. 전 세계 인구로 계산하면 1인당 137유로에 해당한다. 향수와 화장품을 사는 데 지출하는 비용은 어림잡아 새천년발전목표 사업의 보건 의료 분야 연간 투입 비용만큼 많다.(그림 24) SARS 문제 하나만 하더라도 AIDS, 결핵, 말라리아 퇴치 국제기금의 연간 예산보다 세 배나 많다. 미국의 경우 매년 인플루엔자에만 빌게이츠재단 예산의 3분의 1을 초과하는 비용을 투입한다. 미국에서 1년 동안 성인 오락으로 지출하는 돈이 10년간 결핵 치료약과 백신 개발 투자 비용과 맞먹는다. 미국인들은 치아 미백 치료에 연간 20억 달러를 지출한다. 이 돈이면 열대 소외 질병으로 고통받는 5억 명이 5년간 치료받을 수 있다. 경제학자이자 2001년 노벨 경제학상 수상자인 조지프 스티글리츠Joseph Stiglitz에 의하면, 미국인들은 미군의 이라크 주둔을 위해 매달 135억 달러의 세금을 낸다. 포퓰리스트들은 이러한 비교 자료를 쉽게 평가절하할 것이다. 전염병 확산을 저지하기 위해 부자 나라들이 가난한 나라들보다 더 많이 비용을 지불해야 한다는 데에는 의심의 여지가 없다. 투자비는 언제인가는 회수될 것이다. B형 간염, Hib 폐렴구균, 수막구균, 폐렴구균 차세대 백신 개발 성공뿐 아니라 홍역, 유행성이하선염, 풍진, 소아마비, 디프테리아, 파상풍의 박멸 또는 효과적인 근절로 인해, 그런 조치를 위해 투입하는 비용 1유로당 5~20유로의 가치를 만들어내고 있다. (질병 퇴치로 인해) 질병으로 인한 입원, 치료, 검진, 투약 비용이 들기 때문이다. 그렇기는 하지만 여전히 돈을 절약한다는 데 불균형이 있다. 그러나 이번에는 입장이 뒤바뀐다. 선진국에서 비용 절감 효과는 전염병 만연 지역만큼 크게 나타나지 않는다. 그렇다 하더라도 분명 아무것도 하지 않을 명분은 없다.(그래도 해야 한다.)

전염병은 지구촌 전체 문제이기 때문에 지구촌 전체 차원에서 다

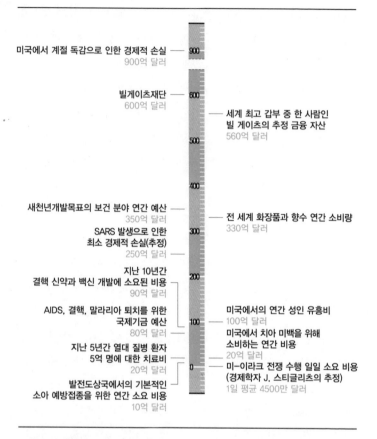

그림 24 주요 전염병으로 인한 경제적 손실과 다른 비용의 비교

루어야 한다. 첫 단계에서 우리는 '지구촌 차원에서 생각하고, 지역
적으로 실행'think global, act local해야 한다. 그러나 '지구촌 차원에서
생각하고, 지구촌 차원에서 실행'think global, act global하는 것도 중요

하다. 지금부터는 전염병 퇴치 강화에 대한 나의 생각을 말하고자 한다. 먼저 지구촌 차원에서의 변화에 대해 제안할 것이다. 그다음으로 어디에서든 실행 가능한 몇 가지 성공 사례를 언급할 것이다. 마지막으로, 실행하기로 한 우리의 선택이 어떤 결과로 나타날지 전형적인 사례가 될 가상 시나리오를 제시할 것이다. 가상 시나리오 어느 것도 전체 장면을 보여주자는 것이 아니라 단지 사고하는 데 필요한 양식을 제공하고자 하는 의도일 뿐이다. 우리는 무조건적인 실행 의지뿐 아니라 상상력과 획기적인 창의성을 필요로 한다. 50년 전에는 순수한 단백질 덩어리(프리온 지칭)가 병원균으로 변해서 질병을 전염시킬 것이라고 누가 상상이나 했겠는가? 1982년 스탠리 프루지너Stanley Prusiner는 프리온 가설을 확립했다. 과학계 반응은 프리온 가설에 대해 가혹하게도 회의적이었다. 오늘날에는 BSE(광우병)와 변종 크로이츠펠트 야콥병은 변형 단백질 입자에 의해 유발된다는 이론이 확립되어 있다. 보건은 세계 공공재이며 우리가 노력할 만한 충분한 가치가 있다.

모두의 권리이자 의무

고귀한 개념이 있다. 누구나 이용하면서 어느 누구도 거부당하지 않는 '세계 공공재'가 바로 그것이다. 세계 공공재는 경쟁 대상이 없으면서 동시에 누구나 사용할 수 있는 재화이다. 공기도 공공재에 속한다. 평화, 안보, 정의, 환경, 문화도 세계 공공재이다. 물론 보건과 질병 예방도 세계 공공재이다. 모두가 사용하면서도 아무에게도 소유권이 없기 때문에 어느 누구도 세계 공공재 보존에 대한 직접적인 책임을 느끼지 않는 데 문제가 있다. 전염병의 국제적 유행과 전염병 퇴치 측면에서 보면, 전염병 퇴치를 위한 국가 전략은 기껏해야 단기적 효과에 그친다.(자기 나라에서만 전염병을 근절한다고 전염병이 근절되는 것이 아니다. 보건 또한 세계 공공재이다.) 질병 근절은 지구촌 전체 차원에서 해야 효과적이다. 전염병이 유행하면 출현 지역에서 즉각 확인하고 광범위한 방역 조치를 하는 등 지구촌 전체가 함께 지원하고 실행해야 가장 효과적이다. 전염병 예방이라는 세계 공공재는 모든 이의 권리일 뿐 아니라 의무이다. 그나마 다행인 것은 이러한 노력이 이미 빈번하게 작동되어 왔다는 것이다. 천연두는 지구촌 전체의 노력 덕분에 근절되었다. 그러한 노력의 결과로, 그동안 소아마비는 2,000건 미만으로 줄어들었고, 홍역은 50만 건 이하로 줄어들었다.

지구촌 차원의 실행

나는 몇 가지로 제한하여 이들 사례와 지구촌 차원의 실행을 위한 다른 혁신적인 계획이 이루어지기를 희망한다. 특허법의 개선, TRIPs 협정의 명확한 해석(제9장 참조)과 같이 일부는 이미 언급했다. 나의 사례는 「전염병 퇴치 사업의 10가지 포인트」에 그 목록을 정리했다.

백신 채권

나는 이미 GAVI(백신면역국제연맹)에 대하여 자주 언급했다. PPP(민관 협력 파트너십)는 잘 고안된 재원 개념을 가지고 70개국 이상의 세계 빈국에서의 예방접종 캠페인에 대한 기금을 제공하고 있다. GAVI 사업을 지원하기 위하여, 선진 6개국(영국, 프랑스, 이탈리아, 노르웨이, 스페인, 스웨덴)은 10년간 40억 달러 이상의 예산으로 금융 기금을 출범시켰다. 2006년 이후 10억 달러의 재원을 조달했으며, 2008년 초까지 8억 5400만 달러를 지출했다. 이 금액은 5억 명 이상의 어린이 예방접종 사업을 지원하고 1000만 명의 목숨을 구하기 위한 것이다. 정부가 돈을 지불하기 전 개발 원조 자금을 미리 끌어다가 GAVI가 그 돈을 사용하는, 쉽게 말해 가불(채권) 형태로 사용한다는 점에서 참신한 방법이다. 그렇게 하기 위하여, 국제 자본시장을 두드린다. 즉 원조 자금을 제공하기 위하여, 독립 공여자sovereign donor 쪽의 법적으로 구속력 있는 이행 약속을 등에 업고 채권을 발행한다. 공여국의 이행 약속은 담보물collateral로 작용한다. 국제금융기금international financial facility으로 잘 알려진 것으로, 전체 기업을 설립한다. 기업은 채권을 발행해서 발생한 수익금을 GAVI로 넘겨주고, 그다음 GAVI는 비상환성 지원금nonrepayable grants 방식으로 그 기금을 사용하여 수원국 예방접종 캠페인 사업에 지원한다. 그러므로 채권자는 임시 자금 조달interim financing을 제공한다. 개인 투자자는 은행, 펀드 매니저, 연기금, 보험회사처럼 동일하게 참여할 수 있다. 그 채권은 AAA 등급이 매겨져야 하고 그래서 바위

전염병 퇴치 사업의 10가지 포인트

- 발전도상국에서 전염병 발생 빈도를 선진국 수준으로 줄이기 위하여 예방접종과 화학 치료요법 이외에 비의학적 기술까지 이용 가능한 개입 조치를 집중적으로 활용하라.

- 빈곤과 싸우고 채무 탕감과 연계하여 개선된 보건 의료 시스템을 확립하라.

- 비정부 투자가들이 전염병 퇴치의 즉각적인 금융 지원을 위하여 국가 원조 기금을 확보하라.

- 전염병 퇴치를 위한 재원 마련을 위하여 국제 요금을 부과하라.

- 90:10 불균형을 개선하기 위하여 목적한 연구와 신약, 백신, 비의료적 기술의 개발을 후원하라.

- 지구상 모든 국가에서 인명 구조약에 대하여 부담 가능한 가격을 책정하고, TRIPs 협정의 개선과 특허법 개정을 통해 이 부분을 지원하라.

- 정부기구, 비정부기구, 제약업계, 재단 등의 단체가 서로 힘을 모으도록 민관 협력 파트너십(PPP)을 강화하라.

- 새로운 전염병 유행을 조기에 검출하고 확산을 저지하기 위하여 WHO의 주도하에 국제적인 질병 감시 네트워크를 확립하라.

- 미리 판단하는 것은 사후에 판단하는 것보다 낫다. 인간들이 자연에 간섭하여 생긴 새로운 전염병 발생 위험은 상당하므로, 야생을 다루

> 는 방법과 선진국 가축 생산에 관하여 마음의 변화에 의해서만 그 위
> 협을 차단할 수 있다.
> – 상상력, 혁신, 비정통적 사고, 자기 확신에 대한 용기의 힘을 활용
> 하라.

처럼 튼튼해야 한다. 부분적으로 이러한 이유 때문에 이행 기금의
약 70퍼센트만이 담보물로 사용되어야 하고, 나머지는 위험에 대한
대비책이다. 독립 공여자는 단독으로 이자와 상환금을 지불하고, 국
제 금융시장에서 장기부채를 처리한다. 이 시나리오의 비판론자들
은 '신용경제원조'development aid on credit라는 신조어를 만들어냈다.
무엇보다도 우선적으로 관리비를 비판한다. 그렇기는 하지만, 돈을
빨리 그리고 지출 가능하게 하는 혁신적인 접근법이다.

전염병 퇴치 세금

세금 재원 개발tax-financed development에 대한 토의는 새로운 것이
아니다. 예를 들면, 프랑스, 브라질, 노르웨이, 영국, 칠레는 항공권
티켓에 세금을 부과하여 얻은 수익을 AIDS, 말라리아, 결핵 퇴치 자
금으로 사용할 계획이다. 그 세금은 이들 나라에서 비행기에 탑승하
는 모든 승객에게 부과하기 때문에, 모든 비행기는 동등한 조치를
받는다. 이 사업이 시행되면 일반석은 6달러, 비즈니스석은 25달러

를 세금으로 마지못해 토해내야 한다. 최대 120억 달러가 이런 방법으로 모였다. 이 돈을 효과적으로 투자하기 위하여, 클린턴재단(빌 클린턴 전 미국 대통령이 설립)은 의약품의 부담 가능한 가격을 확보하기 위하여 제약회사들과 협상하고 있다. 지금까지 이 사업(항공권에 전염병 퇴치금 세금 부과)은 실제로 순조롭게 출발하지 못했다. 첫해 기대 수입은 3억 달러였다. 독일은 처음에는 이 계획을 지지했으나 나중에 의회가 세금 부과에 반대해서 취소되었다. 유사하게도, 간혹 무기 구입비에 대한 세금 부과안 같은 수많은 대안 아이디어가 도출되고 있다.

보건 서비스 제공과 채무 스와프

60개 최빈국의 채무가 1970년 250억 달러에서 금세기 초 약 5400억 달러까지 불어났다. 30년간 최빈국들은 5500억 달러의 채무를 상환했고, 새로 엄청나게 많은 돈을 빌렸다. 반면 발전도상국은 채권국으로부터 1달러를 빌릴 때마다 13달러의 빚을 갚았다.

부채 탕감debt relief은 일어나지 않거나, 혹은 너무 느리게 이루어지기 때문에 빈국은 채무 부담을 결코 털어낼 수 없다. 채무 탕감이 G8 정상회의 어젠다로 정기적으로 올라 있는 것은 당연하다. 2005년 스코틀랜드 글렌이글스에서 G7 국가들은 140억 달러의 채무를 탕감해 주기로 약속했다. 실제로 감비아와 탄자니아 같은 일부 국가가 채무 탕감을 받았다. 대신 그 돈의 일부는 자국의 보건 의료 시스템 개선에 투자되었다. 왜 이것이 원칙이 되어서 채무를 보건 의료 체계 개선과 맞바꿀 수 없는가?

그것은 이렇다. 즉 민간 부문에서 탕감되는 채무는 시가로 평가되어 전문 투자자에게 넘겨진다. 그다음 전문 투자자는 빚쟁이와 할인 가격으로 협상한다. 한 나라가 결코 갚을 수 없는 2500만 달러의 채무를 지고 있다고 가정하자. 전 채권자(선진국, 세계은행, 세계무역기구)는 그 합계 금액의 일정 부문을 원조 기구에 넘겨주지 않는가? 이 방법으로 500만 달러가 보건에 투자된다고 생각해 보라. 그 채무의 나머지 2000만 달러는 탕감된다. 채무국을 위한 핵심적인 동기부여는 외국 채권국에 대한 이행 의무(예, 보건 의료 체계 개선)가 자국에게 우선하도록 변경하는 것이다. 두말할 나위 없이 채무를 보건 의료 비용과 맞바꾸는 것은 상당한 책임성을 전제로 한다. 투명성이 보장되어야 하고, 부패가 배제되어야 한다. 이것은 결코 새로운 아이디어가 아니다. 과거에도 실행되었지만 실효를 거두지 못했다. 어쨌든 이 문제는 빈곤이나 질병과 싸우는 중요한 무기이고 발전도상국의 경제를 강화하는 핵심이다. 그러므로 나는 독일 정부가 빌게이츠재단 등과 함께 '채무-보건 교환 채무탕감 사업' debt-to-health debt-relief program 형태로 이 모델을 추구할 것이라니 오히려 흥분된다. 그 시작은 인도네시아에서 이루어질 것이다. 독일은 인도네시아가 보건 의료 시스템에 2500만 유로를 투자한다는 조건하에 5000만 유로의 채무를 면제해 줄 것이다. 페루, 파키스탄, 나이지리아가 그 뒤에 이어질 것이다. 영국은 향후 10년간 채무 면제를 위하여 7~9억 6000만 달러를 기부하기로 약속했다.

퇴치할 수 있다

전염병 퇴치 사업 중 일부 성공담이 있었다. 이들 성공담은 신문 지상에서 기삿거리가 되지 않았으므로 여기서 일부 성공담을 언급하고자 한다.

사상충성 실명증 퇴치

1974년 아프리카 서부 지역 국가들은 사상충성 실명증 퇴치 사업에 돌입했다. 이 질병은 회선사상충onchocerca이라는 기생충에 의해 감염된다. 파리 박멸 사업은 2000만 주민이 사는 지역에서 착수되었다. 그중 200만 명은 이미 회선사상충에 감염되어 있었고 이 중 약 20만 명은 이미 실명 상태였다. 헬리콥터를 동원하여 물이 고여 있는 지역에 살충제가 뿌려졌다. 60만 건 이상이 예방되었고, 이미 이 병에 걸려 있던 환자는 치료를 받았다. 이 사업에 6억 달러가 소요되었다. 1년에 한 명을 예방하는 데 1달러도 들지 않는다. 이 사업으로 37억 달러가 절약된 것으로 평가되었다. 거주민들이 완치되어 농사일에 전력을 기울일 수 있었기 때문이다. 이 사업에는 세계은행, 세계보건기구, 유엔, 20개 해당 국가 정부, 27개 원조 공여국, 30개 이상의 NGO 단체, 머크사(치료약 이버멕틴 무료 공급)가 참여했다.

실명 퇴치 항생제

1997년 이후 모로코는 트라코마 결막염 퇴치 캠페인을 벌였다. 이 병증은 클라미디아 트라코마티스에 의해 유발되는 질병으로, 실명의 가장 흔한 원인으로 알려져 있다. 화이자는 필요한 항생제 치료약을 무료로 제공했다. 발병 초기부터 적절한 외과 시술을 받게 함으로써 병증을 완화시킬 수 있었다. 이와 함께, 자주 세수를 하고 그 외 위생적인 조치를 취함으로써 병원균이 눈에 달라붙지 못하도록 했다. 이 사업은 위생 시설의 개선과 깨끗한 식수를 제공함으로써 지속적인 성공을 거두었다. 어린이에서의 트라코마 결막염의 발생 빈도가 99퍼센트 낮아졌다.

메디나충증 근절

1980년대 중반 아시아와 아프리카 사하라 이남 등 총 20개국은 기니 연충(메디나충)guinea worm 퇴치 사업에 착수했다. 기니 연충은 오염된 식수에 서식하는 벼룩을 통해서 전염되는 일종의 편모 선충이다. 이 선충은 피하지방으로 퍼져나가서 나타나는 임상 소견에 따라 메디나충증dracunculosis('작은 용'little dragon이라는 뜻의 라틴어에서 유래)이라는 이름이 붙여졌다. 이 질병을 퇴치하기 위하여, 고전적인 의료 개입을 완전히 없애고 그 원인(메디나 선충 감염)을 직접 차단하는 방법을 개발했다. 우물을 깊게 파서 물을 단순 여과기로 여과한 후 수돗물로 사용했다. 오염된 물웅덩이에 노인들을 배치해서 (그냥 먹을 경우 감염 위험성을 있으니 먹지 말라고) 주민들에게 경고하도록 하고, 우물에서 길어오른 물을 식수로 사용하도록 했다. 1986년 이 사업을 시작했을 당시 그 지역 주민 약 350만 명이 메디나충증에 걸려 있었다. 20년이 지난 2006년 그 수는 2만 5000명으로 급감했다. 이 사업에 카터센터(지미 카터 전 미국 대통령이 설립), 미국 CDC, 유엔아동기금, 세계보건기구, 빌게이츠재단, 세계은행, 유엔, 수많은 NGO 단체, 14개 원조 공여국, 개인 기업, 그리고 아프리카와 아시아의 당사국 정부가 공동으로 기금을 제공했다. 20년 동안 투자 비용은 단지 2억 2500만 달러에 지나지 않았다.

아프리카 새천년마을 사업

유엔 새천년발전목표 사업은 충분한 의지력으로 실패를 넘어 좌절을 극복하고 실제로 실현할 수 있다는 것을 세상에 보여주었다. (유엔과 순수한 개인 기부와 함께) 제프리 D. 삭스는 아프리카 전역을 대상으로 새천년마을millennium village 사업에 착수했다. 헝가리 태생의 미국 억만장자이자 금융 투자자이자 자선사업가인 조지 소로스 George Soros도 이 사업의 후원자 중 하나이다. 이 마을에서 적은 돈으로도 얼마나 많은 성취를 이룰 수 있는가를 보여줄 수 있기를 바란다. 목적은 연간 1인당 75달러 이상의 돈으로 빈곤을 퇴치하는 것이다. 덧붙여 사업 조직자는 전염병 퇴치 전쟁을 벌일 계획이다. 우선적으로 어린이 질병에 대한 백신 예방접종 사업, 말라리아 퇴치를 위한 모기망 공급, HIV 예방 교육, AIDS 및 결핵 치료, 열대 소외 질병 근절 등이 포함되어 있다. 이 사업은 2006년 12개 마을에서 시작되었으며, 대상은 오늘날 12개 아프리카 국가의 78개 마을 40만 명의 주민이다. 2009년까지 이 사업은 1,000곳의 마을을 대상으로 계획했다. 이 목표를 달성하기 위하여, 마을은 상향식 방식으로 지원될 것이다. 반면 새천년발전목표는 하향식 방식이다.

핵심 요원 경험

내가 어떻게 개인적 바람을 가지게 되었는지 간단히 개요를 설명하겠다. 남아프리카공화국, 엄밀히 말하면, 케이프타운과 스텔렌보스에서의 일이었다. 그곳 흑인 거주 지역에서 며칠 머문 뒤 데즈먼드투투 HIV 및 결핵센터를 방문했다. 센터 이름은 남아프리카공화국의 전임 대주교이자 노벨 평화상 수상자인 데즈먼드 투투Desmond Tutu의 이름을 따서 지었으며, 시설은 시골에서의 의료와 사회적 지원을 과학적 업무와 결합한 것이다. 이들 센터는 사회, 특히 과학적 사업이 이루어지고 있는 마을에 혜택이 돌아가기를 원한다. 젊은 HIV 보균 여성들은 ART 치료 덕분에 의미 있는 삶을 살아가고 있다. 그 여성들은 다른 AIDS 환자나 결핵 환자에게 용기를 북돋아 주는 등 정신적인 지원을 아끼지 않는다. AIDS에 대한 정보와 교육을 통하여, 이들 환자가 건강한 사람들의 이해를 돕고 그들 사회에서 소외당하는 환자의 권리를 되찾기 위해 노력한다. (AIDS와 결핵) 예방 조치들은 어린 소녀들에게 자신을 감염으로부터 어떻게 보호할 수 있는지, 자신의 몸을 어떻게 보호할 수 있는지를 가르친다.

이들 센터 중 하나에서 일반인들에게도 마포셀라 엄마로 잘 알려진 젤피나 마포셀라Zelphina Maposela를 만났다. 그녀는 고아로 자랐고, 현재까지 스물세 명의 고아를 입양해 왔다. 낮에는 수십 명의 아이들을 돌본다. 마포셀라 엄마는 지역 HIV 후원 그룹에 관여하고 있고 구원을 필요로 하는 사람들을 위하여 무료 급식소를 운영하고 있다. 투투 대주교는 투철한 신념으로 센터에 있는 사람들에게 동기 부여를 하고 있다. 그 결과, AIDS와 결핵으로 고통받는 사람들이 감탄할 만한 성과를 이루어냈다. 투투는 신뢰할 만한 사람으로, 어떠한 정치적 연대가 없어 자신의 의견을 자유롭게 개진한다. 그도 열다섯 살 때 결핵으로 고통받다가 겨우 살아남았기 때문에 단순한 말 한마디로 그는 환자들에게 영감을 주고 용기를 북돋아 준다. "AIDS와 결핵으로 고통받고 있는 사람들을 돌보는 여러분들은 신이 흘리는 눈물을 닦아내고 있는 것입니다."

나는 이런 종류의 사업에 깊은 감명을 받았다. 그들은 희망과 낙관을 불어넣는다. 관계자 모두(정치인, 여론 주도자, 재단, 정부, 정부 단체와 비정부단체)가 함께 협력한다면 그들은 어떤 것이라도 이룰 수 있다고 여기기 때문이다. 이러한 상향식 접근은 훨씬 더 헌신하고 새로운 방안을 모색하도록 우리를 자극한다. 우리가 서로를 헐뜯고 책임을 회피한다면 문제는 해결되지 않는다.

가끔씩 문제 되는

인류는 세 차례나 끔찍한 전염병으로 시달렸다. 14세기 중반 흑사병이 유럽 전체를 휩쓸었다. 그래서 유럽 인구의 3분의 1에서 4분의 1이 목숨을 잃었다. 제1차 세계대전 이후, 스페인 독감으로 약 5000

만 명이 목숨을 잃었다. 20세기 말부터 지금까지 2500만여 명이 AIDS로 사망했다. 3500만 명이 HIV에 감염된 것으로 추정된다. 미래의 일을 예측하기는 어렵지만, 다음 세 개의 가상 시나리오를 만들어본다. 그중 두 개는 극단적인 상황이고, 나머지 하나는 현실적이다.

최악의 시나리오

최악의 시나리오는 주요 전염병이 퇴치되지 않는 경우이다. 빈곤층은 발전도상국에서 점점 더 증가하고 보건 의료에 사용되는 돈은 점점 줄어들기 시작한다. 모든 기구와 단체들이 AIDS, 결핵, 말라리아를 퇴치하기 위하여 전력을 기울이겠지만 항생제 내성균의 증가는 그들의 노력을 '시시포스의 노동(헛수고)'으로 몰고 간다. 현재의 특허법과 최소한의 사업 인센티브는 신약과 백신의 개발 계획을 고갈시킨다. 2010년까지 몇 안 되는 신약이 출시된다. 아마 AIDS 치료약 2개, 결핵 치료약 1~2개, 그리고 말라리아 치료약 1개 정도 될 것이다. 선진국에서 어느 누구도 열대 소외 질병에 대한 문제에 신경 쓰려 하지 않는다. 연구 개발에 대한 열악한 금융 지원 때문에 부분적으로 효과적인 백신이 개발되지 않는다고 비난받는다. 2012년 광범위 내성 결핵이 모든 대륙으로 확산되고, AIDS 쓰나미는 중국, 인도, 러시아를 휩쓴다.

항감염제 신약 개발에 대한 낮은 관심과 병원 및 가축 사육에서의 무분별한 항생제 사용으로 항생제 내성균 비율은 기하급수적으로 증가한다. (항생제 내성으로) 대다수 질병이 치료할 수 없는 상태가 된다. 인류는 지난 세기 초와 같이 다시 항생제 이전 시대로 돌아간다.

국가 이익은 세계보건기구를 약화시킨다. 신종 병원균의 조기 검출과 확산 방지를 위한 국제 감시 예찰 시스템의 개발은 순조롭게 출발할 수 없다. 조류인플루엔자의 지역적 발생은 사람에게 적용되어 판데믹으로 발전한다. 이 판데믹 인플루엔자에 대한 백신 개발은 서서히 진척되고, 생산능력은 선진국의 수요 요구량을 맞추지 못한다. 대부분의 경우 발전도상국은 빈털터리로 남는다. 설상가상으로 신종 병원균이 출현하여 공기 감염으로 확산된다. 이 신종 병원균은 처음에는 HIV처럼 감염되어도 치명적이지 않았다. 그러다가 대유행으로 발전도상국뿐 아니라 선진국에서도 수백만 명의 목숨을 앗아간다.

중국, 인도, 러시아 경제는 붕괴되고, 엄청난 충격파가 세계경제에 미치고 극심한 경제공황이 찾아온다. 선진국들은 과감하게 발전 원조를 중단한다. 악순환의 고리는 다가오고 그로 인해 참을 수 없는 고통은 예전보다 더 많은 아프리카인들을 유럽 이민자로 만든다.

최상의 시나리오

최상의 가상 시나리오는 희망으로 불타오른다. 현실적이다. 이 시나리오의 전제 조건은 계획했던 대로 2015년까지 유엔 새천년발전목표를 성취하고 판데믹 전염병이 나타나지 않는 시나리오이다. 전염병 확산 방지와 인간 행동 주요 변화에 대하여 많은 혁신적인 접근법을 예상한다. 보다 나은 보건 의료 대신 채무 면제를 광범위하게 실시함으로써 전 세계적으로 백신으로 전염병 유행을 누그러뜨린다. 의학적·기술적 예방 조치들(모기망, 살충제, 깨끗한 식수)은 말라리아, 설사병, 열대 소외 질병을 퇴치하기 위하여 과감하게 뛰어들게 한다. 새로운 금융 인센티브와 개정된 특허 시스템은 새로운 백신과 신약 개발을 추동한다. TRIPs 협정이 개정되어 중요한 치료약과 백신은 모든 국가에서 부담 가능한 가격으로 이용할 수 있게 된다. 의료 시술과 동물 사육에서, 항생제 사용을 엄격하게 제한하고, 항생제 내성 문제는 대개 통제 상태로 남는다.

항감염제는 심지어 새롭게 개발된 제제라도 발전도상국에서 점점 더 많이 무료로 이용할 수 있게 된다. 개선된 예방 조치와 함께, 특히 콘돔과 새로운 살균 겔 제품의 사용이 증가한 덕분에, AIDS의 확산은 멈추고 일부 나라에서는 줄어든다.

WHO의 국제적 역할이 점차 강화되고, WHO 주도하에 인류에게 위험성이 있는 조류인플루엔자의 확산을 저지하는 질병 예찰 감시 시스템이 개발된다. 조류인플루엔자 근절은 단지 WHO 역할 때문만은 아니다. 많은 다른 비정부기구와 정부기구, 민관 협력 파트너십PPP도 상당한 기여를 한다. 전염병의 유행으로 세계경제와 세계 평화가 위험에 처해 있다는 것을 잘 인식하고 있는 유능한 정치인과 부자 후원자가 지원한다. 국가 보건 기구들은 필요한 권한을 부여받아, WHO와 밀접하게 협력하여 급속히 세계 보건 정책의 문제를 해결한다.

일정 부분은 인도주의적 이유로, 일정 부분은 이기심에서 세계 보건 상태는 크게 개선된다. 빈곤과 전염병 부문에서 모두 신속하게 성과를 올린다. 빈곤과 전염병이라는 두 가지 멍에에서 벗어나면서 발전도상국 경제가 성장하기 시작한다. 점점 더, 발전도상국에서의 교육은 남녀 모두 동등한 수준으로 개선된다. 환경 정책이 뒷받침되어 자연 보존에 관심이 높아진다. 느리지만 확실하게, 매년 수십억 유로의 채무가 추가적으로 풀리면서 발전도상국은 선진국과 동등한 파트너가 된다. 경제 상황의 호전으로 보건이 자유와 자기 결정권에 대한 기본적 전제 조건이라는 견고한 믿음이 지배하여 민주주의가 발전한다.

최소 필요 요건 – 쉽지 않으나 할 수 있는

미생물과 전염병 발생은 기하급수적으로 증가한다. 그래서 만약 우리가 지금 인식의 전환 없이 그동안 해왔던 방식을 계속 취한다면, 최악의 시나리오를 향해 엄청난 속도로 곤두박질칠 것이다. 우리에게 부합하는 그리고 실제적으로 성취할 수 있는 최소 요건은 무엇인가? 무슨 일이 있더라도, 원인과 싸우는 방식과 병증을 치료하는 방식에서 인식의 전환이 이루어져야 한다. 새로운 기술, 새로운 치료약, 새로운 백신 개발이 시급하다. 연구 기관 간 상호 연대(특히 PPP 형태)를 통하여 연구 개발에 진전이 있을 경우 인센티브가 주어진다면 충분히 가능하다. 특허법 개정과 함께 지구촌 전체가 새로운 기술과 치료약, 그리고 백신을 쉽게 이용하게 된다면 이러한 연구 개발 노력의 결실을 발전도상국에도 나누어줄 수 있을 것이다. 가장 모범적인 원조 기구들이 관여하여, 보건 사업을 위해 채무를 면제하는 방식으로 보건 개선과 빈곤 감소가 이루어지면서, 빈곤과 전염병 사이의 악순환의 고리를 끊기 시작할 것이다. 우리 모두 우리의 행동을 바꾸어야 하고, 항생제를 신중하게 사용하도록 권고하고, 적정 밀도로 동물을 사육하도록 하고, 먹을거리의 대부분을 그 지역에서 자급자족하고, 대륙 간 축산물 이동을 자제하도록 촉구해야 한다. 이 모든 것은 새로운 전염병 유행이 발생하는 위험을 크게 줄일 것이다. 선진국은 자국에 위험한 전염병 퇴치 노력에 집중하겠지만, 이 분야의 집중적인 연구는 소외 질병 퇴치를 위한 개입 전략의 성공적인 개발을 위해 나아가려는 힘을 보여줄 것이다.

새로운 전염병 유행을 막기 위하여, 효과적인 지구촌 질병 감시 시스템이 구축되어야 한다. 이 시스템은 신종 병원균 출현을 즉각 색출하고 전 세계로 확산을 저지하기 위한 긴급 대응 조치를 취하도록 할 것이다. WHO의 조정하에, 국제보건법은 질병 조기 경보 시스템의 개발 증진을 위해 강화되어야 한다.

희망 사항

아무리 최소한의 해결책이라도 이행할 것을 요구한다. 이 책을 읽고 나서 여러분이 이 문제에 대하여 곰곰이 생각하고, 여러분의 친구들이나 동료와 토론하고, 정치인들에게 행동으로 옮기라고 촉구하기를 희망한다. 민관 협력 파트너십, 정부기구, 비정부기구를 지원하고, 제약회사와 연구 기관이 해결책을 찾아내도록 요구해야 한다.

제2차 세계대전이 끝나고 나서, 정확하게 말하면 1947년 7월 5일, 마셜플랜Marshall Plan ▪이 착수되었다. 미국에 의해 탄생된 이 원조 사업은 전쟁으로 황폐해진 서부 유럽 국가들을 재건하는 데 결정적인 기여를 했다. 1947년과 1951년 사이, 미국은 국민총소득의 1퍼센트를 마셜플랜을 통해 서구 유럽국에 지원했다. 당시 원조 금액은 130억 달러였다. 오늘날의 가치로 환산하면 대충 1000억 달러에 상당한다. 선진국들이 참여하여 발전도상국을 지원하기 위한 새로운 마셜플랜이 탄생한다면, 전염병 유행 확산을 방지하고 또 다른 유엔 새천년발전목표를 달성할 수 있다. 이러한 방향으로 이행하는 노력을 기울여야 한다. 결론적으로, 자주 인용되는 볼테르의 명언에 핵심을 찌르는 내용이 들어 있다.

"우리는 하고 있는 일뿐 아니라 하지 않은 일까지도 책임지고 있다."

용어 설명

간염 hepatitis 다양한 간염바이러스에 의해 간에 생기는 염증. 간염바이러스
는 다양한 병증 정도를 유발한다.

감기 cold 기침, 코감기, 인후염 등을 동반하는 질병의 총칭. 대부분의 경우
인체에 치명적이지는 않다.

감마 인터페론 interferon gamma Th1세포에 의해 생성되는 중요한 수용성
매개 물질. 대식세포(macrophage)에 의한 방어 메커니즘을 활성화한다.

감시 surveillance 질병 발생에 관한 데이터의 수집, 분석 및 해석을 말한다.

감염 infection 병원균이 숙주 내에 침투하여 증식하면서 숙주 생체와 면역학
적으로 충돌하는 현상. 반드시는 아니지만 감염 후 질병을 유발할 수 있
다.[숙주 동물 내 병원균이 증식하는 상태를 감염이라 하고, 감염된 병원
균이 다른 숙주로 옮겨가는 상태를 전염이라고 한다.―옮긴이]

감염병 infectious disease 감염으로 인하여 초래되는 질병.

강제 실시권 compulsory licensing 저렴하게 구할 수 있는 인명 구조약을 만
들도록 특허법을 해제하는 행위.

거시경제 및 보건위원회 Commission on Macroeconomics and Health 주요 보

건 문제(주요 전염병 포함)에 대한 경제적 해결책을 마련하기 위하여 세계보건기구가 설립한 위원회.

검역quarantine 일반 대중에게 위험이 될 수 있는 감염자나 동물의 격리 조치.

결핵tuberculosis 결핵균이 폐에 감염되어 유발되는 감염병. 현재 소아에서 이용할 수 있는 백신이 있으나 성인에게 효과가 입증된 백신은 없다.

결핵약(항결핵제)antituberculous drugs(tuberculostatics) 결핵을 치료하기 위하여 사용하는 치료약의 통칭.

경제협력개발기구OECD 세계무역과 경제성장의 증진을 목적으로 창설된 국제기구. 대부분 선진국들로 구성되어 있으며 현재 1000억 달러 이상의 가치를 발전도상국에 지원하고 있다.

고활성 항레트로 바이러스 치료법 Highly Active AntiretRoviral Therapy ; HAART AIDS 확대 병용 치료법. '항레트로 바이러스 치료법' 항목 참조.

공생commensalism 미생물과 사람 또는 동물이 서로 해를 끼치지 않으면서 공존하여 살아가는 형태.

공생균symbiont 숙주(동물이나 사람)와 서로에게 이익이 되는 미생물.

광범위 내성 결핵(XDR-TB)extensively drug-resistant tuberculosis 사실상 모든 결핵약에도 듣지 않는 결핵균에 의해 일어나는 결핵. 그 빈도가 점점 증가하고 있다.

국경 없는 의사회Médecins Sans Frontières 전쟁, 자연재해 등으로 긴급하게 재난이 발생한 지역에서 의학적 구호 활동을 펼치는 국제기구. 최근에는 전염병 퇴치 활동도 한다. 1990년 노벨 평화상을 받았다.

국제보건규칙International Health Regulations 감염병의 국제적 퇴치를 위하여 세계보건기구가 운영하는 일련의 규칙. 이 규칙은 2007년 중반에 개정되었다.

급성 감염acute infection 병원균 감염 후 수일 이내 병증(임상 증상)이 나타나는 감염 형태.

기생충parasite 살아 있는 숙주로부터 영양분을 얻어 살아가는 생명체.

기회 감염균opportunist 정상적으로 건강한 사람에게는 병을 일으키지 않지만 허약한 사람에게는 병을 일으키는 미생물.

다제 내성 결핵(MDR-TB)multidrug-resistant tuberculosis 결핵 치료에 가장 중요한 약제에 모두 내성인 결핵. '결핵' 항목 참조.

단기 직접 관찰 치료 Directly Observed Treatment, Short course ; DOTS 의료 종사자 또는 의료 보조원의 직접 감독하에 병용 약제를 처방받아 결핵을 치료하는 전략.

대식세포macrophage 세균을 탐식(잡아먹는)함으로써 세균 감염병을 퇴치하는 세포 중 하나. 탐식세포라고도 한다.

대장균escherichia coli 장내 정상 세균총 중 하나. 분자생물학 연구에 없어서는 안 되는 중요한 유용 세균이다.

뎅기열Dengue 모기에 의해 전염되는 전염병 중 하나. 가끔 출혈열로 발전하는 경우 사망에 이를 수 있다.

도하 라운드 Doha Round 발전도상국에서 일어나는 국제무역 문제를 다루는 세계무역기구 모임. 여러 기능 중 하나가 발전도상국에서 인명 구조약을 특허와 관계없이 생산하고 저렴한 가격으로 판매하는 것을 허용하도록 하는 것이다. 2006년 어떠한 합의도 이끌어내지 못한 채 결렬되었다.

독력virulence 특정 미생물이 병을 일으키는 성질의 강도를 나타내는 척도.

독소 백신toxoid vaccine 면역반응을 유도하나 독소로 작용하지 않는 변형된 미생물 독소로 구성된 백신.

로타바이러스rotavirus 어린이에서 설사병을 일으키는 바이러스 중 하나. 최근 백신이 개발되어 접종으로 예방이 가능하다.

마르부르크 바이러스 Marburg virus 감염되면 출혈열을 동반하며 높은 사망률을 보이는 인체에 치명적인 바이러스 중 하나.

마셜플랜Marshall Plan 제2차 세계대전이 끝난 후 전쟁으로 황폐해진 서부 유럽 국가들을 재건하기 위하여 이루어진 미국의 원조 사업. 신용 대출, 식품, 상품 등 총 130억 달러(현재 가치로 1000억 달러 해당)어치를 이들 국가에 제공했다.

만성 감염chronic infection 수년에 걸쳐 지속적으로 병원균을 보유하고 있으면서 간혹 병증이 나타나는 감염 형태.

만성 보균자chronic carrier 병증을 나타내지 않으면서 병원균을 배출하는 사람.

말라리아malaria 말라리아원충에 의해 유발되는 열대 질병. 말라리아는 모기에 의해 전염되는 대표적인 곤충 매개 질병이다.

말라리아원충plasmodia 말라리아를 일으키는 원충 그룹.

매개체vector 사람이나 동물에게 병원균을 전염시키는 생명체. 주요 매개체로는 곤충과 달팽이가 있다.

면역immunity 침투한 병원균을 없애기 위하여 면역반응을 동원하는 생체 능력.

면역글로불린Immunoglobulin ; Ig '항체' 항목 참조.

면역반응immune response 병원균에 대항하는 신체 반응.

면역체계immune system 이물질에 대한 생체의 방어 체계. 비특이 선천 면역과 항원 특이 획득 면역으로 구성되어 있다.

무역 관련 지적재산권에 관한 협정TRIPs 전염병(특히 AIDS)을 퇴치하는 데 사용되는 치료약과 백신의 특허권 보호를 담당하는 협정. 동시에 국가로 하여금 자국민 보건 조치(예를 들면 필수적인 약의 강제 실시권)를 취하도록 하는 권리도 부여하고 있다.

미생물microorganism 현미경으로 관찰해야 보일 정도로 작은 생명체. 바이러스, 세균, 곰팡이, 원충 등이 속하며, 일반적으로 단세포 생물체이다.

미생물 살균제microbicide 미생물을 죽이는 물질. HIV를 죽일 수 있는 바르는 살균제 젤이 개발됨으로써, (남성이 콘돔을 꺼리는 상황에서) 여성이 스스로 HIV 감염 예방을 할 수 있게 되었다.

민관 협력 파트너십PPP 공공 부문과 민간 부문이 상호 협력하여 진행하는 사업 형태.

바이러스virus 일반 현미경으로는 관찰할 수 없고 스스로 증식할 수 없는 미생물. 숙주세포를 이용하여 증식한 후 질병을 일으킨다. DNA나 RNA 둘 중 하나만 가지고 있다.

발전도상국developing country 경제 및 정치 발달이 초기 단계에 있는 국가.

백신vaccine '예방접종' 항목 참조.

백신면역국제연맹Global Alliance for Vaccines and Immunization : GAVI 발전도상국에서 예방접종 사업을 수행하는 국제기구.

병리 발생pathogenesis 특정 병원균에 감염되어 병이 진행되는 메커니즘.

병원균pathogen 병을 일으키는 미생물.

병원성pathogenicity 병을 일으키는 능력.

병원성 감염nosocomial infection 병원, 양로원, 기타 다중 집단 시설에서 전염되는 질병. '기회 감염균' 항목 참조.

보건health 질병이 없고 허약하지 않을 뿐 아니라 신체적 · 정신적 · 사회적으로 안녕한 상태.(WHO 정의)

보체complement 혈액에 존재하며, 미생물 방어에 관여하는 수용성 면역 물질의 하나.

블록버스터blockbuster 연간 10억 달러 이상 판매 실적이 있는 약.

빈도incidence 특정 기간(보통 1년) 동안 발생하는 특정 질병의 새로운 발생 건수.

사람면역결핍증바이러스Human Immunodeficiency Virus : HIV '후천성면역결핍증' 항목 참조.

사람유두종바이러스Human Papilloma Virus : HPV 여성에게 자궁경부암을 일으키는 바이러스.

사이토카인cytokine 면역 세포 간의 정보를 전달하는 수용성 매개 물질 중 하나.

살모넬라salmonella 식품을 통해 전염되는 세균 중 하나. 다른 병증보다도 설사병과 장티푸스를 일으킨다.

새천년발전목표Millennium Development Goals ; MDGs 2000년 제55차 유엔 총회에서 발표한 프로젝트. 이 발전 목표는 2015년까지 극빈, 기아, 소아 사망률, 주요 전염병을 근절하거나 최소한 줄이고, 학교교육 개선, 성 평등, 지속가능한 환경의 성취를 목적으로 한다. 현재 이들 목표 상당수가 목표 기한(2015년) 내 이루어질 것 같지 않다.

생백신live vaccine 살아 있는 순화 병원균으로 만든 백신.

서브유니트 백신subunit vaccine 특정 병원균을 부분적으로 정제했거나 순수한 구성 성분으로 만든 백신.

선진국industrialized country 기술적 · 경제적 개발 수준이 높은 나라.

세계무역기구World Trade Organization ; WTO 무역과 경제 관계에 관한 국제기구. 현재 150개국이 회원국으로 있다.

세계보건기구World Health Organization ; WHO 보건 문제에 관한 유엔 기구.

세계은행World Bank 원래 제2차 세계대전으로 피해를 입은 국가들을 지원하기 위하여 설립되었다. 발전도상국의 경제발전 개선에도 지원하고 있다.

세균bacterium(pl, bacteria) 단세포 미생물의 한 형태. 세균은 지구상 모든 생물학적 서식 장소에서 발견된다. 일부 세균은 사람 몸에서 서식하고 그 중 일부는 질병을 일으키기도 한다.

소아마비poliomyelitis 백신 이용이 가능한 전염병 중 하나.

소해면상뇌증(광우병) Bovine Spongiform Encephalopathy ; BSE 프리온(prion)에 의해 유발되는 소의 신경 질병. BSE는 살아 있는 생명체에 의해 유발되는 질병은 아니지만 전염력이 있다. '프리온' 항목 참조.

수두chickenpox 바이러스에 의해 유발되는 소아 질병 중 하나.

수막염meningitis 뇌를 감싸고 있는 막에 생긴 염증. 세균이나 바이러스에
의해 유발된다.

숙주 영역host range 병원균이 감염될 수 있는 동물(사람 포함)의 범위.

순화attenuation 병원균의 독력(virulence)을 약화시켜서 병을 일으키는 능
력을 제거하는 것. 병원균의 순화는 생백신을 생산하는 데 중요하다.

식세포phagocyte 입자 물질(이물질)을 먹어치우는 세포.

아르테미시닌artemisinin 식물(개똥쑥)에서 추출한 성분. 말라리아 치료에
효과가 있다.

에볼라Ebola 몸 전체에 출혈을 일으키는 전염병 중 하나. 혈액을 통해 전
염된다.

에피데믹(지역적 소유행)epidemic 특정 질병이 일시적이지만 공간적으로 제
한하여 발생하는 일종의 국지적 유행 형태.

엔데믹(풍토성 발생)endemic 특정 지역 내 질병이 발생하는 일종의 풍토병
형태.

역학epidemiology 엔데믹, 에피데믹, 판데믹 질병 발생을 연구하는 학문.

연쇄상구균streptococci 식중독과 성홍열을 일으키는 세균 중 하나. 치료하
지 않으면 류머티즘열로 발전한다.

연충helminths 복잡한 생활사(lifecycle)를 가진 다세포 미생물(기생충). 유
충은 곤충이나 달팽이에 기생하고, 성충은 사람 몸에 기생한다. 상당수 연
충이 열대 소외 질병을 일으킨다.

열대 소외 질병neglected tropical disease 열대지방에 만연하고 있는 질병이
지만 선진국에서의 발생이 거의 없어 선진국 관심 밖에 있는 질병들. 이들
열대 소외 질병의 대부분은 원충과 기생충에 의해 일어난다.

염증inflammation 감염·상처 등을 입었을 때 체내에서 일어나는 생체 작
용. 체액과 혈구 세포가 축척되는 특징이 있다.

예방접종immunization(vaccination) 체내 특이 면역을 유도하기 위하여 순화

된 병원균이나 병원균 일부 구성 성분을 접종하는 행위. 전염병을 퇴치하는 데 중요한 예방 조치 중 하나이며, 의학 분야에서 비용 편익이 뛰어난 방법이다.

원충protozoa 단세포 고등 생명체 그룹 중 하나. 일부는 질병을 유발한다.

위생hygiene 전염병 확산을 예방하는 조치.

유엔United Nations ; UN 세계평화와 인권 증진 등 국제 협력에 전념하는 192개 회원국을 거느린 국제기구.

유행prevalence 특정 집단 내 특정 질병의 발생 건수. 새롭게 발병한 질병과 일정 기간 존재해 왔던 질병을 포함한다.

유행성이하선염mumps 백신 이용이 가능한 전염병 중 하나. 볼거리라고도 한다.

이질dysentery 세균이나 기생충으로 인해 유발되는 설사병.

이질균shigella 심한 설사를 유발하는 세균 중 하나.

이환율morbidity 한 집단 내에서 특정 질병에 걸린 환자의 비율. 특정 질병에 걸릴 가능성을 나타내는 수치이다.

인수공통전염병zoonosis 동물에서 사람으로 전염되는 질병. 신종 전염병의 대부분은 인수공통전염병이다.

인터류킨interleukin 면역반응을 매개하는 Th세포에서 분비되는 수용성 매개 물질을 지칭하는 일반 용어.

인플루엔자influenza 인플루엔자 바이러스에 의해 유발되는 지구상에서 가장 중요한 질병 중 하나. 인플루엔자 바이러스는 에피데믹 또는 판데믹 형태의 유행을 일으킨다.

인플루엔자 바이러스influenza virus '인플루엔자', '조류인플루엔자' 항목 참조.

임파구lymphocyte 획득 면역을 담당하는 백혈구군. 임파구에는 크게 B세포와 T세포의 두 가지 유형이 있다.

자궁경부암cervical carcinoma 여성의 자궁경부에 생기는 암. 사람유두종바이러스에 의해 유발된다.

잠복 감염latent infection 병원균과 감염 숙주 간의 평화로운 공존 상태. 감염기 동안 간혹 병증을 나타낼 수도 있다.

잠복기incubation period 숙주가 병원균에 감염된 후 병증을 나타내기까지의 기간. '급성 감염', '만성 감염' 항목 참조.

장애보정수명년수Disability-Adjusted Life Year ; DALY 손실된 건강 수명을 연수로 표현한 수치. 질병의 비용 편익 분석에 중요한 잣대이다.

장티푸스typhoid fever 살모넬라균에 의해 유발되며, 고열과 설사를 동반하는 세균성 질병. 간혹 치명적이다.

전염성 질병transmissible disease '감염병' 항목 참조.

정상 세균총normal flora 생체의 특정 부위에서 자연적으로 존재하는 미생물의 총칭.

제1형 인터페론 Type I interferon 항바이러스 능력을 가진 수용성 면역 매개물질의 일종.

조류인플루엔자Avian influenza ; AI 인플루엔자 바이러스에 의해 유발되는 조류의 질병. 가장 잘 알려진 대표적인 조류인플루엔자는 H5N1 조류인플루엔자이다. H5N1 조류인플루엔자는 바이러스의 유전적 변화가 지속적으로 일어날 경우 사람 간 전염의 잠재적 위험성이 있다.

천연두smallpox 1980년에 박멸된 바이러스성 전염병.

출혈hemorrhage 바이러스 병원균에 의해 유발되어 여러 내부 장기에서 혈액이 스며나오는 현상.

침대망bed net 곤충에 의해 매개되는 전염병(특히 말라리아)을 예방하기 위해 사용하는 매우 가는 망. 곤충(모기) 퇴치를 위하여 살충제가 배어 있는 침대망을 대부분 사용한다.

캠필로박터 제주니 Campylobacter jejuni 설사병과 식중독을 일으키는 주요 세균 중 하나.

콘돔condom　임신과 전염성 성병을 예방하기 위하여 남성 성기에 끼우는 기구. 콘돔은 HIV/AIDS 예방을 위하여 사용할 수 있는 가장 저렴하고 가장 효과적인 수단이다.

콜레라cholera　물 설사를 일으키는 전염병 중 하나. 치료하지 않으면 탈수로 사망할 수도 있다.

탄저anthrax　세균 질병 중 하나. 일단 감염되면 일반적으로 사망에 이를 만큼 치명적이다. 탄저균은 1876년 로베르트 코흐가 처음 발견했다. 현재 생물 무기로서의 사용 가능성을 우려하고 있다.

파상풍tetanus　세균 독소에 기인하여 마비 증상을 특징으로 하는 질병. 종종 치명적이지만 백신 이용이 가능하다.

판데믹(세계적 대유행)pandemic　특정 전염병이 일시적이고 제한적이지만 전 세계적으로 발생하는 유행 형태.

패혈성 쇼크septic shock　패혈증의 흔하고 가장 치명적인 결과. 과다한 면역 반응(사이토카인 폭풍)으로 생긴다. '사이토카인' 항목 참조.

패혈증sepsis　혈류에 병원균이 감염된 상태. 치명적이다.

폐렴pneumonia　허파(폐)에 생기는 염증.

포도상구균staphylococci　화농성 감염과 식중독을 일으키는 세균 중 하나.

풍진(독일풍진)rubella(German rubella)　임산부에서 심한 합병증을 일으키는 전염력이 강한 질병 중 하나. 현재 풍진 백신이 개발되어 있어 접종으로 예방이 가능하다.

프리온prion　뇌에 축적되어 소해면상뇌증(BSE, 광우병)과 변종 크로이츠펠트 야콥병(vCJD) 등을 일으키는 변형 단백질.

항감염제anti-infective　병원균을 없애기 위하여 사용하는 여러 물질을 지칭하는 일반 용어. 항감염제로 항생제, 화학요법제, 백신 등이 있다.

항레트로 바이러스 치료법 Antiretroviral therapy : ART　한 종류 이상의 치료약으로 AIDS를 치료하는 바이러스 치료법.

항생제antibiotic 미생물, 특히 세균 감염을 치료하기 위해 사용되는 약.

항원antigen 생체 면역체계에 의해 이물질로 특이하게 인식되어 면역반응을 촉발시키는 구조물.

항체antibody 항원을 특이하게 인식하는 혈중 단백질 중 하나. 항체의 여러 기능 중 하나가 생체 내로 침투한 병원균을 없애는 것이다.

헬리코박터 파일로니 Helicobacter pylori 위염, 위궤양, 위암을 유발하는 세균.

홍역measles 백신 이용이 가능한 감염병 중 하나.

화학요법chemotherapy 항생제, 항바이러스제 등을 사용하여 질병을 치료하는 약물요법.

확대예방접종계획Expanded Program on Immunization : EPI 소아 대상 1차 예방접종을 위한 국제 프로그램.

획득 면역acquired immunity B세포와 T세포의 매개로 일어나는 생체 면역 반응. 이물질(foreign substance)에 대한 특이성(specificity)과 면역 기억을 가진다.

후천성면역결핍증acquired immunodeficiency syndrome : AIDS 3대 주요 전염병 중 하나. 질병을 일으키는 병원균은 HIV(사람면역결핍증바이러스)이다. 현재 전 세계 약 3500만 명이 HIV 보균자이다. HIV에 감염된 환자는 면역 기능이 손상되었기 때문에 2차 감염이 쉽게 일어난다. 그래서 2차 감염 치료를 하지 않으면 사망한다.

희귀약품법orphan drug Act 희귀 질병 예방 및 치료를 위한 신약 개발을 증진시키는 미국과 유럽 법.

AIDS, 결핵, 말라리아 퇴치 국제기금 Global Fund to fight AIDS, Tuberculosis and Malaria : GFATM 주요 전염병을 퇴치하기 위하여 2010년에 설립된 기구.

B세포B cell 혈액에 존재하는 임파구 집단 중 하나. B세포는 항체를 생산하

는 역할을 담당한다.

CD4 T세포 수용성 매개 물질을 사용하여 다른 면역 세포의 기능을 활성화 시키는 T임파구(특히 Th세포) 집단.

CD8 T세포 전형적으로 감염 세포를 파괴하는 T세포 집단(Tk 세포와 동일한 의미).

DDT dichlorodiphenyltrichloroethane 말라리아와 다른 곤충 매개 질병 퇴치에 중요한 역할을 하는 소독제이자 살충제.

DNA Deoxyribonucleic acid 모든 생명체의 유전정보를 가지고 있는 물질. 'RNA' 항목 참조.

G8 세계에서 가장 영향력 있는 8개국 모임. 선진 7개국(독일, 프랑스, 영국, 이탈리아, 일본, 캐나다, 미국)과 러시아로 구성되어 있다. 이들 국가의 인구는 전 세계 인구의 15퍼센트 이하에 불과하지만 전 세계 무역과 세계 총소득의 2/3를 차지한다.

GO Governmental organization 정부기구.

H5N1 '조류인플루엔자' 항목 참조.

NGO Non-governmental organization 비정부기구.

RNA 유전정보를 전달하는 물질. 'DNA' 항목 참조.

SARS severe acute respiratory syndrome 2003년 판데믹으로 발전했던 바이러스성 폐렴 중 하나.

Th세포 T helper cell 'CD4 T세포' 항목 참조.

 - Th1 세포: 대식세포를 활성화시키는 수용성 매개 물질을 분비한다. 세균과 바이러스 감염 퇴치와 자가 면역 질병에서 중요하다.
 - Th2 세포: 기생충 감염 퇴치와 알레르기 반응에 중요한 매개 물질을 분비한다.

Tk세포 T killer cell 'CD8 T세포' 항목 참조.

참고 문헌 및 그림 출처

제2~7장

Diamond, Jared(2005), *Guns, Germs, and Steel: The Fates of Human Societies*, New York: W W Norton & Co.

Ewald, Paul W.(2000), *Plague Time: How Stealth Infections Cause Cancers, Heart Disease, and Other Deadly Ailments*, New York: Free Press.

Garrett, Laurie(2000), *Betrayal of Trust: The Collapse of Global Public Health*, New York: Hyperion.

Greger, Michael(2006), *Bird Flu: A Virus of Our Own Hatching*, New York: Lantern Books.

Horton, Richard(2004), *MMR: Science and Fiction, Exploring the Vaccine Crisis*, London: Granta Books.

Hotez, Peter(2008), *Forgotten People, Forgotten Diseases*, Washington D.C: ASM Press.

Jamison, Dean/Breman, Joel/Measham, Anthony/Alleyne, George/

Claeson, Mariam/Evans, David/Jha, Prabhat/Mills, Anne/Musgrove, Philip(2006), eds., *Priorities in Health*, The World Bank.

Jamison, Dean/Breman, Joel/Measham, Anthony/Alleyne, George/ Claeson, Mariam/Evans, David/Jha, Prabhat/Mills, Anne/Musgrove, Philip(2006), eds., *Disease Control Priorities in Developing Countries*(2e), The World Bank.

Murphy, Kenneth/Travers, Paul/Walport, Mark(2007), *Janeway's Immunology*, 7th Edition, New York: Garland Science.

Kaufmann, S. H. E.(2004), ed., *Novel Vaccination Strategies*, Weinheim: Wiley-VCH.

Knight, Lindsay(2008), ed., *World Disasters Report 2008: Focus on HIV and AIDS*, International Federation of Red Cross and Red Crescent Societies, Satigny/Vernier: ATAR Roto Presse.

Lee, Kelley/Collin, Jeff(2005), *Global Change and Health, Understanding Public Health*, Maidenhead: Open University Press.

Lopez, Alan/Mathers, Colin/Ezzati, Majid/Jamison, Dean/ Murray, Christopher(2006), eds., *Global Burden of Disease and Risk Factors*, New York: Oxford University Press.

Mims, Cedric/Dockrell, Hazel/Goering, Richard/Roitt, Ivan/Wakelin, Derek/Zuckermann, Mark(2004), *Medical Microbiology*, 3rd Edition, Edinburgh: Elsevier.

National Research Council(2006), *Treating Infectious Diseases in a Microbial World, Report of Two Workshops on Novel Antimicrobial Therapeutics*, Washington: National Academies Press.

Perlin, David/Cohen, Ann(2002), *The Complete Idiot's Guide to Dangerous Diseases and Epidemics*, Indianapolis: Alpha Books.

Prüss–Üstün, Annette/Corvalán, Carlos(2006), *Preventing Disease Through Healthy Environments: Towards an Estimate of the of the Environmental Burden of Disease*, Geneva : WHO.

Salyers, Abigail A./Whitt, Dixie D.(2005), *Revenge of the Microbes: How Bacterial Resistance is Undermining the Antibiotic Miracle*, Washington, DC : ASM Press.

Sherman, Irwin(2006), *The Power of Plagues*, Washington, DC : ASM Press.

The World Bank(2004), *Mini Atlas of Global Development*, Brighton : Myriad Editions.

Beck, Eduard/Mays, Nicholas/Whiteside, Alan/Zuniga, José(2006), eds., *The HIV Pandemic: Local and Global Implications*, New York : Oxford University Press.

Torrey, E. Fuller/Yolken, Robert H.(2005), *Beasts of the Earth: Animals, Humans and Disease*, New Jersey : Rutgers University Press.

WHO(2003), *Emerging Issues in Water and Infectious Disease*, Geneva : WHO.

WHO(2006), *SARS: How a Global Epidemic was Stopped*, Western Pacific Region : WHO.

WHO(2008), *International Travel and Health: Situation as on 1 January 2008*, Geneva : WHO.

제8~11장

Africa's missing billions, IANSA, Oxfam, and Saferworld(2007),

http://www.oxfam.org/en/files/bp107_africas_missing_billions_0710.
pdf/download.

Amon, Joseph(2006), *Preventing the Further Spread of HIV/AIDS: The Essential Role of Human Rights*, http://hrw.org/wr2k6/hivaids/hivaids.pdf.

Atlas der Globalisierung(2006), *Die neuen Daten und Fakten zur Lage der Welt*, Le Monde diplomatique.

Beah, Ishmael(2007), *A Long Way Gone. Memoirs of a Boy Soldier*, London: Harper Collins.

Richner, Beat(2004), *Hope for the Children of Bopha Kantha*, Zürich: Nzz Libro.

Bowen-Jones, Evan(1998), *A Review of the Commercial Bushmeat Trade with Emphasis on Central/West Africa and the Great Apes*, Cambridge: Ape Alliance.

Broekmans, Jaap/Caines, Karen/Paluzzi, Joan/Sachs, Jeffrey D.(2005), eds., *Investing in strategies to reverse the global incidence of TB*, UN Millennium Project, Task Force on HIV/AIDS, Malaria, TB, and Access to Essential Medicines, Working Group on TB.

Brownlie, Joe/Peckham, Catherine/Waage, Jeffrey/Woolhouse, Mark/Lyall, Catherine/Meagher, Laura/Tait, Joyce/Baylis, Matthew/Nicoll(2006), *Infectious Diseases: Preparing for the Future: Future Threats*. Office of Science and Innovation, London: Department of Trade and Industry.

Corvalan, Carlos/Hales, Simon/McMichael, Anthony(2005), *Ecosystems and Human Well-being: Health Synthesis*. Millennium Ecosystem Assessment, Geneva: WHO.

Delgado, Christopher L./Rosegrant, Mark W./Meijer, Siet/Ahmed, Mahfuzuddin(2003), *Outlook for Fish to 2020: Meeting Global Demand*, Peneng, Malaysia: World Fish Center. http://www.ifpri.org/pubs/fpr/pr15.pdf.

Finkelstein, Stan/Temin, Peter(2008), *Reasonable RX: Solving the Drug Price Crisis*, New Jersey: FT Press.

Food and Agriculture Organization(FAO) of the United Nations(2006), *Global Forest Resources Assessment 2005: Progress Towards Sustainable Forest Management*. Forestry Paper 147. Rome: FAO. http://www.fao.org/forestry/site/fra2005/en/.

Garrett, Laurie(1995), *The Coming Plague: Newly Emerging Diseases in a World Out of Balance*, New York: Penguin.

Garrett, Laurie(2000), *Betrayal of Trust: The Collapse of Global Public Health*, New York: Hyperion.

Garrett, Laurie(2005), HIV and National Security: Where are the Links? A Council on Foreign Relations Report. http://www.casy.org/engdocs/HIV_National_Security.pdf.

Guillemin, Jeanne(2005), *Biological Weapons: From the Invention of State-sponsored Programs to Contemporary Bioterrorism*, New York: Columbia University Press.

Herlihy, David(1997), *The Black Death and the Transformation of the West*, Cambridge, MA: Harvard University Press.

Hochschild, Adam(2000), *King Leopold's Ghost: A Story of Greed, Terror and Heroism in Colonial Africa*, Boston: Mariner Books.

Institute of Medicine(2007), *PEPFAR Implementation: Progress and Promise*, Washington, D.C.: National Academies Press.

International Finance Facility(2005), *The International Finance Facility*, London: HM Treasury.

Juma, Calestous/Yee-Cheong, Lee(2005), *Innovation: applyng knowledge in development*. UN Millennium Project, Task Force on Science, Technology, and Innovation, London: Earthscan.

Kaufmann, Stefan H. E.(2003), *Tasking Arms Against a Sea of Troubles*, Max Planck Research 4: 15~19.

Kovats, Sari/Ebi, Kristie L./Menne, Beettina(2003), *Methods of Assessing Human Health Vulnerability and Public Health Adaptation to Climate Change*. Health and Global Environmental Change. Series No. 1. Denmark: WHO Europe. http://www.euro.who.int/document/e81923.pdf.

Kuhn, Katrin/Campbell-Lendrum, Diarmid/Haines, Andy/Cox, Jonathan(2005), *Using Climate to Predict Infectious Disease Epidemics*, Geneva: WHO. http://www.who.int/globalchange/publications/infectdiseases.pdf.

Leach, Beryl/Palluzi, Joan/Munderi, Paula(2005), *Prescription for Healthy Development: Increasing Access to Medicines*. UN Millennium Project, Task Force on HIV/AIDS, Malaria, TB, and Access to Essential Medicines, Working Group on Access to Essential Medicines, London: Earthscan.

Levine, Ruth(2007), *Case Studies in Global Health: Millions Saved*. Sudbury MA: Jones and Bartlett.

Lomborg, Bjorn(2004), *Global Crises, Global Solutions*, Cambridge: Cambridge University Press.

Lomborg, Bjorn(2006), *How to spend $50 Billion to Make the World a*

Better Place, Cambridge: Cambridge University Press.

Macdonald, Théodore H(2007), *The Global Human Right to Health: Dream or Possibility?* Oxford: Radcliffe Publishing.

Martens, Jens/Hain, Roland(2002), *Globale öffentliche Güter: Zukunftskonzept für die internationale Zusammenarbeit.* Working Paper, Berlin: Heinlich–Böll–Stiftung.

Nestle, Marion(2003), *Safe Food: Bacteria, Biotechnology, and Bioterrorism.* Berkeley, Los Angeles: University of California Press.

Nierenberg, Danielle(2005), *Happier Meals: Rethinking the Global Meat Industry.* Worldwatch Paper 171. Washington, DC: Worldwatch Institute.

Noah, Don/Fidas, George(2000), eds., *National Intelligence Council Special Reports. National Intelligence Estimate: The Global Infectious Disease Threat and Its Implications for the United States. Environmental Change and Security Project Report,* Issue 6(Summer 2000). http://www.wilsoncenter.org/topics/pubs/report6–3.pdf.

O'Donovan, Diarmuid(2008), *The Atlas of Health: Mapping the Challenges,* London: Earthscan.

Preston, Richard(1995), *The Hot Zone,* New York: Anchor Books Doubleday.

Ruxin, Josh/Binagwaho, Agnes/Wilson, Paul(2005), *Combating AIDS in the Developing World.* UN Millennium Project, Task Force on HIV/AIDS, Malaria, TB, and Access to Essential Medicines, Working Group on HIV/AIDS, London: Earthscan.

Sachs, Jeffrey D.(2001), *Macroeconomics and Health: Investing in Health for Economic Development,* Report of the Commission on

Macroeconomics and Health. Geneva: WHO.

Sach, Jeffrey D.(2005), *The End of Poverty. Economic Possibilities for our Times*, USA: Penguin Group.

Saker, Lance/Lee, Kelly/Cannito, Barbara/Gilmore, Anna/Campbell-Lendrum, Diarmid(2004), *Globalization and Infectious Disease: A Review of the Linkages*. Social, Economic and Behavioural(SEB) Research. Special Topics No. 3. Geneva: WHO. http://www.who.int/tdr/cd_publications/pdf/seb_topic3.pdf.

Shah, Sonia(2007), *The Body Hunters: Testing New Drugs on the World's Poorest Patients*, New York: The New Press.

Skolnik, Richard(2008), *Essentials of Global Health*, Boston: Jones and Bartlett Publishers.

Spiegel Special(2007), *Afrika: Das umkämpfte Paradies*. Nr. 2. 2007.

Sutherst, Robert(2004), "Global change and human vulnerability to vector-borne disease", *Clinical Microbiology Reviews* Vol. 17: 136~173.

Teklehaimanot, Awash/Singer, Burt/Spielman, Andrew/Tozan, Yeim/Schapira, Allan(2005), *Coming to Grips with Malaria in the New Millennium*. UN Millennium Project, Task Force on HIV/AIDS, Malaria, TB and access to essential medicines, Working Group on Malaria, London: Earthscan.

The Data Report 2007(2007), http://www.thedatareport.org.

The Earth Institute(2007), Annual Report for Year 1 Activities: February 2006~February 2007. Millennium Research Villages, New York: Columbia University, The Earth Institute.

The World Bank(2005), World Development Report 2006: Equity and

Development, Washington, D.C.: World Bank Publications.

The World Bank(2006), World Development Report 2007: Development and the Next Generation, Washington, D.C.: World Bank Publications.

Transparency International(2006), Global Corruption Report 2006, Special Focus, Corruption and Health, London: Pluto Press.

UNAIDS(2004), Debt-for-AIDS Swaps: A UNAIDS Policy Information Brief. UNAIDS/04.13E. Geneva: WHO. http://data.unaids.org/publications/IRC-pub06/JC1020-Debt4AIDS_en.pdf.

UNAIDS/UNHCR(2005), Strategies to Support the HIV-related Needs of Refugees and Host Populations. Geneva: UNAIDS. http://data.unaids.org/publications/IRC-pub06/JC1157-Refugees_en.pdf.

WHO(2008), The World Health Report 2008: Primary Health Care: Now More Than Ever, Geneva: WHO.

주요 웹사이트

AIDS, 말라리아, 투베르쿨린

http://academic.sun.ac.za/tb/(Desmond Tutu TB Center, Stellenbosch, South Africa)

http://www.desmondtutuhivcentre/org/za/(Desmond Tutu TB Center, Cape Town, South Africa)

http://www.unaids.org/en/(Joint United Nations Programme on HIV/AIDS, UNAIDS, Geneva, Switzerland)

http://www.globalaidsalliance.org/(Washington, DC, USA)

http://www.pepfar.gov/(The US President's Emergency Plan for AIDS Relief, PEPFAR)

http://www.fightingmalaria.gov/(President's Malaria Initiative, Washington, DC, USA)

http://www.rbm.who.int/(The Rollback Malaria Partnership, Geneva, Switzerland)

http://www.Stoptb.org/(STOP TB, Geneva, Switzerland)

전염성 질병, 에피데믹

http://www.beat-richner.ch/(Dr. med Beat Richner, Kantha Bopha Children's Hospital)

http://www.bt.cdc.gov/(Bioterrorism site of Centers for Disease Control and Prevention, CDC, Atlanta, GA, USA)

http://www.cdc.gov/(Centers for Disease Control and Prevention, CDC, Atlanta, GA, USA)

http://www.cidrap.umm.edu/(Center for Infectious Disease Research and Policy, University of Minnesota, Minneapolis, MN, USA)

http://www.ecdc.eu.int/(European Centre for Disease Prevention and Control, ECDC, Stockholm, Sweden)

http://www.wpro.who.int/sites/epi/(Expanded Program Immunization of the WHO, EPI)

http://www.mpiib-berlin.mpg.de/(Max Planck Institute for Infection Biology, Berlin, Germany)

http://www.nih.gov/(National Institutes of Heath, Bethesda, Maryland, USA) http://www.niaids.nih.gov/(National Institutes of Allergy and Infectious Diseases, Bethesda, Maryland, USA)

http://www.rki.de/(Robert Koch Institut, Berlin, Germany)

http://www.aerzte-ohne-grenzen.de/(Médecins Sans Frontieres)

재단, 민관 협력 파트너십

http://www.theglobalfund.org/en/(The Global Fund to Fight AIDS, Tuberculosis and Malaria, Geneva, Switzerland)

http://www.gavialliance.org/(Gavi Alliance: formerly Global Alliance for Vaccination and Immunisation, Geneva, Switzerland)

http://www.gatesfoundation.org/default.htm(Bill & Melinda Gates Foundation, Washington, DC, USA)

http://www.wellcome.ac.uk/(The Wellcome Trust, London, UK)

공공재, 인권

http://www.cgdev.org/(Center for Global Development, Washington, DC, USA)

http://www.cfr.org/(Council on Foreign Relations, New York, USA)

http://www.globalissues.org(Global Issues: Social, Political, Economic and Environmental Issues That Affect Us All)

http://www.hrw.org/(Human Rights Watch, New York, USA)

http://www.crisisgroup.org/(International Crisis Group, Brussels, Belgium)

http://www.transparency.org/(Transparency International, Berlin,

Germany)

http://www.worldwatch.org/(Worldwatch Institute, Washington, DC, USA)

경제 전략

http://www.data.org/(Debt AIDS Trade Africa, Washington, DC, USA)

http://www.wto.org/(World Trade Organization, WTO, Geneva, Switzerland)

http://www.oecd.org/(Organization for Economic Cooperation and Development, OECD, Paris, France)

http://www.dti.gov.uk/(Department of Trade and Industry, London, UK)

http://www.copenhagenconsensus.com/(Copenhagen Consensus Center, Frederiksberg, Denmark)

유엔 조직기구

http://www.un.org/(United Nations, UN, New York, USA)

http://www.fao.org/(Food and Agriculture Organization of the United Nations, FAO, Rome, Italy)

http://www.unicef.com/(United Nations Children's Fund, UNICEF, New York, USA)

http://www.un.org.millenniumgoals/(United Nations, UN, New York, USA)

http://www.who.int/en/(World Health Organization, WHO, Geneva,

Switzerland)

http://www.worldbank.org/(World Bank, Washington, DC, USA)

그림 출처

* 그림은 모두 Peter Palm, Berlin & Diane Schad, Berlin.

옮긴이의 말

　2011년 봄 자그마한 체구에 여유로움이 한껏 배어 있는 한 과학자가 업무 차 한국을 방문했다가 잠시 내 연구실에 들렀다. 스위스 제네바에 본부가 있는 세계보건기구의 프랑수아 므슬랭 박사였다. 비록 초면이긴 했어도, 그나 나나 전염병이라는 분야를 다루고 국제기구의 전문가로 활동하고 있기에 서로의 공통 관심사를 찾아내는 데 그리 시간이 걸리지 않았다. 보건에 관한 국제기구의 역할과 지구촌, 특히 빈곤 지역에서의 전염병 퇴치에 관한 것이 단연 화젯거리였다. 그는 선진국에서 관심조차 별로 없는 발전도상국 가난한 사람들의 질병, 즉 열대 소외 질병을 국제 협력과 공조를 통하여 성공적으로 퇴치하는 일에 관심이 많았다.

　열대 소외 질병은 열대지방 풍토병이라는 선입견 때문에 남의 일인 양 막연한 문제로 취급하거나 그저 발전도상국 구호의 한 측면으로만 바라볼 수도 있다. 이들 질병 중에는 우리에게도 비교적 익숙한 말라리아와 뎅기열과 같은 것도 있고, 여태까지 들어보지 못한 생소한 질병도 있다. 그러나 한걸음 더 나아가 곰곰이 생각해 보면 멀게만 느낄 문제가 아님을 금방 알 수 있다. 당장 말라리아가 한반도 휴전선에서 남하하기 시작했고, 동남아시아에서 창궐하는 뎅기열도 지구 온난화로 인해 가까운 미래에는 남의 일이 아니게 될지도 모른다.

므슬랭 박사와의 짧은 만남으로 막연한 관심을 가지게 되었다가 시간이 지나면서 다시 잊어버린 열대 소외 질병은 전혀 다른 새로운 인연으로 내게 다가왔다. 지속가능성 시리즈(전 12권)의 한국어 판 출간에 관여하게 된 것이다. 이 시리즈는 2007년 독일에서 처음 출간되어 국제적 관심을 불러일으킨 총서로 에너지 위기, 기후 변화, 식량 부족, 물 부족, 전염병 유행, 빈곤, 생물 다양성 등 인류의 당면 현안 과제를 주제별로 다루며 그 실태와 해결 방안을 집중 조명하고 있다.

그 가운데 나는 독일의 슈테판 카우프만 교수가 쓴 전염병 유행에 관한 책의 번역을 맡게 되었다. 사실 지속가능성 시리즈의 다양한 주제 중에서 전염병은 단지 그 자체의 독립 변수가 아니다. 일차적으로는 빈곤과 상호 밀접하게 악순환의 고리를 형성하는 것처럼 보이지만, 그 외에도 에너지 위기, 기후 변화, 물 부족, 생물 다양성 등에 원인이나 결과의 한 형태로 관련되어 있다. 예를 들어, 에너지 위기를 극복하는 개발 과정에서 지구 생태계 변화에 영향을 주어 궁극적으로 전염병이 창궐하는 원인을 제공할 수 있다. 기후 변화는 전염병을 퍼뜨리는 곤충(예를 들어 모기) 등의 서식 환경 영역에 변화를 가져와 전염병 유행 지도를 바꾸어놓을 수 있다. 물 부족 사태는 위생 환경을 악화시켜 풍토병의 창궐을 야기할 수 있다. 생물 다양성의 파괴는 숙주 생태계 환경을 변화시켜 전염병 유행의 패턴을 왜곡할 수 있다.

전염병에 관한 일반 대중의 관심은 일시적으로 큰 사회 혼란을 야기할 수 있는 SARS나 신종플루 등 신종 전염병 출현과 확산 방지에 집중하는 경향이 있다. 언론에서 신종 전염병 문제를 집중 부각한 탓도 있고, 당장 나를 둘러싼 우리 사회의 안전 영역이 침해당할 수 있다는 데 따른 불안감도 한몫하고 있다. 하지만 지금 우리가 살고 있는 지구촌에서는 AIDS, 결핵, 말라리아 등 이미 오래전부터 창궐해 온 전염병으로 수십억 명이 고통받고 있다. 그 유행의 추세가 당장 멈출 것 같지도 않다. 유엔 새천년발전목표에서도 이들 전염병의 퇴치를 주요 현안으로 제시하고 있듯, 이는 지구촌 전체 차원에서 모두가 발 벗고 나서서 해결해야 할 중요한 당면 과제이다.

우선 이 책의 지은이는 지구촌 차원의 전염병 현안을 해결하는 데 있어, 선진국(특히 다국적 제약회사)들이 정치적 · 사회적 · 경제적 부담의 대부분을 차지하는 전염병 문제를 도외시한 채, 막대한 이익을 창출하는 블록버스터 약(예를 들어 심혈관계 질환 치료약)을 개발하는 데만 몰두하는 상황을 날카롭게 비판하고 있다. 이 같은 시류 역행적인 상황을 개선할 해결 방안을 제시하고 그 실행을 촉구하는 부분은 이 책이 주장하고 있는 핵심 주제이다.

그러면 왜 우리는 전염병 문제를 지구촌 차원에서 대응하고 해결 방안을 마련해 당장 실행에 옮겨야 하는가? 이 근본적인 질문에 이르러서 지은이의 메시지는 명확하다.

첫째, 과거 어느 때보다도 (동물이든 사람이든) 대륙 간 또는 지역 간 교류가 활발해졌기 때문에 지구촌 어디에서든 일단 신종 전염병이 출현하면 순식간에 확산되어 전 세계의 문제로 발전할 수 있다. 따라서 지은이는 2002년 말 중국 남부 지역에서 시작된 SARS의 유행에서 보듯, 전염병 문제에 관한 한 단지 지역 차원에서만 문제 해결 조치를 실행해서는 안 된다고 주장한다. 언제 어디서 신종 전염병이 출현해 지구촌 전체를 휩쓸지 모른다. 국제 감시 체계를 투명하게 가동하여 조기에 전염병을 색출하고 국제보건규칙을 통하여 다른 지역으로의 확산을 차단해야 한다고 주장한다.

둘째, 최소한 선진국에서는 사라졌거나 사실상 근절되었다고 생각했던 각종 전염병이 발전도상국에서는 여전히 문제가 되고 있다. 최근 선진국에서 홍역이나 결핵이 급증하고 있는 것처럼, 안이한 대처와 무관심의 결과 선진국에서조차 사라졌던 전염병들이 언제든 다시 창궐할 수 있다. 그러므로 설령 어떤 전염병이 우리가 속한 사회 집단에서 사라졌다 하더라도, 지구상에서 완전히 박멸되지 않는 한 언제든지 부활할 수 있다. 이 부분에 대하여 지은이는 천연두 박멸 사업 성공 사례를 예로 들며, 선진국에서든 발전도상국에서든 (해당 전염병이 완전히 박멸되지 않는 한) 비용 편익 측면에서 집단 예방접종이 여전히 유효하고 중요하다고 주장한다.

셋째, 현재 문제가 되고 있는 내성균 출현 문제는 그동안 개발된 항생제에 의존하여 너무 안이하게 대처한 탓이 있다. 낮은 경제성 때문에 항생제 신약 개발을 주저하는 제약회사와 보건 투자에 인색한 선진국의 연구 개발 투자에도 일부 책임이 있겠지만, 가축 사육이나 병원에서의 항생제 남용 문제도 결코 자유롭지 않다고 주장한다. 이러한 총체적인 문제가 내성균 출현을 부추겼으며 어찌 보면 방치한 측면이 있다. 지은이는 어떤 항생제도 듣지 않는 세상, 즉 무항생제 시절과 다를 바 없는 세균 감염에 속수무책인 상황이 도래하기 전에 어떤 방식으로든 지구촌 차원에서 항생제 신약 개발과 항생제 오남용 방지에 앞장설 것을 강력하게 요구한다.

넷째, 선진국이나 다국적 제약회사는 경제적 이익이 없다는 이유로 발전도상국에서 발생하는 열대 소외 질병의 치료제나 백신 신약 개발에는 관심을 두지 않는다. 그러는 동안 발전도상국에 사는 최소 10억 명이 열대 소외 질병으로 고통받고 있다. 발전도상국은 이들 전염병을 퇴치할 보건 체계와 경제적 능력이 없기 때문에 환자를 치료할 엄두를 내지 못한다. 그래서 이들 전염병은 가난한 자들을 더욱더 가난하게 만드는 악순환의 고리를 형성할 뿐 아니라 국가 경제 발전의 큰 걸림돌로 작용한다. 이 부분에서 지은이는 모든 인류가 건강하게 살아갈 보편적 권리를 가져야 하며, 보건은 세계 공공재로서 이를 실현하기 위해 국제사회가 적극적으로 나서야 한다고 주장한다.

사실 전염병은 일반 대중이 관심조차 가지길 꺼리고 회피하고 싶은 두려움의 대상일 수 있다. 지은이가 언급한 것처럼 누구든지 몹쓸 병에 걸려 고통받을 수 있으며, 전염병 유행의 소용돌이 안에서는 누구도 안전할 수 없다. 그렇다고 전염병이라는 실체를 막연히 두려워하거나 회피하기만 해서는 안 된다. 그 실체를 우선 알고 나서 피할 수 있는 방법을 실천하는 것만이 건강한 사회를 유지하는 길이다.

지은이는 이 책 초반부에서 생소한 전염병에 대한 일반 대중의 이해를 돕고자 노력한다. 제2장에서는 세균, 바이러스, 원충, 기생충 등이 여러 가지 경로로 숙주의 몸에 침투하여 질병을 일으키는 병원균의 정체임을 설명한다. 제3장에서는 병원균과 싸우는 숙주(사람)의 방어 체계가 물리적인 방어 장벽(기관 섬모운동, 장 연동운동 등)과 면역체계(선천 면역과 획득 면역)로 이루어져 있으며, 이러한 면역체계를 강화하는 데 백신이 중요한 역할을 하고 있음을 설명한다. 이 부분에서 지은이는 현재 전염병 예방 백신의 문제점을 지적하고 이를 해결하기 위한 연구 현황도 소개하고 있다. 또한, 숙주 면역체계가 매우 정교하고 일사불란하게 작동하고 있기는 하나, 오히려 자가 면역질환 등을 일으킬 수도 있는 완벽한 체계는 아님을 알려준다. 제4장에서는 병원균과 숙주 간에 어떤 관계가 있는지를 쉽게 설명하고 있다. 병원균은 돌연변이나 내성 획득 등을 통해 숙주와 상호 공존하기도 하고, 충돌(질병)을 일으키기도 한다고 설명하고 있다. 숙주와의 충돌은 다양한 형태, 심지어 암 발병으로도 나타나며, 병원균이 환경 인자와 숙주 요인 등 다차원적으로 상호작용한 결과이지만 현재까지 알려진 의학적 지식은 여전히 빙산의 일각밖에 보지 못하고 있을 수 있다는 점을 지적한다.

이 책의 중반부(제5장에서 제7장)에서는 인류 생존에 위협이 되는 AIDS, 결핵, 말라리아 등 주요 전염병에 대하여 상당히 많은 분량을 할애하여 기술하고 있다. 제5장에서 지은이는 폐렴, AIDS, 결핵 등 각종 전염병 유행이 현재 인류 생존에 얼마나 위협이 되고 있는지 특히 발전도상국의 전염병 실상과 그 원인을 집중 조명하고, 집단 예방접종의 중요성에 대하여 설명한다. 여기에서 지은이는 무관심하게 방치되어 있는 열대 소외 질병 근절에 세계가 많은 관심을 가지고 나서기를 바라고 있다. 제6장에서는 20세기 전염병 퇴치에 획기적 전기를 마련한 항생제와 내성균 출현 문제를 집중적으로 다루고 있다. 지은이는 병원의 환자 치료와 가축 사육 과정에서 항생제를 과도하게 남용한 것이 내성균 출현의 주범이며, 개선이 시급하다고 강조한다. 제7장에서는 전염병을 예방하는 데 필수적인 예방 백신에 대해 설명한다. 여기에서 지은이는 천연두 박멸 성공 사례에서처럼 전염병 창궐을 막는 데 집단 예방접종이 얼마나 중요한지를 강조한다.

이 책의 후반부(제8장에서 제10장)에서는 전염병이 야기하는 정치적·사회적·경제적 파급 효과와 전염병 창궐을 막기 위한 국제 협력 활동과 대책 방안에 대하여 논하고 있다. 제8장에서는 전염병 문제가 지역 차원의 문제가 아닌 지구촌 전체의 문제임을 직시하고, 전염병에 취약할 수밖에 없는 발전도상국에서의 질병 창궐을 막기 위한 각종 국제 지원과 구호 문제, 판매약의 특허 문제 등을 짚어본다. 특히, 세계 현안 문제를 해결(특히 발전도상국)하기 위한 유엔 새천년발전목표 사업의 진행 상황이 그리 낙관적이지 않다는 점을 지적하고, 선진국과 국제사회의 관심과 지원을 요구하고 있다. 또한, 무역 관련 지적재산권 협정TRIPs과 관련하여, 제약회사의 판매약 특허와 발전도상국의 치료권이 충돌하고 있는 사례를 통해 이 문제 해결이 발전도상국에서 전염병 근절 사업의 중요한 이슈로 부각되고 있음을 지적한다. 제9장에서는 제약회사들이 신약 개발에 인색할 수밖에 없는 원인과 그 개선 방안을 집중적으로 다루고 있다. 여기에서 지은이는 제약회사들이 국제적 책임감을 가지고 치료제나 백신 개발에 적극적으로 나서게 할 동기 부여가 필요하다고 주장한다. 이를 위하여 특허법 개선, TRIPs 개정, 정부의 희귀 약품 개발 지원, 이중 가격 시스템 등 신약 개발 인센티브 부여, 민관 협력 연구를 통한 전문 지식 통합, 국제기금 사업 방식 개선, 연구 인큐베이터 육성 등 다양한 의견을 제안하고 있다. 제10장에서는 전염병 유행을 초래하는 각종 위험 요소를 다루고 있다. 여기에서 지은이는 빈곤, 자연재앙과 전쟁, 미생물 연구실의 허술한 관리, 기후 온난화에 따른 매개 곤충 서식지 변화, 야생동물과의 접촉 확대, 축·수산물 대량 사육 체계 등을 위험 요소를 간주하고, 전염병 유행이나 신종 전염병 출현을 방지하기 위하여 지구촌 차원의 국제 감시 체계가 구축되고 국제보건규칙이 지켜져야 한다고 강조한다.

마지막으로 제11장에서는 전염병 퇴치를 위하여 우리가 무엇을 실행해야 하는가에 대하여 말하고 있다. 보건은 세계 공공재이기 때문에 전염병 퇴치에 지구촌 전체가 의무감을 가지고 적극적으로 나서야 한다고 주장한다. 이를 실행하기 위한 재원은 백신 채권, 전염병 퇴치 세금 징수 등을 통하여 마련하고, 자국 보건 체계 개선 사업에 투자하는 조건으로 발전도상국(채무국)의 채무 탕감액을 사용하는 보건-채무 스와프 정책을 확대하라고 주장한다. 또한 지은이는 지구촌 차원의 전염병 퇴치 사업이 지지부진하긴 하지만, 몇몇 성공 사례를 예로 들며 보다 적극적이고 혁신적인 자세를 요구한다. 그러면서 우리가 어떻게 실행에 옮기느냐에 따라 전염병 유행으로 인한 극단적인 상황으로 내몰릴 것인지 아닌지가 결정된다고 경고하며, 문제의 시급성을 주변에 알리고 정치가들에게 전염병 퇴치 노력을 행동으로 옮길 것을 촉구하는 데 독자들이 나서주기를 바라고 있다.

전염병 창궐과 유행은 우리 사회의 안녕과 궁극적으로는 인류의 생존에까지 직간접적으로 연결되어 있다. 그러므로 전염병 문제 해결을 위하여 국제사회가 적극적으로 나서야 한다는 지은이의 주장에는 충분히 동의할 수 있다. 그러면 무엇을 실행에 옮겨야 하는가? 사실 이 부분에 대한 답은 간단하지가 않다. 지은이가 주장한 바와 같이 전염병은 정치적 · 사회적 · 경제적으로 엄청난 파급 효과를 가져오고, 사회문제의 원인으로 작용할 뿐 아니라 사회문제의 산물이며, 정치적 · 사회적 · 경제적 여러 요인이 상호 의존적으로 복잡하게 맞물려 얽혀 있는 지구촌 전체의 문제이기 때문이다. 전염병 문제 해결이 국가 간 국제 협력을 기반으로 이루어져야 하는 이유가 여기에 있다.

이 책은 '과연 전염병이 문제인가?' 하는 현실 인식에서부터 '그러면 무엇이 문제이고 무엇을 해야 하는가?'에 이르기까지 객관적 사실에 근거하여 현재의 전염병 퇴치 문제를 일관적이고 체계적으로 설명하고 있다. 특히 병들고 어려운 자를 가진 자가 도와주는 구원의 손길도 필요하지만, 그것은 바로 우리 자신의 안녕과 행복을 위한 건강 파수꾼의 손길이기도 하다는 점을 책 전반에 걸쳐 은연중 암시하고 있다. 또한, 이 책은 전염병에 관하여 과거의 문제가 아닌 현재 진행형의 문제를 다루고 있어 기존의 다른 전염병 관련 책과 차별성을 지닌다.

지은이는 이 책을 쓰는 과정에서 많은 것을 배우고 깨달았다고 고백하고 있다. 마찬가지로 이 책을 번역하는 과정에서 나 자신도 배우고 깨달은 점이 많았다. 삶은 깨달음의 연속이라고 하듯이, 그 깨달음을 가지고 오늘 하루를 살며 사랑하며 보낼 수 있다는 것은 행복한 일이다. 이런 기회를 준 도서출판 길에 감사드린다. 일반 독자들에게는 전염병에 대한 주제나 문제가 생소할 수 있어 나름대로 가능한 쉽게 번역하려고 애를 썼으나 그래도 비전공자에게는 이해하는 데 어려울 수도 있으리라 생각된다. 또한 우리 모두가 건강하고 행복하게 사람답게 살아가는 세상이 되길 바라는 간절한 마음으로 '비단에 한 땀 한 땀 정성스레 수를 놓듯' 이 책의 지은이가 말하고자 하는 의도를 정성스레 펼치려고 애를 썼다.

올여름, 무엇이 그토록 안타깝고 슬펐는지 한반도에 유난히도 자주 비가 내렸다. 누군가는 인류가 초래한 기후 변화의 귀결이라고도 말한다. 이 책을 번역하는 동안에도 여러 날 비가 내렸다. 그 빗물은 주변의 낮은 곳으로만 임하기 마련이니 고여서 썩지나 않을까? 행여 낮은 곳에서 고통받는 이들을 더욱 고통으로 내몰지 않을까? 그럼에도 여름은 예전의 푸름을 완전히 잃지는 않았다. 앞으로도 그 푸름은 우리의 존재 이유 속에 영원히 살아 있을 것이다.

2012년 1월
최강석